新白話六法系列 022

專利法

2023 最新版

王宗偉．著

THE LAW

書泉出版社 印行

出版緣起

談到法律，會給您什麼樣的聯想？是厚厚一本《六法全書》，或是莊嚴肅穆的法庭？是《洛城法網》式的腦力激盪，或是《法外情》般的感人熱淚？是權利義務的準繩，或是善惡是非的分界？是公平正義、弱勢者的保障，或是知法玩法、強權者的工具？其實，法律儘管只是文字、條文的組合，卻是有法律學說思想作爲基礎架構。法律的制定是人爲的，法律的執行也是人爲的，或許有人會因而認爲法律是一種工具，但是卻忽略了：法律事實上是人心與現實的反映。

翻閱任何一本標題爲《法學緒論》的著作，對於法律的概念，共同的法學原理原則及其應用，現行法律體系的概述，以及法學發展、法學思想的介紹……等等，一定會說明清楚。然而在我國，有多少人唸過《法學概論》？有識之士曾嘆：我國國民缺乏法治精神、守法觀念。問題就出在：法治教育的貧乏。試看九年國民義務教育的教材，在「生活與倫理」、「公民與道德」之中，又有多少是教導未來的主人翁們對於「法律」的瞭解與認識？除了大學法律系的培育以外，各級中學、專科與大學教育中，又有多少法律的課程？回想起自己的求學過程，或許您也會驚覺：關於法律的知識，似乎是從報章雜誌上得知的占大多數。另一方面，即使是與您生活上切身相關的「民法」、「刑法」等等，其中的權利是否也常因您所謂的「不懂法律」而睡著了？

當您想多充實法律方面的知識時，可能會有些失望的。因爲

《六法全書》太厚重，而一般法律教科書又太艱深，大多數案例式法律常識介紹，又顯得割裂不夠完整……

有鑑於此，本公司特別邀請法律專業人士編寫「白話六法」叢書，針對常用的法律，作一完整的介紹。對於撰文我們要求：使用淺顯的白話文體解說條文，用字遣詞不能艱深難懂，除非必要，儘量避免使用法律專有名詞。對於內容我們強調：除了對法條作字面上的解釋外，還要進一步分析、解釋、闡述，對於法律專有名詞務必加以說明；不同法規或特別法的相關規定，必須特別標明；似是而非的概念或容易混淆的觀念，一定舉例闡明。縱使您沒有受過法律專業教育，也一定看得懂。

希望這一套叢書，對普及法律知識以及使社會大眾深入瞭解法律條文的意義與內容等方面都有貢獻。

自序

在我國已是一個科技島的年代，如何運用專利鼓勵科技創新，成為產業轉型升級的命脈。由於智慧財產權的抽象性，往往不像一個具體的法律行為或物品那樣容易被初學者理解。尤其專利只是一疊紙，是無體財產權中的代表。不像商標或著作權，總有個視聽的具體形象。對沒有相關技術背景的人來說，專利總是難以想像。

本書希望從專利法的立法理由、專責機關的權威性解釋中，一方面改寫得更加白話，簡化對初學者有困難的部分，一面也增加具體案例，使得一個剛入門、毫無基礎的初學者，不至於感覺自己撞牆。並且將法律體系中已經修正過的其他法規，如過去外國公司應經認許的現況，適時補入本書。

如果各位讀者希望對專利法的內容有多一點深入了解，除了回到閱讀主管機關的立法理由與逐條釋義的文本外，也應該要閱讀筆者認為經典級的幾本教科書。例如楊智傑的《專利法》（台北：新學林，2014年9月）、顏吉承的《新專利法與審查實務》（台北：五南，2013年9月），相信他們曾經給筆者在觀念上的幫助，也會成為各位讀者的指路明燈。

本書付梓之日，遇到了智慧財產案件審理法有史以來的大修正，開始實施。專利法一度鑼鼓喧天的對審制，在最近的會期並未通過，也使本書的改版延宕至今。未來在相關著作的路上，希

望能在各位讀者的支持下堅持下去，繼續用專業結合法律與社會對話。

「敬畏耶和華是智慧的開端，認識至聖者便是聰明。」箴言9:10

王宗偉　謹識

於癸卯立秋

凡例

（一）本書之法規條例，依循下列方式輯印：

1. 法規條文，悉以總統府公報爲準，以免坊間版本登載歧異之缺點。
2. 法條分項，如遇滿行結束時，則在該項末加「。」符號，以與另項區別。

（二）本書體例如下：

1. 條文要旨：置於條次右側，以（　）表示。
2. 解說：於條文之後，以淺近白話解釋條文意義及相關規定。
3. 案例：於解說之後舉出實例，並就案例狀況與條文規定之牽涉性加以分析說明。

（三）參照之法規，以簡稱註明。條、項、款及判解之表示如下：

條：1、2、3……

項：Ⅰ、Ⅱ、Ⅲ……

款：①、②、③……

但書規定：但

前段：前；後段：後

司法院34年以前之解釋例：院……

司法院34年以後之解釋例：院解……

大法官會議解釋：釋……

最高法院判例：……台上……

行政法院判例：行……判……

沿革

1. 民國33年5月29日國民政府制定公布全文133條。
2. 民國48年1月22日總統令修正公布全文133條。
3. 民國49年5月12日總統修正公布部分條文。
4. 民國68年4月16日總統修正公布部分條文。
5. 民國75年12月24日總統修正公布部分條文。
6. 民國83年1月21日總統令修正公布全文139條。
7. 民國86年5月7日總統令修正公布第21、51、56、57、78～80、82、88、91、105、109、117、122、139條條文。
   民國90年12月11日行政院令發布第21、51、56、57、78～80、82、88、91、105、109、117、122 條修正條文自91年1月1日起施行。
8. 民國90年10月24日總統令修正公布第 13、16、17、20、23～27、36～38、43～45、52、59、62、63、70、72、73、76、83、89、98、106、107、112～116、118～121、131、132、134、135、139條條文；增訂第18-1、20-1、25-1、36-1～36-6、44-1、98-1、102-1、105-1、107-1、117-1、118-1、122-1、131-1、136-1條條文，並刪除第28、33、53、75、123、124、127、136、137條條文。
   民國90年12月11日行政院令發布第24、118-1條修正條文自91年1月1日起施行。
9. 民國92年2月6日總統令修正公布全文138條；本法除第11條

自公布日施行外，其餘條文之施行日期，由行政院定之。

民國92年3月31日行政院令發布92年2月6日修正公布「專利法」刪除現行之第83、125、126、128～131條，定自92年3月31日施行，亦即專利法中廢除刪除專利刑罰所刪除之條文，自92年3月31日施行，侵害專利完全回歸民事救濟程序解決。

民國93年6月8日行政院令發布92年2月6日修正公布之「專利法」，除第11條已自公布日施行、刪除條文自92年3月31日施行外，其餘條文定自93年7月1日施行。

10. 民國99年8月25日總統令修正公布第27、28條條文；施行日期，由行政院定之。

    民國99年9月10日行政院令發布定自99年9月12日施行。

11. 民國100年12月21日總統令修正公布全文159條；施行日期，由行政院定之。

    民國101年8月22日行政院令發布定自102年1月1日施行。

    民國101年2月3日行政院公告100年12月21日修正前之第76條第2項、100年12月21日修正尚未施行之第87條第2項第3款所列屬「行政院公平交易委員會」之權責事項，自101年2月6日起改由「公平交易委員會」管轄。

12. 民國102年6月11日總統令修正公布第32、41、97、116、159條條文；並自公布日施行。

13. 民國103年1月22日總統令修正公布第143條條文；增訂第97-1～97-4條條文；施行日期，由行政院定之。

    民國103年3月24日行政院令發布定自103年3月24日施行。

14. 民國106年1月18日總統令修正公布第22、59、122、142條條文；並增訂第157-1條條文；施行日期，由行政院定之。

民國106年4月6日行政院令發布定自106年5月1日施行。

15. 民國108年5月1日總統令修正公布第29、34、46、57、71、73、74、77、107、118～120、135、143條條文；增訂第157-2～157-4條條文；施行日期，由行政院定之。
民國108年7月31日行政院令發布定自108年11月1日施行。

16. 民國111年5月4日總統令增訂公布第60-1條條文；施行日期，由行政院定之。
民國111年6月13日行政院令發布定自111年7月1日施行。

目　錄

Contents

第一章
總　則

第1條（立法目的）
為鼓勵、保護、利用發明、新型及設計之創作，以促進產業發展，特制定本法。

解說

專利（patent）制度的基礎概念，發軔於18世紀工業革命後的英國。19世紀中葉在太平天國洪仁玕的「資政新編」第一次被中文概念化，給予各種技術上的發明創新制度性的保障。是申請人將所掌握適宜於工業化大量生產的具有創新性的技術思想、技術手段、創作概念與實施方式公開，以換取國家的在一定權利範圍內保護其專屬專用。這種不斷創新的技術若能繼續發展，會使產業持續升級，進一步使人類福祉與經濟規模擴大，而產生極大的貢獻。例如過去油氣頁岩在地球上的蘊藏雖多，但因爲岩層縫隙小而難以開採不合成本。而近年水壓法的技術發展程度已可以有效開採，促成了本世紀的新能源革命，也改變了國際局勢，足爲適例。

因此一個良好的專利制度，對一個處於不同發展階段的技術方案所能起到的作用也不同，可以區分爲鼓勵、保護與利用。在創作的初期階段，一個預期可能被通過且被有效保護的技術方

案，在其發展階段，會被專利制度所提供的保護與各種榮譽或經濟誘因所鼓勵，而使得技術方案能充分成形，直致被寫成專利說明書與申請保護的標的。

而此種技術方案在通過專利要件審查取得專利權以後，國家公權力對此種合於專利法規定之創作，給予專屬權利，於相當一段期間內排除未經授權他人的侵害，其性質爲一種無體財產權。防止權利人的心血結晶遭人仿用或侵害，不論是文義或均等侵權均爲禁止，藉以保障個人或法人因創作爲所投資免於遭受損失，以鼓勵有能力與技術者不斷投入更新技術研發。本法對於專利權之保護迥異於商標與著作權，僅採民事保護，不採刑事處罰。明定專利權之排他效力包含製造、爲販賣之要約、販賣、使用或爲上述目的而進口該物品之權。如有侵權情事，依本法第96條以下規定，可請求排除侵害與損害賠償等民事救濟，如有緩不濟急者，亦可依智慧財產案件審理法第52條請求暫時狀態處分，以保全現狀或阻止不可回復的損害繼續擴大。

目前我國現在正在進行專利組織與作用法制的革命性論爭，未來專利的爭議是否採取雙方民事訴訟法色彩強烈的對審制。截至本書此次改版，尚未在我國正式法制化。

第2條（專利種類）

本法所稱專利，分為下列三種：

一、發明專利。

二、新型專利。

三、設計專利。

解說

本條明定本法所稱專利種類。我國現行專利法上的專利，依其內容與種類區分，分為發明專利、新型專利及設計專利三種，至於各該專利之定義，則分別於相關章節加以規定。

一、發明專利

是在本法中法律保障密度最高，保護時間最久，也是我國最重要的專利種類。依本法第21條發明之定義，申請專利之發明必須是利用自然界中已經被確定之科學規律所產生之技術思想的創作。由技術研發的角度看來，發明的產生是因為一個發明人因為想要解決某個問題，使用了某種技術手段，從而產生了某些範圍內的特定功效。例如利用水往低處去流可以做功產生能量的特性，發明了水力發電機。因此本法所指之發明內容必須具有一定程度上的技術性（technical character），即發明解決問題的手段必須是涉及技術領域的技術手段。申請專利之發明是否符合發明之定義，應考量申請專利之發明內容而非申請專利範圍的記載形式，據以確認該發明之整體是否具有技術性；亦即考量申請專利之發明中所揭露解決問題的手段，若該手段具有技術性，則該發明符合發明之定義。因此一個人如果單純發現了電磁波在空中輸送的規律，並不能用以申請專利。但是如果他將此種規律應用於某些器材或方法上，實現了收聽或發送無線廣播的作用，則這些器材或方法上因為含有技術特徵，就具備申請專利的資格。

發明專利分為物之發明及方法發明兩種，以「應用」、「使用」或「用途」為標的名稱之用途發明視同方法發明。物之發明包含物質及物品。方法發明包括物的製造方法及無產物的技術方法。至於用途發明包括物的新用途：例如化合物A作為殺蟲之用途（或應用、使用）。

二、新型專利

本法第104條規定：「新型，指利用自然法則之技術思想，對物品之形狀、構造或組合之創作。」新型係利用自然法則之技術思想，具體地表現於物品之空間型態上，占據有一定空間之物品實體。而就條文文義而言，新型專利係指利用形狀、構造或二者之結合，而提出新技術組合之創作，能製造出具有使用價值和實際用途之物品。新型與發明最大不同在於新型之標的只限於有形物品構造或組合加以創作，不像發明，還包括無形之技術方法，也不像設計著重於物品外觀。因此舉凡有關物之製造方法、使用方法、處理方法或其特定用途之方法等，及無一定空間形狀、構造的化學物質或醫藥品，甚至以美感爲目的之物品形狀、花紋、色彩或其結合等創作，均非新型之標的。

三、設計專利

本法第121條第1項規定，「設計，指對物品之全部或部分之形狀、花紋、色彩或其結合，透過視覺訴求之創作。」同條第2項規定：「應用於物品之電腦圖像及圖形化使用者介面，亦得依本法申請設計專利。」設計專利係保護物品外觀之視覺性創作，與發明、新型專利在保護技術性之創作不同，其可爲應用於物品上之花紋、色彩或其二者之結合的平面創作，亦可爲物品的形狀或結合花紋、色彩的立體創作。

按「與貿易有關之智慧財產權協定」（*Agreement on Trade-Related Aspects of Intellectual Property Rights*, TRIPS）第25條規定：「會員應對獨創之工業設計（industrial design）具新穎性或原創性者，規定予以保護。……」該條所稱「工業設計」，即爲本法所稱之「設計」。

寧寧如果使用特殊創新輕質複合材料製作了一個新型結構具備自動充氣浮袋的野外求生用背包，並且搭配了特殊彩色醒目圖案的外觀。使得使用者在落水時可以自行充氣托浮，而可以浮在水面上一段時間不至於沉沒，且有利於搜救者發現其蹤跡，因而拯救人命。試問寧寧可以申請哪些專利？

用於背包的特殊創新輕質複合材料可以申請發明專利，其新型結構具備自動充氣浮袋可以申請新型專利，以上並可採取一案兩請的寫作說明書模式。背包的特殊彩色醒目圖案的外觀，亦可申請設計專利。故專利法上三種專利，寧寧均可申請，可以寫成三申請案，向智慧財產局申請專利。

第3條（主管機關）
本法主管機關為經濟部。
專利業務，由經濟部指定專責機關辦理。

解說

本條規定專利法主管機關爲經濟部，而辦理專利業務之專責機關，是經濟部下設的三級機關，早先爲中央標準局。在上世紀末爲因應我國將要加入世界貿易組織（World Trade Organization, WTO），因應國際上的質疑，我國政府必須要先成立智慧財產權的專責機關，並且要把智慧財產權的相關作用法制，按照各大國的慣行方式，成文內國法化。民國87年11月4日經濟部智慧財產局組織條例公布，88年1月26日正式成立「經濟部智慧財產局」，統合主管專利、商標、著作權、營業秘密及積體電路電路布局保護法等業務。目前智慧財產局設置三個組處理專利業務；一組審查程序、新型形式審查、初審實體與設計發現案件的日用品與機械，二組初步實體審查其餘類別的案件，三組審理專利案的舉發、更正、再審查與新型技術報告，還有法務室處理專業法制問題。

未來專利的爭議是否採取雙方對審制，將會導致智慧財產局內部組織中，處理專利事務的部門可能再發生變化。

第4條（外國申請案之受理）
外國人所屬之國家與中華民國如未共同參加保護專利之國際條約或無相互保護專利之條約、協定或由團體、機構互訂經主管機關核准保護專利之協議，或對中華民國國民申請專利，不予受理者，其專利申請，得不予受理。

解說

本條規定對外國人到我國申請專利，主管機關得不予受理之情形。

有關對於外國人之申請案，本來原則上皆應予以受理，以符合國際經貿交流平等互惠共同合作原則。並且根據巴黎公約及TRIPS辦理，以利商品與服務的跨國流通。簽署TRIPS是WTO成員國的強制要求，任何想要加入WTO從而降低國際市場准入門檻的國家都必須按照TRIPS的要求制定嚴格的智慧財產權法律。因此重度依靠外貿的我國自不例外，TRIPS是現在智慧財產權法律全球化中最重要的多邊文書。

因此當申請人所屬國家與我國或我國民間有下列情事，即得不予受理：

一、爲外國申請人所屬之國家與中華民國未共同參加保護專利之國際條約。

二、爲外國申請人所屬之國家與中華民國無相互保護專利之條約、協定。

三、爲外國申請人所屬團體、機構未與中華民國團體、機構互訂經主管機關經濟部核准保護專利之協議者。

四、爲外國人申請人所屬之國家對中華民國國民申請專利，不予受理者。

鑑於我國在國際上目前政治情況特殊，無法加入以國家爲單位的國際組織，WTO是我國所加入的最重要的國際組織。

因此我國現在只有依TRIPS第3條有關國民待遇之規定，凡WTO會員對其他會員之國民於該國申請專利，應與其國民申請專利相同待遇之，故我國於91年1月1日以台澎金馬貿易關稅領域成爲WTO會員後，WTO會員體所簽訂之TRIPS，即爲本條所稱之「共同參加保護專利之國際條約」。

2002年元旦我國正式加入WTO後，目前世界上絕大多數國家也已經加入WTO。因此世界上各個與我國有工商業往來的國家，大都接受我國的專利申請，本條現在主要爲宣示性條文，並無實際意義。

第5條（專利申請權）

專利申請權，指得依本法申請專利之權利。

專利申請權人，除本法另有規定或契約另有約定外，指發明人、新型創作人、設計人或其受讓人或繼承人。

解說

申請專利之權利，係指在特定技術或技藝創作整體方案完成後，提出專利申請案前，應由何人擁有對該創作決定是否提出申請、申請何種專利態樣、揭露相關資訊與請求保護範圍大小、與到哪些國家提出申請專利之權利。而專利申請權，係指申請人對其專利申請所擁有的繼續申請或轉讓的權利。該有權提出專利申請之人，即本條稱為專利申請權人。

專利申請權本質上係屬一種民法財產權上的期待權，當事人在條件成否未定前或期限屆滿前，有因條件成就或期限到來，而取得權利或利益的可能。專利申請權人向專利審查機關提出的專利申請案，未來如獲專利專責機關核准，則專利申請人便成為專利權人，而獲得了一定範圍內的財產保障。因此在某一國提出特定的專利申請案並且交付審查後，專利申請權人具有未來獲得專利權之期待權。

由於本法第1條規定，將創作列為發明、新型及設計之上位概念，而第2條規定，專利分為發明專利、新型專利及設計專利，故對於創作出發明、新型、設計之人，依我國法制必須為一能思考與精神勞作的自然人。這在發明專利稱為發明人；在新型專利稱為新型創作人；在設計專利稱為設計人。由於法人之研發實驗創作工作，一定都透過自然人進行，所以本法所稱之發明人、新型創作人及設計人，均僅限於自然人，而非法人。

發明人係指實際進行研究實驗以產生發明技術結果之人，發明人享有的權利包含財產權與人格權。發明人之姓名表示權係人格權之一種，也就是在發明說明書上表示自己是創作者的權利，故發明人必係一或多個自然人，不會是法人組織。而發明人須係對說明書與申請專利範圍所記載之技術特徵具有實質貢獻之人，所謂「實質貢獻之人」係指完成發明之技術方案而進行精神創作之人，其須就發明所欲解決之問題或達成之功效產生構想（conception），並進而提出具體而可達成該構想之技術手段，並且付諸實例證明可以實現並驗證其功效。

為了與發明及設計之創作人名稱有所區隔，因此新型之創作人名稱為「新型創作人」。參酌國際立法例之用語，「設計人」一詞係較多立法例「designer」之直譯，且易為國內各界所理解，因此，設計之創作人稱為「設計人」。

專利申請權基本上是一種私法上財產期待權，得作為讓與之標的，發明人、新型創作人或設計人如果不願意提出專利申請，可以把申請權讓給他人，他人因受讓而取得專利申請權，即可具名申請專利。受讓人取得專利申請權後可以再把其申請權讓與他人。但應特別注意者，財產權可以讓，但是人格權不得讓與，因此發明人在說明書上表示其姓名的權利專屬其一身，任何情況下都不能讓與或繼承。

被繼承人死亡後，其財產由所有繼承人公同共有，包含其無體財產中之專利申請權。此時作為其遺產的一部分，如果才來申請專利，則必須由全體繼承人以共有人之地位共同為之始為齊備。如公同共有之遺產已經分割，則可由分割後分得專利申請權之一人或數人提出申請。

本條第2項除非本法另有特別規定或契約另有約定外，原則上發明人、新型創作人、設計人或其受讓人或繼承人具有專利申請權。所謂另有規定，係指如本法第7條第1項受雇人職務發明、第3項出資聘人從事研究開發及第8條受雇人非職務上發明之專利申請權權利歸屬之規定而言。此時申請權利不用再辦讓與，直接由權利人取得申請權。

天才發明家老黃生前一直抱病研發，將大批偉大的天才發明，親力親爲一一寫成專利申請案，投給智慧財產局審查。但是天妒英才，未及審查結果出爐老黃就溘然長逝了，留下了悲傷的妻子與一對兒女小明與小華。試問這批專利申請權歸屬於誰？

此時應依民法第1144至1148條由妻子與一對兒女小明與小華，以繼承方式取得專利申請權，並向智慧財產局辦理申請權人名義變更手續，之後續行審查。

第6條（專利之繼受及設質）
專利申請權及專利權，均得讓與或繼承。
專利申請權，不得為質權之標的。
以專利權為標的設定質權者，除契約另有約定外，質權人不得實施該專利權。

解說

本條規定專利申請權及專利權之繼受取得關係。

本條第1項規定專利申請權及專利權作爲財產權，均得爲不同權利主體間讓與或繼承之標的。專利申請權及專利權均爲民法上的準物權，係屬私權，具有財產價值，因此可作爲讓與或繼承之標的。讓與是指權利主體之變更使該權利的所有權變動，其原因可能爲買賣、贈與、互易等債權行爲。繼承則是指專利申請權人或專利權人死亡，其繼承人依民法規定繼承該專利申請權或專利權而言。

第2項規定專利申請權不得作爲質權之標的。動產質權是擔保債權，由債權人占有債務人或第三人移交之動產，將來債權人得就其賣得價金受清償之權。而權利質權，依民法第900條規定：「以可讓與之債權或其他權利爲標的物之質權。」專利權即屬其他權利之類型，惟專利申請案，有無具備專利要件，得否取得專利權，尚需經審查後始能確定，公告後始取得其相當於物權之地位。不具備專利要件或不屬於專利之標的者，則無法取得專利權，所以專利申請案之審查或猶豫期間，申請人並無受法律保障之準物權存在。因此專利申請權如得以之設定質權，將來審定後若結果爲核駁，依法不能取得專利權，因無準物權存在，無法發生擔保債權而實行取償之作用。因此爲免質權效力繫於審查後不確定結果，發生不安定現象，明定專利申請權不得作爲質權之標的，以明文確認民法之準物權作擔保的適用範圍。

第3項規定以專利權設定質權時，質權人不得實施該專利。依民法第902條規定：「權利質權之設定，除依本節規定外，並應依關於其權利讓與之規定爲之。」專利權之讓與，非經向主管機關登記不得對抗第三人，但不包含侵權人。因此爲了該權利上公示效力的確定，受讓人如欲對讓與人以外之人行使權利，必須向專利專責機關辦理讓與登記，換發專利證書變更權利主體爲受讓人之姓名或名稱。專利權固然可爲質權之標的，設質後專利權人權利主體之地位並未變更，仍得以專利權人之地位行使權利，並非如動產質權有移轉占有之問題，專利權設質之目的僅爲擔保債權，將來質權人於債權不獲清償時得就執行專利權所得之價金受償，因此於質權設定期間，並無使質權人得進一步實施該專利之必要，否則質權人勢必因此享有不當得利。本項爲免相關爭議而如此明定，以保證系爭專利被授權實施者的權利。

在我國現行信貸實務上，由於專利權屬於「無形資產」，且有權利期限、屬地性、權利可能遭挑戰、權利範圍可能變動，且

可能存在專屬、獨家或複數授權關係等不確定因素，故此提高了對專利權進行有效且穩定價值評估的難度。不像一棟房地產，價值可能隨時間愈漲愈高。一項專利權的價值有可能隨著新發明不斷問世，陡然面對斷崖式崩跌。因此在我國傳統金融市場上，包括專利在內的各智慧財產權，原則上並不被認爲是一種穩定的擔保物權標的。即便設定質權用以貸款，傳統上仍普遍遭遇貸出方給予金額與預期不符，甚至不獲融資的情況。

目前財團法人中小企業信用保證金協會（簡稱信保基金），已於2018年10月推出「無形資產保證專案」，以協助中小企業憑藉包括專利在內之無形資產，經過價值之評估方法判斷後，取得金融機構之融資。

寧寧使用特殊創新輕質複合材料，製作了一個具新型結構，具備鳴笛與自動充氣浮袋的野外求生用背包。一旦使用者失足落水，還可鳴笛自救。她便據以申請專利，並搭配了使用該特殊材料製作同一背包構型方法專利的申請案一案兩請，同時申請發明與新型專利。其中新型專利申請案因採形式審查，因此很快就通過處分核准公告。方法專利的部分，因審查較複雜需要更久的時間，一時之間尚無結果。

試問寧寧此時想要向信保基金借款，以取得大量生產系爭背包的資金。可以就正在審查中的方法專利申請案或通過形式審查的新型專利權，作爲擔保貸款用權利質權的標的嗎？

由於該方法專利申請案的審查結果核准與否，因爲尚在未定之天，權利並不確定。因此方法專利申請權即使已經申請實體審查，並不能作爲擔保債權的標的，畢竟有可能該案審查的結果是核駁。只有新型專利因爲現在已經通過形式審查，可以作爲擔保貸出方債權的權利質權標的。

第7條（職務上發明）

受雇人於職務上所完成之發明、新型或設計，其專利申請權及專利權屬於雇用人，雇用人應支付受雇人適當之報酬。但契約另有約定者，從其約定。

前項所稱職務上之發明、新型或設計，指受雇人於僱傭關係中之工作所完成之發明、新型或設計。

一方出資聘請他人從事研究開發者，其專利申請權及專利權之歸屬依雙方契約約定；契約未約定者，屬於發明人、新型創作人或設計人。但出資人得實施其發明、新型或設計。

依第一項、前項之規定，專利申請權及專利權歸屬於雇用人或出資人者，發明人、新型創作人或設計人享有姓名表示權。

解說

一個專利申請案產出後當事人間有無僱傭關係，原則上應依民法之規定、亦可參考勞動基準法等相關法規之規定。

現代社會的發明創造往往都是集團行爲，少見一個天才發明家一人包打天下。雇用人提供資源環境、支付薪給與受雇人，受雇人提供勞力、心智，形成彼此之對價關係。爲解決雇用人與受雇人間就資源提供、技術、構思之平衡，穩定相互權利義務關係，本條就職務與非職務之發明權利歸屬問題，於第7至10條爲明文之規定，以確定權利歸屬。

本條第1項規定受雇人於職務上所完成之發明創作，其專利

申請權與專利權歸雇用人享有。任何發明或創作，固然都是透過發明人或創作智慧所完成，但是現在社會的科技昌明，發明創作的門檻通常比較高，往往難以由一個人畢其全功。

因此其於一個要能進入申請階段的完整發明創作成果，通常是經由企業、團體或研究機構雇用或訂做找相關技術人才，提供所需資金及各種設備、從發想到設計，進行多次各種不同的實驗研究始得完成。

受雇人基於僱傭契約，本即從雇用人處受有一定之報酬，作爲其勞務給付的對價。因此就該項權利義務，基於履行僱傭關係中的勞務給付，其執行職務後有研發成果，而有專利申請權與專利權，應歸雇用人享有，應屬公平合理。由於專利權爲無體財產權，具可能從此獲利的價值。當專利被交易或爲商業上實施時，受雇人研發成果所得專利權產生之價值，可能遠高於受雇人依僱傭契約取得之報酬，於此情形宜讓受雇人享有額外之報酬，方爲公允。因此在受僱人正常薪資之外，另規定雇用人須支付受雇人適當之報酬。至於報酬是否「適當」，係由雙方當事人參考市場價格決定，如有爭執，應循司法途逕解決。

第2項係界定何謂職務上發明。所謂「職務上發明」，係指受雇人於僱傭關係存續中，基於本身指派進行工作之範圍內，所完成之發明。發明爲其工作內容之一，也是執行職務之結果。如於僱傭關係存續中，完成與職務無關之發明，則非屬職務上發明，故並非所有僱傭關係存續中之發明，均屬職務發明。亦即與受雇人本身執行職務所負擔之工作內容有直接或間接關係之發明，方屬之。因此，是否爲職務發明，取決於職務工作內容與發明、新型或設計之內容關聯大小，而不在於是否於上班時間內完成。

所謂職務上所完成之發明，必在創作人產出專利過程中有不可缺少的重要因素，與其受雇之工作有關聯，作爲其勞務供給契約給付的一部分。即依受雇人與雇用人間契約之約定，從事參與或執行與雇用人之產品開發、生產研發等有關之工作，受雇人使用雇用人之設備、費用、資源環境等，因而完成之發明、新型或設計專利，其與雇用人付出之薪資及其設施之利用，或團聚之協力，有對價之關係，故專利法規定，受雇人關於職務上之發明、新型或設計，其專利申請權及專利權屬於雇用人。其立法意旨在於平衡雇用人與受雇人間之權利義務關係，其重點在於受雇人所研發之專利，是否係使用雇用人所提供之資源環境，與其實際之職稱無關，甚至與其於契約上所約定之工作內容無關，而應以其實際於公司所參與之工作，及其所研發之專利是否係使用雇用人所提供之資源環境爲判斷依據。

第3項係出資聘請他人從事研發之成果權利歸屬規定。所謂出資聘人，是指在不具僱傭關係，由一方出資，聘請他方從事研究工作而言，通常是按件計酬，其法律關係或爲承攬或爲其它契約關係，但不包括僱傭關係，如爲僱傭關係，應依第1項之規定。發明研究因出資聘人與僱傭法律關係不同，彼此權利義務亦不同，出資人除出資外，一般較無主導地位，僅提供所需資金即可，至於相關技術、設備及研究過程，一般均係受聘人自行決定。基於私法自治原則，其研發成果權利之歸屬，原則上應依當事人之約定；如未約定，則歸屬在技術構想上更有主導性貢獻者，通常是該技術方案的發明人、新型創作人或設計人。但出資人出資聘人研發，如果不能實施該研發成果，顯然不公平，等於白白送錢給人開發研究結果。因此本條另於但書規定，出資人得實施該技術方案所產出發明、新型或設計，不須得發明人、新型創作人或設計人之同意。

第4項爲發明人、新型創作人或設計人享有姓名表示權之規

定。巴黎公約第4條之3規定，發明人應享有姓名被揭示於專利案之權利，目的是為使發明人之姓名得在各會員國獲准之專利案中予以揭示。因此，所謂發明人、新型創作人或設計人之姓名表示權，就是指將其姓名記載於專利證書上之權利。姓名表示權為人格權之一種，不得為讓與或扣押之標的，因此，發明人、新型創作人或設計人縱然因第1、3項規定未享有專利權及專利申請權，但不影響其專有姓名表示權。須說明者，發明人、新型創作人或設計人既有於專利案中被揭示的權利，其亦可放棄此權利，又具有專利申請權之人可能是自然人或法人，但發明人、新型創作人或設計人必然是自然人，所以享有姓名表示權者，僅以自然人為限。專利法第7條第4項雖規定依據契約由出資人取得專利權時，發明人、新型創作人或設計人得享有姓名表示權，但此情形僅是得主張姓名表示權之一種情形。當受聘人依據同法條第3項後段享有專利申請權時，如受聘人為自然人也當然享有姓名表示權；而當受聘人為法人時，此法人受聘之實際從事設計之員工當然也享有姓名表示權。

鍾惠是某家毛衣公司約聘的研發人員，在開拓下一季的新產品風格時想到了一種新的編織方法，並且於上班時間，在公司所有的工廠使用廠內的原料對此構想進一步實驗而證明可行。請問在本編織方法申請專利時，公司或鍾惠誰為適格的申請權人？姓名表示權歸於何人？

專利法第7條第1項規定受雇人於職務上所完成之發明創作，其專利申請權與專利權歸雇用人享有。鍾惠是某家毛衣公司約聘研發人員，他領取薪水的對價就是開發新產品。因此其構思爲履行其勞動契約產出的一部分，並且在公司所有的工廠內使用廠內的原料進一步實驗而完成其技術方案，使用公司的種種資源而完成該發明。不論標的爲編織方法的發明或是以產品爲標的新型或設計，其申請權依法都應該歸於公司，但依同條第4項，姓名表示權歸於鍾惠，鍾惠享有在說明書與發明公報上載明其爲發明人之權利。

大成鋼鐵公司出資委請台科大的蔡教授，開發一種新的非破壞性鋼材內部結構缺陷檢測方法，用於生產線上製程即時檢測（IPQC）。蔡教授爲了要求實驗結果完整且優良，找來他的研究生福清一起設計實驗並操作。請問在本檢測方法申請專利時，如未約定，誰爲本案適格的申請權人？姓名表示權歸於何人？

專利法第7條第3項規定，出資人出資聘人研發，其研發成果權利之歸屬，原則上應依當事人之約定；如未約定，則歸屬發明人，亦即蔡教授與福清。但出資人出資聘人研發，照理自得實施該研發成果，作爲其支付資金的對價。因此本條另於但書規定，出資人大成鋼鐵得實施其發明、新型或設計，不須得發明人之同意。依同條第4項，姓名表示權歸於蔡教授與福清。

第8條（非職務上發明）
受雇人於非職務上所完成之發明、新型或設計，其專利申請權及專利權屬於受雇人。但其發明、新型或設計係利用雇用人資源或經驗者，雇用人得於支付合理報酬後，於該事業實施其發明、新型或設計。受雇人完成非職務上之發明、新型或設計，

應即以書面通知雇用人，如有必要並應告知創作之過程。
雇用人於前項書面通知到達後六個月內，未向受雇人為反對之表示者，不得主張該發明、新型或設計為職務上發明、新型或設計。

解說

第1項明定受雇人於職務以外範圍所完成之發明，其專利申請權及專利權屬於受雇人。受雇人雖於僱傭關係存續期間完成某些發明，但與本身所執行之職務並無直接或間接之關係，屬發明人自己心智與體力努力之成果，既與職務無關，並不在僱傭關係薪資對價範圍內，自然由受雇人取得系爭技術方案的專利申請權及專利權。但是有時界線並不如此清楚，受雇人於僱傭關係中完成之發明，雖與職務無關，仍有可能會在工作場合中利用雇用人所擁有之資源、設備、水電、知識技術、人脈網路與相關經驗之便利，而有加以操作使技術方案更加完備之情形。

就相對的權利義務關係而言，雇用人對該發明相對提供了各種形式上的協助，考量雙方對研發成果之貢獻及損害利益之衡平，另於第1項但書規定受雇人之研發成果如利用到雇用人資源或經驗者，雇用人得於支付合理報酬給受雇人後，於該事業實施其發明、新型或設計。此項規定，避免構成一方對另一方的不當得利，賦予雇用人在該事業實施系爭專利權之法律依據，並產生了受雇人向雇用人請求支付報酬之權利效果。

因此雇用人縱未經受雇人同意逕行實施該專利，或未支付合理報酬，均不會產生侵權之責任，受雇人僅得請求支付合理報酬。至於報酬是否「合理」，則應由雙方自行決定，雙方如有爭議，仍應循司法途徑解決。

值得注意者爲本條文義解釋：「雇用人得於支付合理報酬後，於該事業實施其發明、新型或設計」，亦及只能在該受雇人工作的事業體內。考慮到現在集團多角化經營爲常態，若雇用人想要將該專利轉用到其他非屬受雇人工作所在地的事業體內，則其他事業體就與受雇人的貢獻勞務產出該專利並無關係，就不在本條規範意旨範圍內。此時爲了保障創作人的權益，該實施此專利的其他事業體與創作人仍應重新締約取得授權，並且規範對價給付。

第2項明定受雇人對於非職務發明之通知義務。受雇人研發成果究與職務有無關聯，是否爲職務上發明，作爲發明人或創作人的受雇人自己最清楚，雇用人常不一定知情，鑑於是否爲職務發明，影響雇用人權益甚鉅，基於誠信原則，受雇人應有告知雇用人之義務，使雇用人有機會判斷是否確屬非職務上發明。因爲研發成果通常需要相當之時間而非短期可成，所以判斷是否與職務有關，有時須視研發創作過程與創意發想經過通盤予以考量，並不能一概而論。

故本項特別明定受雇人於完成非職務上之發明後，應即以書面通知雇用人，如有必要並應告知創作之過程，俾便雇用人判斷是否爲職務上發明。本條文規定應「即」通知，並未定有期限，主要是促使受雇人儘速讓雇用人知悉、知所因應。但如果愈晚通知，屆時受雇人被評價爲違反誠信原則的可能性即愈高。

第3項規定雇用人在收到前項受雇人對於非職務發明之通知義務，卻未及時爲反對表示之失權效果。就某一特定技術方案是否爲職務發明，當事人易生爭執，但專利申請權及專利權之究應歸屬何人，不宜久懸未決，以利該專利早日投入商業實施。爲使雇用人與受雇人權利義務關係，儘早確定起見，本項乃規定在受雇人已表示爲非職務發明，並以書面通知雇用人，於通知後六個

月內如雇用人未向受雇人爲反對之表示者，該專利申請權及專利權歸屬受雇人即告確定。俾使權利人行使權利無所顧忌，日後雇佣人即不得爭執該發明、新型或設計爲職務上之創作而主張享有專利申請權及專利權，此爲法律規定之效果，縱然雇用人追復爭執提出事實證明確屬職務發明，仍無礙已經失權之效果。

由於通知與否攸關失權效果之認定，必須謹慎從事。因此本項之適用，必須受雇人已依本條第2項規定以書面告知雇用人，如未以書面或其他類似形式的方法如電郵告知，僅以口頭告知，應認無本項之適用。但受雇人申請專利前未告知其雇主時，發生爭議時其權利歸屬，並不能直接推定爲雇主所有，仍應經法院實質判斷。

鍾惠是某家毛衣公司約聘的會計人員，在中午休息時翻閱廠內訂閱時尚雜誌時，根據其所刊載的新產品風格時想到了一種新的編織方法，並於下班時間，在公司所有的工廠使用自備的原料對此構想進一步實驗而證明可行。請問在本編織方法申請專利時，公司或鍾惠爲適格的申請權人？姓名表示權歸於何人？

專利法第8條規定受雇人於非職務上所完成之發明、新型或設計，其專利申請權及專利權屬於受雇人。鍾惠是某家毛衣公司約聘會計人員，他領取薪水的對價就是只是擔任會計工作而非開發新產品。因此構思其並非爲履行其勞動契約產出的一部分，因此應該由其自行取得相關智慧財產權。雖在公司所有的工廠內使用廠內的設備進一步實驗而完成其技術方案，使用公司的部分資源完成該發明。因此發明、新型或設計係利用雇用人即毛衣公司資源或經驗者，雇用人得於支付合理報酬後，於該事業實施其發明、新型或設計。

此時鍾惠完成非職務上之發明、新型或設計，應即以書面通知雇用人毛衣公司，如有必要並應告知創作之過程。雇用人若於前項書面通知到達後六個月內，未向受雇人爲反對之表示者，不得主張該發明、新型或設計爲職務上發明、新型或設計。

第9條（受雇人權益之保護）
前條雇用人與受雇人間所訂契約，使受雇人不得享受其發明、新型或設計之權益者，無效。

解說

在一個民法上勞務供給性契約履行過程，所附帶產生的專利申請權與專利權本質上均爲私權，原可基於契約自由原則，由雇用人與受雇人自行約定權利之歸屬。但考慮到雙方訂定僱傭契約時，雇用人通常擁有較優勢之地位，難免會爲其本身之利益而要求受雇人簽訂不平等之契約，在我國勞資關係實務上尤屬常見。這使受雇人於僱傭關係存續期間，即使非屬職務上發明，甚至任何相關智財權的產出，其專利申請權及專利權有可能仍屬於雇用人，受雇人不得享有其權益，而超出其雇傭關係權利義務所應該涵蓋的合理射程。故本條爲保護較爲弱勢之受雇人，特別類推民法相關條文之精神而明文規定，針對職務或非職務發明，雇用人與受雇人間縱訂定契約，使受雇人不得享受其發明、新型或設計之專利申請權與專利權者法定權利無效，非職務發明其專利申請權與專利權仍依第8條之規定，歸屬受雇人。對於職務職務發明，發明人或創作人仍應享有姓名表示權，此權利雇用人不得以契約壓迫讓與或拋棄。

故類推民法相關條文的精神，一部約款無效並不當然導致全部契約無效。本條所稱無效，是指僱傭契約中關於專利申請權與專利權歸屬之約定無效，並非是指整個僱傭契約無效。

另外應特別注意者是，在112年初所通過新修正的智慧財案件審理法當中，第9條第1至3項有明確規定：智慧財產及商業法院組織法第3條第1、4款所定之第一審民事事件，專屬智慧財產法院管轄，且不因訴之追加或其他變更而受影響。但有民事訴訟法第24、25條所定情形時，該法院亦有管轄權。

前項民事事件之全部或一部，涉及勞動事件法第2條第1項規定之勞動事件者，應由智慧財產法院管轄。

智慧財產法庭審理前項民事事件，依本法之規定；本法未規定者，適用勞動事件法之規定。但勞動事件法第4條第1項及第二章規定，不適用之。因此這種由勞動產生智慧財產成果誰屬的勞雇糾紛，目前有可能落入勞動事件法的處理範圍，並由相關專庭或機關管轄處理。

案例

鍾惠受僱於毛衣公司擔任文書翻譯人員，鍾惠於任職之初與毛衣公司簽訂工作契約中，約定鍾惠於任職期間所有發明之權益應歸毛衣公司所有，不論是否與其職務相關。鍾惠於毛衣公司公司任職期間，利用公餘時間在家中思考並發明A技術並取得專利權，但鍾惠完成該發明時並未通知毛衣公司。今毛衣公司主張該A技術專利權屬於該公司所有，請分析毛衣公司之主張是否有理？[1]

---

1 改編100年警察特考智慧財產法考題。

鍾惠受僱於毛衣公司擔任文書翻譯人員，鍾惠於任職之初與毛衣公司簽訂工作契約中，約定鍾惠於任職期間所有發明之權利應歸毛衣公司所有，鍾惠於毛衣公司公司任職期間，所發明的A技術並取得專利權，顯然與其工作內容無關。

在該勞雇契約中關於專利權利全部歸屬雇主之霸王約定，違反了專利法第9條規定，雇用人與受雇人間所訂契約，使受雇人不得享受其發明、新型或設計之權益者的規定，因此無效，毛衣公司之主張顯然不可採。

第10條（權利歸屬之協議）

雇用人或受雇人對第七條及第八條所定權利之歸屬有爭執而達成協議者，得附具證明文件，向專利專責機關申請變更權利人名義。專利專責機關認有必要時，得通知當事人附具依其他法令取得之調解、仲裁或判決文件。

解說

本條規定，對於專利申請權及專利權之歸屬，除依專利法第7、8條規定外，當事人亦得依其他法令規定，包括調解、仲裁或法院判決，據以申請變更權利人名義。為考慮勞雇雙方關係之和諧，能以雙方平等協議解決收場為最佳選擇。

雇傭關係下之技術方案創作，及出資聘人關係下之創作，其專利申請權及專利權之歸屬往往涉及契約內容及私有權利之認定，諸如此類私權爭議問題，專利專責機關無權認定，應先由雙方自行協議，協議產生後以公證等方式產生證明文件，並得附具證明文件，向專利專責機關申請變更權利人名義。設若協議不成，雙方只得循第三方管道處理。此時可能依相關法令如民事訴訟法、仲裁法等，取得訴訟法上之調解、和解、判決或仲裁決定等結果，以求確定權利最後歸屬。

本條所稱之變更權利人名義，包括變更專利申請人名義及變更專利權人名義。爲查證當事人間之權利歸屬是否已告確定，本條後段乃規定專利責機關認有必要時，得通知當事人附具依其他法令取得之調解、仲裁或判決文件。所稱其他法令如勞資爭議處理法，另調解指依據民事訴訟法或鄉鎮市調解條例所爲之調解，仲裁係指依據仲裁法等。如有爭議經當事人協議，或依相關法令取得調解、仲裁或判決文件，以作爲專利專責機關之佐證資料，據以變更權利人名義。

鍾惠與毛衣公司之間如果有前述職務或非職務上發明的相關爭議，經過雙方協議、判決或調解後，應如何解決？

鍾惠與毛衣公司即雇用人或受雇人對專利法第7、8條所定權利之歸屬有爭執而達成協議者，得附具證明文件，向專利專責機關申請變更權利人名義。專利專責機關認有必要時，得通知當事人附具依其他法令取得之調解、仲裁或判決文件，以作爲專利專責機關之佐證資料，據以變更權利人名義。

第11條（專利代理）
申請人申請專利及辦理有關專利事項，得委任代理人辦理之。
在中華民國境內，無住所或營業所者，申請專利及辦理專利有關事項，應委任代理人辦理之。

代理人，除法令另有規定外，以專利師為限。
專利師之資格及管理，另以法律定之。

解說

代理是屬於民法上私權關係之一種，依民法第103條規定，代理係代理人於代理權限內，以本人名義所爲之意思表示表示，直接對本人發生效力。從事專利代理行爲，代理人與申請人（本人）間之法律關係，仍然適用民法有關之規定，故專利代理之代理人受申請人委託，代理申請人辦理專利申請或與專利有關之申請事項，其代理行爲直接對申請人發生效力。

回歸上位法行政程序法第24條也規定當事人得委任代理人。每一當事人委任之代理人，不得逾三人。代理權之授與，及於該行政程序有關之全部程序行爲。但申請之撤回，非受特別授權，不得爲之。行政程序代理人應於最初爲行政程序行爲時，提出委任書。代理權授與之撤回，經通知行政機關後，始對行政機關發生效力。

專利法施行細則第9條第5項規定與此相同，申請人變更代理人之權限或更換代理人時，應以書面向專利專責機關爲之，始對專利專責機關發生效力。在未完成變更登記前，所有文件，仍然對原代理人送達。

本條第1項規定申請專利，原則上不須委任代理人辦理，國內申請人自行辦理或委任代理人辦理均無不可。依專利師法規定，得從事專利代理者，包括專利師及專利代理人，故本法所稱代理人涵蓋專利師及專利代理人。所稱申請專利，指申請發明、新型或設計專利；所稱辦理專利有關事項，泛指本法所定申請專利以外之事項，包括專利權讓與、授權實施等。專利申請書本應

由申請人簽名或蓋章，惟代理人經合法授權後，在代理權限內，其所爲之行爲效力及於本人，故申請書得僅由代理人簽名或蓋章，申請人毋庸簽名或蓋章，以後往來文件如於代理權限範圍內，亦均得僅由代理人簽名或蓋章。委任代理人者，固然必需檢附委任書，爲簡政便民起見，如委任書之委任事項並未限定個案委任，且未定有委任期限，可認申請人所委任者，並不以一案爲限，而視爲概括通案委任。嗣後同一申請人如另有專利案件委任同一代理人辦理時，得毋庸另行簽署委任書，僅需檢送該委任書影本。但具體個案如有代理權限不明或有爭議，專利專責機關認爲有必要時，得通知申請人重行簽署委任書。

第2項規定申請人若在中華民國境內無住所或營業所者，申請專利及辦理專利有關事項，必須委任代理人辦理。基於專利審查過程中，審查人員常常需要和申請人聯繫，進行面詢或送達相關文書或補提資料，如果透過在境內有住所之代理人辦理，可以快速解決問題，不會發生需越洋通知或送達，或找不到人難以解決之情形。另大陸地區人民依「大陸地區人民申請專利及商標註冊作業要點」第3點第1項規定：「大陸地區申請人在臺灣地區無住所或營業所者，申請專利、註冊商標及辦理有關事項，應委任在臺灣地區有住所之代理人辦理。」經認許之外國公司係以分公司型態在我國境內營業，其提出專利申請時，應以該外國公司名義爲申請人，惟得以其在我國境內之負責人爲代表人提出申請，如以其在我國境內營業所爲申請人地址，則不以委任代理人辦理爲必要。

第3項規定代理人，除法令另有規定外，以專利師爲限。96年專利師法通過後，目前我國已經有上千位專利師。另外依據律師法第21條第2項規定：「律師得辦理商標、專利、工商登記、土地登記、移民、就業服務及其他依法得代理之事務。」律師亦得從事專利代理業務。

第4項規定專利師之資格、業務、責任及管理應以法律規範。目前已經有專利師法，並由主管機關依專利師法之規定予以管理。專利代理人人數雖然超過一人，各代理人仍有單獨之代理權，不必共同爲代理行爲，任何一個代理人所爲之代理行爲，都單獨對本人發生效力，縱然申請人與各代理人間有不同之約定，其各代理人仍得單獨代理。

日本人犬養龜太郎經常因工作來往台日之間，從事工業產品貿易工作。有一天他發想到一個栓固用金屬元件的技術方案，想在台灣申請專利。於是他寫好相關專利文件，請熟識的台灣友人，無牌專利工程師老王與在條通喝酒認識的蘇媽媽代爲申請專利。請問主管機關會如何辦理？

日本人犬養龜太郎在中華民國境內，如果現並無住所或營業所，因此申請專利及辦理專利有關事項，依法應委任專利代理人、專利師或律師辦理之。主管機關會請他先補委任合格的專利代理人，再續行審查其申請案。

第12條（共同申請）

專利申請權為共有者，應由全體共有人提出申請。

二人以上共同為專利申請以外之專利相關程序時，除撤回或拋棄申請案、申請分割、改請或本法另有規定者，應共同連署外，其餘程序各人皆可單獨為之。但約定有代表者，從其約定。

前二項應共同連署之情形，應指定其中一人為應受送達人。未指定應受送達人者，專利專責機關應以第一順序申請人為應受送達人，並應將送達事項通知其他人。

解說

專利申請權爲共有者，應該類推民法物權編共有的規定。依本法爲專利之各種申請時，如果申請人有二人以上，情況較爲複雜，因此本條特爲規定。

第1項規定，如專利申請權係由多數人共有者，申請專利時，必須由全部共有人共同提出申請，至於所謂「共有」，包含分別共有及公同共有，均有適用。與民法上對有體物共有的所有權相同，申請權人如爲多數人共有者，專利權形式上應由全體共有人取得，而不能僅發給其中一人或部分之人，也不得約定由代表人代表提出申請，以確定共有人間權利義務關係。

第2項規定二人以上爲專利申請以外之行爲時，原則上較簡易者不必由所有申請人提出，其中各人均可單獨提出。但是在專利法下列事項性質上較爲重要，會發生改變整個專利性質或數量的效力，如未由全體申請人提出，恐影響未一併提出申請人之權益，爲免將來發生爭執，仍須由所有申請人共同提出。

一、撤回或拋棄申請案

撤回使原已繫屬於專利專責機關之申請案自始消滅，回復到未申請之狀態，自應仔細。至於拋棄申請案，使因申請得到之權益均往後失效，亦應愼重，所以也須要由所有申請人共同提出。

二、依專利法第34條提出之分割申請

申請人將一專利申請案分爲二個以上申請案時，也牽涉到將來專利權形成之數量，在原申請案有多數申請人時，申請分割時必須由所有申請人共同提出。

三、改請

專利分為發明、新型及設計三種，因此在申請中有相互改請的可能。申請專利之種類係由申請人在申請之初自行決定，若申請人提出專利申請之後，若發現所申請之專利種類不符合其需要，或不符合專利法所規定之標的，亦可將已取得申請日之原專利申請案改為「他種」專利申請案，而發生法律效力。因牽涉到將來專利權取得之種類及年限等權利義務變動，因此在原申請案有多數申請人時，改請亦必須由所有申請人共同提出。

本條但書規定指定代表人，本為應共同提出之例外規定，如果各共有人間約定有代表人並得由該代表人提出申請者，則可以僅由該代表人代表全體申請人提出，於此情形，可以不必共同連署。此與第1項共同申請專利，不得約定由所約定之代表人代表全體申請人提出申請，有所不同。

第3項規定依第1、2項應由多數人共同連署提出申請時，應指定一人為應受送達人。這是指並無約定代表人之情形，如果依第2項約定有代表人時，則以該代表人為應受送達人，不必再行指定。該多數人如未指定應受送達人時，專利專責機關應以第一順序之申請人為應受送達人，但仍應將送達事項以副本通知其他申請人。因為本法已明定以第一順序之申請人為應受送達人，所以關於送達之效力及法定或指定期間之起算，均以送達第一順序之申請人時起算，而不是全體申請人都收受送達起算。

佩語與佩君兩姊妹一起提出一件兩人共同構思專利申請案，經過深思熟慮後，佩語希望分割本案，應如何解決？

依專利法第12條第2項，佩語應徵得佩君同意後一起辦理分割。

第13條（專利申請權之共有）

專利申請權為共有時，非經共有人全體之同意，不得讓與或拋棄。

專利申請權共有人非經其他共有人之同意，不得以其應有部分讓與他人。

專利申請權共有人拋棄其應有部分時，該部分歸屬其他共有人。

解說

專利申請權爲數人共有時，由於專利申請權屬於財產權之一種準物權，本法類推民法第831條準用同法第819條第2項之規定，數人共有之專利申請權，應得共有人全體之同意，始得讓與。因此本法第1項明定，非經共有人全體之同意，不得讓與或拋棄。至於應有部分之處分，依本法第5條規定，專利申請權人必須爲發明人、新型創作人、設計人或其受讓人或繼承人，專利申請權爲分別共有之情形，如果允許共有專利申請權人未經其他共有人全體同意而自由處分其應有部分，將來請准專利後各共有人行使專利權時，法律關係趨於複雜，爲免發生爭執，本條特別規定，共有人未得其他共有人之同意，不得以其應有部分讓與他人。這是因爲一項專利權不可能分割授權或行使，如果共有人也得行使，此時就有可能出現使得另一共有人被迫要與同行中具有強大競爭力的對手共有此項專利權，就喪失了該項專利權可以保護弱勢共有人的意旨。在此本法爲了保護他方共有人權益，以排除民法第819條第1項，應有部分得自由處分之規定。拋棄也是對於專利申請權之處分，明定須經共有人全體同意，始得拋棄。

專利申請權之共有人拋棄其應有部分時，其與讓與有別，不影響其他共有人之權益，故不須得到其他共有人之同意，但是該被拋棄部分之歸屬即發生權利不安定。由於實務上，常有申請時爲共有，嗣後拋棄其應有部分之情形，爲解決該應有部分歸屬之爭議，以便利其他專利申請權共有人申請專利，明定該經拋棄之應有部分歸屬於其他共有人。

案例

佩語與佩君兩姊妹一起提出一件兩人共同構思專利申請案，因爲急需用錢，佩君希望將本案申請權中其應有部分出售給智財管理公司，應如何解決？

依專利法第13條第2項，佩語應徵得佩君同意方可出售。

第14條（繼受專利申請權登記對抗主義）

繼受專利申請權者，如在申請時非以繼受人名義申請專利，或未在申請後向專利專責機關申請變更名義者，不得以之對抗第三人。

為前項之變更申請者，不論受讓或繼承，均應附具證明文件。

解說

民法上專利與專利申請權，是一種無體財產權也是準物權。

繼受專利申請權之情形，例如讓與、繼承或法人間合併的法律狀態發生變動，以致其附隨權利義務關係亦發生改變。在各該繼受之事實發生時，當事人間即生專利申請權轉移主體之效力，是否辦理名義變更，並不影響此準物權行爲已發生之繼受效力。但爲保護交易安全，如權利人未向專利專責機關申請變更申請權人名義時，他人無從知悉，應保護其合理信賴專利權利登記外觀上的公示效力。尤是本條第1項規定，專利申請權發生轉讓時若未申請變更登記前，不得以繼受之事實對抗第三人。

本條第2項爲辦理繼受專利申請權登記應附具證明文件之規定。依本法施行細則第8條規定，繼受專利申請權申請變更名義，如因受讓則應檢附契約或讓與證明文件，公司併購則爲併購證明文件，如因繼承則爲死亡及繼承證明文件。

老趙擁有某一件高科技產品專利申請案在審查中，因爲急需用錢，他將本案申請權先出售給老錢。但在辦理轉讓登記以前，又發現殺出老孫出更高價碼要買該項專利。老趙便將尚未辦理登記的專利賣給老孫，並且立刻被老孫檢附契約拖去智慧財產局辦理申請權轉讓登記。此時專利申請權利的歸屬應如何解決？究竟屬於老錢還是老孫？

依專利法第14條第1項，老錢尚未辦理登記，被老孫搶先辦理登記。有登記的人先贏，老孫取得該專利的申請權。此時按照民法債務不履行規定，老錢可以找老趙索要損害賠償。

第15條（機關職員及審查人員之保密義務）

專利專責機關職員及專利審查人員於任職期內，除繼承外，不得申請專利及直接、間接受有關專利之任何權益。

專利專責機關職員及專利審查人員對職務上知悉或持有關於專利之發明、新型或設計，或申請人事業上之秘密，有保密之義務，如有違反者，應負相關法律責任。

專利審查人員之資格，以法律定之。

解說

本項所欲防範者，爲前述人員於任職期間利用職權之便獲取不正利益，如果所受之利益是自任職之前即已取得，應無本條之適用，但仍應依情節判定有無第2項之適用。本條所規範者爲專利專責機關之職員及審查人員二種，所謂「專利專責機關職員」，係指所任職務與專利審查業務有直接或間接之關係者而言，不問爲正式依法任用或依聘用人員聘用條例、行政院暨所屬機關約僱人員僱用辦法之約聘、僱人員，均屬之。

所謂專利審查人員，依專利審查官資格條例第2條規定，得從事專利審查工作者，爲專利高級審查官、專利審查官及專利助理審查官；另依經濟部智慧財產局組織條例第16條規定，該局因業務需要，得依聘用人員聘用條例之規定，聘用專業人員，再依該條例第17條規定，遴聘之兼任專利審查委員，亦得從事專利審查工作，此即俗稱之外審委員。所謂職員，泛指除專利審查人員以外之其他任職於專利專責機關之人員而言。因此，本條所稱之審查人員，包括：一、專利審查官資格條例所定之專利高級審查官、專利審查官及專利助理審查官；二、依聘用人員聘用條例聘用之專任約聘審查人員；三、專利專責機關遴聘之兼任審查

委員。

專利專責機關職員亦有直接或間接知悉之可能，如技術內容外洩，對申請人造成極大之損害，故應課以專利專責機關職員及專利審查人員保密之義務，特別於本法中爲明確之規定，雖然保密之義務及洩密之責任，於其他法律已有規定，惟本條規定，仍具有宣示意義，使專利專責機關職員及審查人員知悉有保密之義務。

震西在擔任專利審查機關高級主管任內，不但與事務所合夥收取權利人專利授權金，離任後更到相關事業任重要職員。請問法律效果爲何？

此舉非常不合適，知情者得向監察院或相關單位檢舉其違反專利法第15條。

第16條（審查人員利益迴避）

專利審查人員有下列情事之一，應自行迴避：

一、本人或其配偶，為該專利案申請人、專利權人、舉發人、代理人、代理人之合夥人或與代理人有僱傭關係者。

二、現為該專利案申請人、專利權人、舉發人或代理人之四親等內血親，或三親等內姻親。

三、本人或其配偶，就該專利案與申請人、專利權人、舉發人有共同權利人、共同義務人或償還義務人之關係者。

四、現為或曾為該專利案申請人、專利權人、舉發人之法定代理人或家長家屬者。

五、現為或曾為該專利案申請人、專利權人、舉發人之訴訟代理人或輔佐人者。
六、現為或曾為該專利案之證人、鑑定人、異議人或舉發人者。
專利審查人員有應迴避而不迴避之情事者，專利專責機關得依職權或依申請撤銷其所為之處分後，另為適當之處分。

解說

行政程序法第32條規定了行政人員在何時應有迴避義務，本法在此部分爲其特別法。

專利審查人員之迴避規定，在本法中因爲重度涉及相對人利益，而又有特別規定。本條所定應自行迴避之範圍及於與專利案之代理人有僱傭關係或一定親屬關係之情形，較行政程序法第32條規定爲廣，係行政程序法之特別規定，而應優先適用。此外專利審查人員與專利權人、舉發人有一定關係者，亦應迴避。

第1項所稱「專利案」，包括專利申請案、舉發案、更正案、專利權期間延長案、新型專利技術報告申請案等案件類型，其中舉發案有兩造當事人存在，非申請人一詞可涵括，因此改以「專利權人、舉發人」稱之。

案例

淑貞在擔任專利審查機關審查人員任內，丈夫作爲權利人所有專利被舉發，分案後到達淑貞手上。請問該如何處理？

此時依專利法第16條第1項第1款，淑貞應自行迴避。若不迴避，淑貞對該案所做之處分依第16條第2項，可能被撤銷。

第17條（遲誤期間及回復原狀）

申請人為有關專利之申請及其他程序，遲誤法定或指定之期間者，除本法另有規定外，應不受理。但遲誤指定期間在處分前補正者，仍應受理。

申請人因天災或不可歸責於己之事由，遲誤法定期間者，於其原因消滅後三十日內，得以書面敘明理由，向專利專責機關申請回復原狀。但遲誤法定期間已逾一年者，不得申請回復原狀。

申請回復原狀，應同時補行期間內應為之行為。

前二項規定，於遲誤第二十九條第四項、第五十二條第四項、第七十條第二項、第一百二十條準用第二十九條第四項、第一百二十條準用第五十二條第四項、第一百二十條準用第七十條第二項、第一百四十二條第一項準用第二十九條第四項、第一百四十二條第一項準用第五十二條第四項、第一百四十二條第一項準用第七十條第二項規定之期間者，不適用之。

解說

專利事件不論初審、再審查或舉發，均與專利之程序審查有密切關聯，依「先程序後實體」之原則，合於程序審查者，始爲進入實體審查之先決條件。對於不符合法定程式要件之申請文件，除屬法定不能補正之事項外，專利專責機關應儘量給予申請人補正之機會，以保障相對人權益。經通知補正後仍不符合法令規定者，始爲不受理之處分。對於處分不予受理之事由，必須有明確之法令依據。本條各項規定說明如下：

第1項規定申請人延誤期間之效果。按專利法規定之期間有法定期間及指定期間，延誤指定期間者，尚不致立即發生失權之效果，如於專利專責機關處分不受理前，補正所缺文件或規費時，仍應受理。至於延誤法定期間者，僅有依第2項規定之事由得申請回復原狀，不生處分前補正仍應受理之問題。對於遲誤法定期間者，本法尚有其他條文規定不受理以外之法律效果，例如第27條第2項視爲未寄存、第29條第3項視爲未主張優先權、第38條第4項視爲撤回及第70條第1項第3款專利權當然消滅等規定；另外，遲誤指定期間如違反第43條第3、4項，則依該條第6項逕爲審定之規定亦是，因此本條第1項明定「除本法另有規定外」，以資明確。

第2項爲延誤法定期間回復原狀之規定。因天災或其他不可歸責於申請人之事由，致延誤法定期間之情形，申請人得以書面敘明理由，申請回復原狀。本法施行細則第12條規定：「……應敘明遲誤期間之原因及其消滅日期，並檢附證明文件向專利專責機關爲之。」例如：因311地震致延誤法定期間者，即屬本項規定之天災或其他不可歸責於己之事由，得申請回復原狀。此種因天災或其他不應歸責於申請人之事由，以至於延誤法定期間者，行政程序法第50條也有回復原狀之規定，但該條規定應於原因消滅後十日內申請回復原狀，較專利法三十日內嚴格，但必須所有申請人均受災方可適用，因此本法乃爲行政程序法之特別規定。

第3項規定申請回復原狀應同時補行未於法定期間內應爲之行爲。例如延誤補正優先權證明文件之期間者，應同時補正優先權證明文件；延誤繳納年費期限者，應同時繳納該年費。第4項規定遲誤法定期間不適用回復原狀之情形。按申請人或專利權人遲誤主張優先權、繳納證書費與第一年專利年費及補繳第二年以後專利年費之法定期間者，100年修正增訂申請人或專利權人如非因故意遲誤者，得繳納一定費用，於一定期間內例外給予救濟之機會，申請人或專利權人如再遲誤此等期間，不宜再使其有回復原狀規定之適用，就此發生權利消滅效果，以免爭執。

日本申請人田中與宮本均因311地震遲誤在我國申請專利案件的申覆期間，田中於2011年4月30日申覆，宮本於2012年4月1日申覆。請問專責機關應如何辦理？

此時依專利法第17條第2項規定，田中於2011年4月30日申覆，合於規定故可以續行辦理。宮本於2012年4月1日申覆，將因逾越專利法第17條第2項但書所規範時間，被處分不受理。

第18條（公示送達）

審定書或其他文件無從送達者，應於專利公報公告之，並於刊登公報後滿三十日，視為已送達。

解說

行政業務相關文書無從送達於相對人，須公示送達之情形，於行政程序法第78條定有明文，尤其是相對人在國外時。惟依本法第11條第2項規定，在我國境內無住所或營業所者，應委任代理人辦理專利有關事項，申請人合法委任後，文件送達亦對其爲之，並無行政程序法第78條第1項第3款對外國或境外送達之情形，且因公示送達原因不同，本法乃另爲特別規定，於專利公報公告之，以優先於前開行政程序法之適用。

第19條（電子申請）

有關專利之申請及其他程序，得以電子方式為之；其實施辦法，由主管機關定之。

解說

本條爲92年修正時所新增之規定，爲配合健全電子化政府環境，節省人民申辦各項案件往來耗費之時間及行政成本，並加強政府之服務效能，以提高行政效率，專利各項申請及其他程序，推動以電子網際網路方式辦理，提供線上服務，據此，經濟部於97年5月8日以經智字第09704602180號令訂定發布專利電子申請實施辦法，開始受理線上申請作業。本條之規定主要在作爲申請案件電子化之法源及訂定相關辦法之依據。

爲進一步推動業務電子化，落實以電子方式送達專利案件相關公文書，並減少行政作業成本，增進行政效能，專利電子申請實施辦法102年12月6日修正發布爲「專利電子申請及電子送達實施辦法」，並溯至12月1日施行。

隨著109年後新冠疫情一度的橫行，我國專利電子申請制度也隨科技發展趨於成熟。主管機關與申請人之間以電子公文往返，取代紙本送件避免傳染，已經成爲潮流。

第20條（期間之起算）

本法有關期間之計算，其始日不計算在內。

第五十二條第三項、第一百十四條及第一百三十五條規定之專利權期限，自申請日當日起算。

解說

任何一個法律在程序或實體上的作業，都不可能久拖不決，長期不能結案。而必須設定處理時間與流程，就會涉及始日與末日的計算，並賦予所對應的法律效果。本法必須計算時間的地方，除了要與民法從次日計算的方式一致外，且與行政行爲的總法——行政程序法產生競合。

第1項明定本法對期間之計算，始日不計算在內。此乃參照行政程序法第48條第2項規定，於第1項明定本法所規定之期間原則上始日均不計算在內。另爲避免適用上之疑義，100年修正時，將有關「申請日起」，修正爲「申請日後」。例如：第27條第2項、第30條第1項第1款、第2項、第3項等。

第2項明定專利權期限，自申請日當日起算。有關第52條第3項、第114條及第135條爲專利權期限之規定，本須自當日起算，爲避免誤解，遂於第2項明文規定。

第二章

發明專利

第一節　專利要件

第21條（發明之定義）

發明，指利用自然法則之技術思想之創作。

解說

申請專利之發明必須是利用自然界中固有之規律所產生之技術思想的創作。由本條定義可知，專利法所指之發明必須具有技術性，即發明解決問題的手段必須是涉及特定理工生醫等技術領域的思想手段。申請專利之發明是否具有技術性，係其是否符合發明之定義的判斷標準；申請專利之發明不具有技術性者，例如單純之發現、科學原理、單純之資訊揭示、單純之美術創作等，均不符合發明之定義。

申請專利之發明是否符合發明之定義，應考量申請專利之發明的內容而非申請專利範圍的記載形式，據以確認該發明之整體是否具有技術性；亦即考量申請專利之發明中所揭露解決問題的手段，若該手段具有技術性，則該發明符合發明之定義。

不符合發明之定義，大致可歸納爲下列幾種類型：

一、自然法則本身

發明專利必須是利用自然法則之技術思想之創作，以產生功效，解決問題，達成所預期的發明目的。若自然法則未付諸實際利用，例如能量不滅定律或萬有引力定律等自然界固有的規律，其本身不具有技術性，不屬於發明之類型。

二、單純之發現

發現，主要指自然界中固有的物、現象及法則等之科學發現。專利法定義之發明必須是人類心智所為具有技術性之創作，發現自然界中已知物之特性的行為本身並無技術性，不符合發明之定義。

三、違反自然法則者

申請專利之發明創作必須利用自然法則之技術思想，若界定申請專利範圍之事項違反自然法則（例如能量守恆定律），則該發明（例如永動機）不符合發明之定義。

四、非利用自然法則者

申請專利之發明係利用自然法則以外之規律者，例如科學原理或數學方法、遊戲或運動之規則或方法等人為之規則、方法或計畫，或其他必須藉助人類推理力、記憶力等心智活動始能執行之方法或計畫，該發明本身不具有技術性，不符合發明之定義。

五、非技術思想者

(一) 技能：依個人之天分及熟練程度始能達成之個人技能。例如以手指夾球之特殊持球及投球方法為特徵的指叉球投法。

(二) 單純之資訊揭示：發明之特徵僅為資訊之內容時，此種單純之資訊揭示不具有技術性，不符合發明之定義。前述單純之資訊揭示包含：1.資訊之揭示本身，例如視聽訊號、語言、手語等；2.記錄於文書或其他儲存媒體（例如磁片、光碟片等）上之資訊，其特徵在於所載之文字、音樂、資料等；3.揭示資訊之方法或裝置，例如記錄器，其特徵在於所錄製之資訊。

惟若資訊之揭示具有技術性時，則記錄資訊之文書或其他儲存媒體、揭示資訊之方法或裝置的發明符合發明之定義；揭示之安排或方式能與資訊內容區分時，亦可能具有技術性而符合發明之定義。

(三) 單純之美術創作：繪畫、雕刻等物品係屬美術創作，其特徵在於主題、布局、造形或色彩規劃等之美感效果，屬性上與技術思想無關，故不符合發明之定義。惟若美術創作係利用技術構造或其他技術手段產生具有美感效果之特徵時，雖然該美感效果不符合發明之定義，但產生該美感效果之手段具有技術性，符合發明之定義。例如紡織品之新穎編織結構所產生外觀上的美感效果不符合發明之定義，但以該結構編織而成之物品符合發明之定義。又如利用新穎技術之方法使鑽石產生外觀上的美感效果，該美感效果不符合發明之定義，但該方法符合發明之定義。

老王若以永遠不需要插電且可以自行運轉永動機申請專利，老張若以一種有效率背英文音標的方法申請專利，其最可能下場如何？

兩人的申請案就其本質，都與自然法則無關或相違背。因此依現行審查實務，都有非常大的可能，被主管機關以專利法第21條，違反或未利用自然法則遭駁回。

第22條（發明專利要件）
可供產業上利用之發明，無下列情事之一，得依本法申請取得發明專利：
一、申請前已見於刊物者。
二、申請前已公開實施者。
三、申請前已為公眾所知悉者。
發明雖無前項各款所列情事，但為其所屬技術領域中具有通常知識者依申請前之先前技術所能輕易完成時，仍不得取得發明專利。
申請人出於本意或非出於本意所致公開之事實發生後十二個月內申請者，該事實非屬第一項各款或前項不得取得發明專利之情事。
因申請專利而在我國或外國依法於公報上所為之公開係出於申請人本意者，不適用前項規定。

解說

申請專利之發明，必須符合本條所列之產業利用性、新穎性及進步性等規定。100年修正時重新編排本條架構，第1項本文爲產業利用性之規定；第1項各款爲喪失新穎性之規定；第2項爲不具進步性之規定；第3項爲喪失新穎性或進步性之例外情事，106年刪除因必要公開不喪失新穎性之具體情狀，如因於刊物發表之情事，現行法不做更詳細的區分；第4項爲主張喪失新穎性或進步性之例外不能適用的情況。以下分就各項專利要件說明：

一、第1項前段為產業利用性之規定

(一)「產業利用性」，指可供產業上利用，亦即，申請專利之發明在產業上能被製造或使用。

所稱之產業，本法並無明文定義，一般共識咸認專利法所稱產業應屬廣義，包含任何領域中利用自然法則屬廣義，而而有技術性的活動，例如工業、農業、林業、漁業、牧業、礦業、水產業等，甚至包含運輸業、通訊業、商業等。

所稱之能被製造或使用，指解決問題之技術手段於產業上有被製造或使用之可能性，不限於該技術手段已實際被製造或使用。惟理論上可行但實際上顯然不能被製造或使用之發明，仍不具產業利用性，例如為防止臭氧層減少而導致紫外線增加，以吸收紫外線之塑膠膜包覆整個地球表面的方法。

(二)產業利用性係就申請專利之發明本質或說明書中記載該發明可供產業上利用之方式為判斷，與新穎性及進步性係將申請專利之發明與先前技術進行比對為判斷，有所不同。

二、第1項各款為喪失新穎性之規定

專利權作為一種智慧財產權，國家為鼓勵、保護社會大眾「智慧」活動的成果，以法律授予發明人「權利」，供權利人獨占市場並排除他人實施，據此申請人將智慧轉成私有「財產」。然而國家應將專利權賦予什麼樣的發明？授予什麼樣的人？專利權人有應負擔什麼義務？[1]

[1] 顏吉承，〈先占之法理與專利要件〉，《專利師季刊》，第17期，2014年4月，頁108～109。

此處涉及民法上一個古老的法理「先占」（preemption, first possession），從有體物到無體物的類推適用。依我國民法第802條：「以所有之意思，占有無主之動產者，除法令另有規定外，取得其所有權。」所稱之先占，是一種以所有全然管理其物的意思，先於他人占有無主的動產，而取得其所有權的事實行爲。雖然前述規定係規範動產所有權之歸屬，然而先占的概念原本就已深入人類文化之中，人們日常生活中早有類似概念，例如排隊、先來後到、先占先贏、插頭香等慣用語，即爲先占概念之反映。因此當發明人最先發展某特定技術時，就在大自然中先占此一技術思想。

國家授予專利權，目的就是要鼓勵並以特許實施，交換發明人把該技術思想公開出來，以促進產業發展；若對已公開而能爲公眾得知（available to the public）之技術授予專利權，反使公眾自由運用之技術復歸他人專有，對公眾蒙受不利益。因此該技術思想的新穎性，是授予專利權之首要基本要件。

我國專利法中並未直接定義新穎性，而是以列舉方式規定喪失新穎性之情事。所謂新穎性，指申請專利之發明未構成先前技術的一部分。

所謂先前技術，指申請前已見於刊物、申請前已公開實施或申請前已爲公眾所知悉之技術，涵蓋申請前所有能爲公眾得知之資訊，並不限於世界上任何地方、任何語言或任何形式，例如文書、網際網路、口頭或展示等。其中「申請前」，指「申請日之前」，不包含申請日當日；主張國際或國內優先權者，則指「優先權日之前」，不包含優先權日當日；「能爲公眾得知」，指先前技術已公開而處於公眾得獲知其技術內容的狀態，不以公眾實際上已眞正獲知其技術內容爲必要。

亦即當申請專利範圍之請求項所載之發明，未構成申請前已見於刊物、申請前已公開實施或申請前已爲公眾所知悉之技術的一部分時，該發明具新穎性。

學理上，新穎性區分爲「絕對新穎性」及「相對新穎性」兩種。所謂絕對新穎性，指申請專利之發明須於申請前，未被國內外任何地方、任何語言之刊物、公開實施或公眾所知悉之技術所揭露；所謂相對新穎性，指申請專利之發明於申請前，未被國內任何地方、任何語言之刊物所揭露，亦未被國內公開實施或公眾所知悉之技術所揭露。我國係採絕對新穎性之標準，亦即在全世界範圍內只要審查委員找得到的先前技術均可作爲本案的引證文獻。這是因爲在WTO規則下全世界的技術都是可以互相流通的，傳播技術現在也十分發達。因此不應以在我國境內未出現者，作爲新穎性存在的標準。

本項各款喪失新穎性之規定具體說明如下：

(一) 第1款申請前已見於刊物者：刊物係以公開發行爲目的，向公眾公開之文書或載有資訊之其他儲存媒體，得經由抄錄、攝影、影印、複製或網際網路傳輸等方式使公眾得獲知其技術內容者均屬之。

1. 刊物係廣義之概念，相當於美國專利法第102條a款及b款之「printed publication」。參考美國專利審查程序手冊（*Manual of Patent Examining Procedure*, MPEP）第2128節之規定，其應具備二項條件：(1)須具有公開性質，使公眾可得接觸其內容；(2)須爲載有資訊之儲存媒體，且不以紙本形式之文書爲限，並可包含以電子、磁性、光學或載有資訊之其他儲存媒體。因此，專利公報、期刊雜誌、研究報告、學術論著、書籍、學生論文、談話紀錄、課程內容、演講文稿、光碟片、積體電路晶片、網路上之資訊均屬之。

2. 見於刊物，指將文書或載有資訊之其他儲存媒體置於公眾得以閱覽而揭露技術內容，使該技術能為公眾得知之狀態，並不以公眾實際上已閱覽或已真正獲知其內容為必要；例如已將書籍、雜誌、學術論著置於圖書館閱覽架或編列於圖書館之圖書目錄等情形均屬之。惟若有明確證據顯示該文書或載有資訊之其他儲存媒體尚未處於能為公眾得知之狀態，則不得認定其已公開；例如接觸期刊雜誌之原稿及刊印有出版日期之成品僅屬特定人者。
3. 網路上之資訊，指網際網路或線上資料庫所載之資訊，其是否屬於專利法所稱之刊物，應以公眾是否能得知其網頁及位置而取得該資訊，並不問公眾是否事實上曾進入該網站、進入該網站是否需要付費或密碼（password），只要網站未特別限制使用者，公眾透過申請手續即能進入該網站，即屬公眾得知。反之，若網路上資訊屬僅能為特定團體或企業之成員透過內部網路取得之機密資訊、被加密（encoded）而無法以付費或免費等通常方式取得解密工具而能得知內容之資訊、未正式公開網址而僅能偶然得知之資訊等情況之一者，應認定該資訊非屬公眾得知。

(二) 第2款申請前已公開實施者：第2款為原條文第1款後段修正移列，理由係原條文第1款規定見於刊物及公開使用二種情形之性質不同。

所稱「實施」，包含製造、為販賣之要約、販賣、使用或為上述目的而進口等行為。

公開實施，指透過前述行為而揭露技術內容，使該技術能為公眾得知之狀態，不以公眾實際上已實施或已真正獲知該技術內容為必要；例如於參觀工廠時，物或方法之實施能為公眾得知其構造或步驟者即屬之。惟若僅由前述行為而未經說明或實驗，該發明所屬技術領域中具有通常知識者仍無法得知物之發明的結構、元件或成分等及方法發明的條件或步驟等技術特徵者，則不構成公開實施；例如技術之特徵部分於內部之物品，由於僅能觀察其外觀，即使在公眾面前實施亦無從得知該技術者即屬之。公開實施使技術內容能爲公眾得知時，即爲公開實施之日。

(三) 第3款申請前已爲公眾所知悉者：所謂「公眾所知悉」，指以口語或展示等方式揭露技術內容，例如藉口語交談、演講、會議、廣播或電視報導等方式，或藉公開展示圖面、照片、模型、樣品等方式，使該技術能爲公眾得知之狀態，並不以公眾實際上已聽聞或閱覽或已眞正獲知該技術內容爲必要。

以口語或展示等行爲使技術內容能爲公眾得知時，即爲公眾知悉之日，例如前述口語交談、演講及會議之日、公眾接收廣播或電視報導之日以及公開展示之日。

三、第2項爲不具進步性之規定

專利法中並未直接定義進步性，而是規定不具進步性之情事。有關不具進步性之規定的內涵分述如下：

(一) 本項各名詞定義：

1. 所謂「發明雖無前項各款所列情事」，指新穎性與進步性之判斷順序有其先後關係。亦即，當申請專利之發明與先前技術進行比對時，若不具差異，該發明即喪失新穎性（包含擬制喪失新穎性），無須審究其是否具進步性；若具有差異，該發明則具新穎性，須進一步判斷是否具進步性。
2. 所謂「所屬技術領域中具有通常知識者」，對應於美國專利法第112、122條、歐洲專利公約（EPC）第56條及實質專利法條

約（SPLT）草案第12條爲「a person skilled in the art」，對應於美國專利法第103條爲「a person having ordinary skill in the art」。參考SPLT草案細則第2條規定，「a person skilled in the art」指於相關技術領域具有一般知識（general knowledge）及普通技能（ordinary skill）之人，係一虛擬之人，其能理解、利用申請時之先前技術。若所欲解決之問題能促使該通常知識者在其他技術領域中尋求解決問題的技術手段，則其亦具有該其他技術領域中之一般知識及普通技能。

其中，「一般知識」係指該發明所屬技術領域中已知的知識，包含習知或普遍使用的資訊以及教科書或工具書內所載之資訊，或從經驗法則所瞭解的事項；「普通技能」係指執行例行工作、實驗的普通能力。申請時一般知識及普通技能，簡稱「申請時之通常知識」。

申請案主張國際優先權或國內優先權者，上述「申請時」指該優先權日，亦即，以優先權日之技術水準爲界定通常知識者之標準。

3. 所謂「先前技術」，指申請前已見於刊物、申請前已公開實施或申請前已爲公眾所知悉之技術，涵蓋申請前所有能爲公眾得知之資訊，並不限於世界上任何地方、任何語言或任何形式，例如文書、網際網路、口頭或展示等。其中，「申請前」，指「申請日之前」，不包含申請日當日；主張國際或國內優先權者，則指「優先權日之前」，不包含優先權日當日；「能爲公眾得知」，指先前技術已公開而處於公眾得獲知其技術內容的狀態，不以公眾實際上已眞正獲知其技術內容爲必要。

負有保密義務之人所知悉應保密之技術不屬於先前技術，因公眾無法得知該技術內容，其僅爲負有保密義務之人所知悉而處於未公開狀態；惟若其違反保密義務而洩漏技術，以致該技術內容能爲公眾得知時，則該技術屬於先前技術。

先前技術不包含在申請日及申請日之後始公開或公告之技術，亦不包含專利法第23條擬制喪失新穎性所規定申請在先而在申請後始公開，或公告之發明或新型專利申請案所載明之內容，因爲該技術內容於申請前未被公開而難以能爲公眾得知，所以不構成先前技術之一部分，自不得作爲進步性之判斷基礎。

4. 所謂「輕易完成」，指該發明所屬技術領域中具有通常知識者依據一份或多份引證文件中揭露之先前技術，並參酌申請時之通常知識，而能將該先前技術以組合、修飾、置換或轉用等結合方式完成申請專利之發明，該發明之整體即屬「顯而易知」，應認定其能輕易完成。顯而易知與輕易完成爲同一概念。

(二) 判斷進步性之方式。判斷進步性應以每一請求項所載之發明的整體爲對象，將該發明所欲解決之問題、解決問題之技術手段及對照先前技術之功效作爲一整體予以考量，若該發明所屬技術領域中具有通常知識者依據先前技術，並參酌申請時之通常知識，認定該發明爲能輕易完成者，則該發明不具進步性。申請人得提供輔助性證明資料，例如發明具有無法預期之功效、發明解決長期存在的問題、發明克服技術偏見或發明獲得商業上的成功等資料，以支持該發明具進步性。

四、第3項規定喪失新穎性或進步性之例外情事

本項在106年修法前認爲，申請專利之發明於申請前，申請人有因實驗而公開、因於刊物發表、因陳列於政府主辦或認可之展覽會及非出其本意而洩漏等情事之一，使該發明的技術內容於

申請前已見於刊物、已公開實施或已為公眾所知悉，而能為公眾得知者，申請人應於事實發生後六個月內提出申請，敘明事實及有關之期日，並於指定期間內檢附證明文件，讓該公開事實導致有關之技術內容，不作喪失新穎性或進步性之先前技術判斷。

前述期間，稱為優惠期（grace period），中國大陸稱為寬限期。本次修正優惠期期間及事由，為因應我國企業及學術機構因商業或學術活動，在提出發明申請案前即以多元型態公開其發明，及為保障其就已公開之發明，嗣後仍有獲得專利權保護之可能，並有充分時間準備專利申請案，參考外國法規定，將原優惠期期間六個月修正為十二個月，並鬆綁公開事由，刪除原各款具體公開事實規定，不限制申請人公開該發明之態樣，以鼓勵技術之公開與流通。

所謂申請人本意所致之公開，指公開係導因於申請人之意願或行為，但不限由申請人親自為之者。因此申請人——包括實際申請人、使用人或其前權利人（legal predecessor），自行公開或同意他人公開技術方案，均應包括在內。

所謂非出於本意所致之公開，指申請人本意不願公開所請專利技術內容，但仍遭公開之情形。按所請專利技術內容遭他人剽竊公開者，固應屬非出於本意之公開，若出於錯誤之認識或疏失者，亦應屬之。例如申請人誤以為其所揭露之對象均負有保密義務，但實非如此；申請人本無意公開，但因經其僱用或委任之人之錯誤或疏失而公開者，亦屬非出於本意之公開。

106年本條並增訂第4項。申請人所請專利技術內容，見於向我國或外國提出之他件專利申請案，因該他件專利申請案登載專利公開公報或專利公報所致之公開，其公開係因申請人依法申請專利所導致，而由專利專責機關於申請人申請後為之。公報公開之目的在於避免他人重複投入研發經費，或使公眾明確知悉專利權範圍，與優惠期之主要意旨在於使申請人得以避免因其申請前例外不喪失新穎性及進步性之公開行為而致無法取得專利保護者，在規範行為及制度目的上均不相同，爰明定不適用之。但如公報公開係出於疏失，或係他人直接或間接得知申請人之創作內容後，未經其同意所提出專利申請案之公開者，該公開仍不應作為先前技術，併予敘明。

本條原第4項規定，主張優惠期必須於申請時同時主張，即須於申請時敘明其事實及其年、月、日，並應於專利專責機關指定期間內檢附證明文件。茲為避免申請人因疏於主張而喪失優惠期之利益，及充分落實鼓勵創新並促進技術及早流通之目的，106年修法刪除原第4項規定，以保障申請人權益。

主張例外不喪失新穎性或進步性之優惠的行為主體為申請人，參考EPC第55條及德國專利法第3條第4項規定，其亦應包含申請人之前權利人。因此，申請人得就其申請前，前手之公開行為主張該優惠；因繼承、受讓、僱傭或出資關係取得專利申請權之人，就其被繼承人、讓與人、受雇人或受聘人在申請前之公開行為，亦得主張該優惠。惟申請人不得就其申請前已公開屬相同發明之他人獨自創作主張優惠，其所請發明喪失新穎性。

優惠期應為所敘明之「事實發生後」十二個月內，在申請時主張。其期間之計算應適用第20條第1項始日不計算在內之規定。原條文所定「事實發生之日起」之用語，依文義解釋，易致誤認係「即日起算」之意，為免適用上之疑義，106年修法時為文字修正。並且不再做細部區分，也不再區分是否因己意公開。僅將申請專利而在我國或外國依法於公報上所為之公開係出於申請人本意者，於優惠期事由中加以排除。

若申請人於優惠期內因實驗、於刊物發表、陳列於政府主辦或認可之展覽會，或類似之其他原因，自行將申請專利之發明多次公開，而有多次可適用優惠期之事實者，該優惠期應以最早之事實發生日爲準。

優惠期之適用範圍包含新穎性及進步性。本次修正將適用範圍由新穎性擴大至包含新穎性及進步性，其主要目的是不以申請人主張優惠期之事由，作爲不具進步性之引證資料；又國際上諸如EPC第55條「無害揭露」、日本特許法第30條「優惠期」等絕大多數規定亦適用於新穎性及進步性。

本條第4項規範不適用喪失新穎性或進步性之例外的情狀，也就是在各國專利公開公報或公告公報上所爲之公開。

因申請人將已完成之發明的技術內容，於我國或外國申請專利，致其後依法於公開公報或公告公報上所爲之公開，其公開係因出於申請人本意所導致，而由各國專利專責機關於申請人申請後爲之。這在申請人申請各國專利時，本來就是可以預期的。

各國專利公報上所爲以公開或公告爲形式的揭露，目的在於避免他人重複投入研發心力或經費，或使公眾明確知悉專利權範圍之存在，避免侵權。與優惠期之主要意旨在於使申請人得以避免因其申請前例外不喪失新穎性及進步性之公開行爲，而致無法取得專利保護者，敢於以各種方式公開其技術方案。這與專利申請的優惠期，在規範行爲及制度目的上均不相同，故應不適用喪失新穎性或進步性例外的優惠。

惟若該專利公報上所爲之公開，亦即該申請係並非出於申請人本意者，且申請人於該公開後十二個月內申請發明專利，仍可適用喪失新穎性或進步性例外的優惠。

老王若以給整個地球包膜以阻止臭氧層破洞的方法申請專利，老張若以一種可以登陸太陽的太空船申請專利，經過智慧財產局實體審查以後，其最可能的下場如何？

兩人的申請案都有非常大可能被以專利法第22條第1項前段，非可供產業上利用之發明，審查核駁處分駁回。整個地球包膜以阻止臭氧層破洞的方法申請專利，雖然符合自然法則，但是在工程上做不到，所以是不可能的。可以登陸太陽的太空船，因爲根本找不到可以在這種高溫條件下運作太空船的製作材料，屬於未完成的發明，因此都不具備產業利用或應用價值。

案例二

台科大蔡老師獲科技部的綠色能源研究計畫補助，研發出一種可在行駛中快速自我充電的電動車，以提高利用與轉換能源的效率，若他想要發表此研究成果，且希望獲得專利保護，請問他該怎麼做？

蔡老師研發的成果未來希望獲得專利保護，如果要發表此研究成果，就要小心先前的公開成爲適格的引證前案，將來會在審查中打到自己，使後來申請專利喪失新穎性。這時蔡老師爲了避免自己的發表成爲引證案打到自己後來的申請案，可以有兩種選擇：

一、先將技術方案寫成專利申請案投入智慧財產局取得合法申請日以後再發表，但缺點是可能緩不濟急。因此延誤的這段申請時程中，可能國內外又要跑出了一堆相同或近似技術特徵的引證案，因而影響了本案的可專利性。

二、引用專利法第22條第3項新穎性或進步性優惠期規定。

若蔡老師因學術研究或其他因素考量，想要在申請專利審查以前發表此研究成果，理論上此研究成果的公開先於本案申請日，已經該當本案引證文件的適格性，使得本案所揭露的技術方案成為公眾得知習知技術的一部分，而無法取得專利。

若蔡老師引用專利法第22條第3、4項，這時將相關的技術方案的文件寫到一個大概程度後，於刊物發表者或其他方式公開，亦可達其欲公開相關技術方案之目的；並且在此事後六個月內，並將專利申請的說明書等文件備齊後送往智慧財產局申請專利，在申請時一併呈報上開事由，簡述敘明其事實及其年、月、日，並於專利專責機關指定期間內檢附證明文件即可。

此處是一個在專利法上的巧門，可以處理相關案件的公開問題，畢竟在學術研究上這適時地公開往往非常要緊。

第23條（發明擬制喪失新穎性）

申請專利之發明，與申請在先而在其申請後始公開或公告之發明或新型專利申請案所附說明書、申請專利範圍或圖式載明之內容相同者，不得取得發明專利。但其申請人與申請在先之發明或新型專利申請案之申請人相同者，不在此限。

擬制喪失新穎性係專利法之特別規定，其先前技術並未於後申請案申請日之前公開或公告，故不適用於進步性之審查。

判斷擬制喪失新穎性時，應注意下列原則：

一、先申請案必須申請在先，但公開或公告在後

所謂公開，指先申請案為發明時，依第37條規定，自申請日後經過十八個月公開而言；所謂公告，指發明審定或新型處分

准予專利，依第47條或第113條予以公告而言。如果先申請案於公開日之前有撤回、視爲撤回或不受理情事致未公開或公告，即不得據爲判斷後申請案擬制喪失新穎性。先申請案經公開或公告後，即屬於新穎性之先前技術，無論該申請案嗣後是否經撤回或審定不予專利，或該專利案嗣後是否經放棄或撤銷，均得作爲引證文件；惟在公開日之前已撤回，但因進入公開準備程序而仍被公開者，不得作爲引證文件。

二、先申請案與後申請案之申請人應爲不同之人

(一) 同一人有先、後兩申請案，後申請案中請求項所載申請專利之發明若僅與先申請案所附說明書或圖式載明之內容相同而未載於請求項時，係同一人就其不同之發明或新型請求保護而無重複授予專利權之虞，後申請案仍得予以專利。

(二) 擬制喪失新穎性僅適用於不同申請人在不同申請日有先、後二個申請案，而後申請案中請求項所載申請專利之發明與先申請案所附說明書、申請專利範圍或圖式載明之內容相同的情況。認定先、後申請案之申請人是否相同的事項如下：

1. 認定時點應爲後申請案之申請日（不包含優先權日），就該後申請案與先申請案之申請人予以認定。若經認定爲相同，即使嗣後因變更、繼承或合併等事由而有申請人不一致之情形，原認定仍然有效。
2. 共同申請時，申請人必須完全相同，始得認定爲相同。
3. 後申請案爲改請案或分割案時，認定時點應爲後申請案所援用原申請案之申請日。

欣誼在2014年3月24日送出一件專利申請案並且申請實體審查，結果審查委員在2015年7月24日發現，在2014年3月18日有一件相同技術內容的外國申請案提出申請，並且在2015年7月20日公開。試問欣誼所申請的案件是否得准予專利？若本案與前案皆爲欣誼所申請，結果有何不同？

先申請案申請在先，但公開或公告在後，且先申請案與後申請案之申請人爲不同之人，因此該外國申請案對欣誼的申請案因滿足上述條件，因此被認定擬制喪失新穎性。欣誼所申請的案件不得准予專利。

若本案與前案皆爲欣誼所申請，則因爲先申請案與後申請案之申請人爲同人時，本案並無擬制新穎性之適用。因此若無其他不予專利的事由存在，欣誼所申請的案件將有可能得准予專利。

第24條（法定不予發明專利之項目）

下列各款，不予發明專利：

一、動、植物及生產動、植物之主要生物學方法。但微生物學之生產方法，不在此限。

二、人類或動物之診斷、治療或外科手術方法。

三、妨害公共秩序或善良風俗者。

解說

本條係法定不予發明專利之項目，屬於因國家政策事由而將即使符合專利要件之標的明文排除不予專利之事項，以下就各款規定內容說明如下：

一、第1款規定，動、植物及生產動、植物之主要生物學方法不予發明專利，但微生物學之生產方法可准予專利

(一) 本款「動、植物」一詞涵蓋動物及植物，亦包括基因改造之動物及植物。以動物或植物爲申請標的者，依專利法規定應不予專利；對於生產動、植物之方法，專利法僅排除主要生物學方法，不排除非生物學及微生物學之生產方法。再者，雖然動、植物本身，不能准予專利，但是關於動、植物相關發明，例如植物基因、細胞、組織培養物、生產植物之非生物學方法等，仍可授予專利，只是植物之全部或部分未來有可能生長成整株植物之可能，如果實、種子、器官等不授予專利。

(二) 動物和植物是有生命之物種，通常認爲是依生物學之方法繁殖而不是人類創造出來的；但隨著生物技術之進步，非生物學之方法亦可生產動、植物，此種非生物學之方法可否授予專利，本質上不宜因其所製得之產物爲動、植物而否定其可專利性。本法對於動、植物新品種之生產方法，如其含有包括植物整體基因組的有性雜交及其後相應的植物選擇的步驟，則該方法屬主要生物學方法，不應准予專利，例如將果實小但有抗病力的木瓜品種與果實大但無抗病力的木瓜品種經雜交而培育出果實大且具抗病力的木瓜新品種。反之，若該育成方法不是「主要生物學方法」，例如轉殖是藉由基因工程之方法將一基因或性狀（trait）插入或修改基因體中的特性，而非依賴植物整體基因組的有性雜交及其後相應的植物選擇的步驟，則該方法非屬主要生物學方法可准予專利，具有可專利性。

二、第2款規定，人類或動物之診斷、治療或外科手術方法，不予發明專利

基於人道主義之考量，對於生命、身體之尊重，應賦予醫生在診斷與治療過程中有選擇各種方法及條件之自由，故醫藥相關之方法發明若係直接以有生命的人體或動物體爲實施對象，則屬於人類或動物之診斷、治療或外科手術方法，爲法定不予發明專利之標的，應不予發明專利。

(一) 人類或動物之診斷方法，必須包含三項條件，即該方法係以有生命的人體或動物體爲對象、有關疾病之診斷及以獲得疾病之診斷結果爲直接目的，上述所稱「以獲得疾病之診斷結果爲直接目的」，係指該方法必須能獲得具體之最終診斷結果，包含從取得測量數據至做出診斷的所有步驟。如申請專利之方法僅限於檢測階段，缺乏評估症狀及決定病因或病灶狀態之後續步驟，即並無將取得數據與標準値比較以找出任何重要偏差以及推定前述差異所導致之診斷結果的步驟，即非屬人類或動物之診斷方法。

(二) 人類或動物之治療方法，係指使有生命之人體或動物體恢復健康或獲得健康爲目的之治療疾病或消除病因的方法，尙包括以治療爲目的或具有治療性質的其他方法，例如預防疾病的方法、免疫的方法。舒解或減輕疼痛、不適或功能喪失等症狀的方法亦屬之，例如針對上癮或戒毒過程中產生盜汗、噁心等症狀的處理方法。

(三) 人類或動物之外科手術方法，係指使用器械對有生命的人體或動物體實施的剖開、切除、縫合、紋刺、注射及採血等創傷性或者介入性之治療或處理方法。應注意者，診斷、治療或外科手術方法不能授予專利，係指該診斷、治

療或外科手術方法本身而言，至於診斷、治療或外科手術方法所使用之物質、組合物、儀器、醫療器材、設備等產品則可授予專利權。於活體外製造假牙、義眼、義肢之方法，亦可授予專利。

三、第3款規定，發明妨害公共秩序或善良風俗者，不予發明專利

基於維護倫理道德，爲排除社會混亂、失序、犯罪及其他違法行爲，將妨害公共秩序或善良風俗之發明列入法定不予專利之標的。若於說明書、申請專利範圍或圖式中所記載之發明的商業利用（commercial exploitation），例如吸食毒品之用具及方法、複製人及其複製方法（包括胚胎分裂技術）、改變人類生殖系之遺傳特性的方法等會妨害公共秩序或善良風俗，應不能授予專利。

四、人類或動物之外科手術方法不限與疾病相關，始不予專利

依現行審查實務，診斷、治療方法皆與疾病相關，適用本款不予專利並無問題。惟外科手術方法未必皆與疾病相關，如割雙眼皮、抽脂塑身等美容手術方法，即無本款之適用，而於實務上係以不符產業利用性之要件不予專利，導致適用條文產生歧異之情況。102年以後適用之新法，均於本條特別規定之，不再回去適用不具產業利用性。

老王想要通過基因轉殖或改造申請一種生產具備人體器官的豬方法，該專利申請案可以准予專利嗎？

此專利申請案將因涉及主要生物學方法專利法第24條而不能

准予專利，是屬於違反公序良俗，並非專利給予的適格。故主管機關將不會給予專利，也無法補正。

第二節 申 請

第25條（申請日之認定）

申請發明專利，由專利申請權人備具申請書、說明書、申請專利範圍、摘要及必要之圖式，向專利專責機關申請之。

申請發明專利，以申請書、說明書、申請專利範圍及必要之圖式齊備之日為申請日。

說明書、申請專利範圍及必要之圖式未於申請時提出中文本，而以外文本提出，且於專利專責機關指定期間內補正中文本者，以外文本提出之日為申請日。

未於前項指定期間內補正中文本者，其申請案不予受理。但在處分前補正者，以補正之日為申請日，外文本視為未提出。

解說

本條爲有關專利申請，在形式上應具備說明書、申請專利範圍、摘要及圖式等應記載事項之規定，並且要到齊備之日，才能取得申請日開始正式的程序。而爲了方便外國申請人翻譯中文本，可以先以外文本取得申請日，再給予一定延長的補正中文本期間。遲誤者就無法享受此一利益，而以補正中文本日爲申請日。

第26條（揭露與記載要件）

說明書應明確且充分揭露，使該發明所屬技術領域中具有通常知識者，能瞭解其內容，並可據以實現。

申請專利範圍應界定申請專利之發明；其得包括一項以上之請求項，各請求項應以明確、簡潔之方式記載，且必須為說明書所支持。

摘要應敘明所揭露發明內容之概要；其不得用於決定揭露是否充分，及申請專利之發明是否符合專利要件。

說明書、申請專利範圍、摘要及圖式之揭露方式，於本法施行細則定之。

解說

本條爲有關專利說明書、申請專利範圍、摘要及圖式應記載事項之規定，本條各項規定說明如下：

一、第1項規定說明書之可據以實現要件

因專利制度旨在鼓勵、保護、利用發明、新型及設計之創作，以促進產業發展。發明經由申請與嗣後審查程序，授予申請人專有排他實施之專利權，以鼓勵、保護其發明。相對的對公共利益而言，在授予專利權時，亦確認該發明專利之保護範圍，使公眾能經由說明書之揭露得知該發明的內容，進而利用該發明開創新的發明，促進產業之發展。爲達成前述立法目的，端賴說明書明確且充分揭露發明，使該發明所屬技術領域中具有通常知識者能瞭解其內容，並可據以實現，以作爲公眾利用之技術文件。此外，申請專利範圍應明確界定申請專利之發明，而依本法第58條第4項規定，發明專利權範圍，以申請專利範圍爲準，於解釋申請專利範圍時，並得審酌說明書及圖式，故說明書亦作爲保

護專利權之法律文件。100年修法時配合本法第25條之規定，申請專利範圍及摘要已非屬說明書之一部分，而說明書應記載之事項規定於本法施行細則第17條第1項，內容包括發明名稱、技術領域、先前技術、發明內容、圖式簡單說明、實施方式及符號說明，表示說明書形式上應記載發明名稱及技術領域，同時將該發明之技術與先前技術相比較，以瞭解有何創新及如何在產業上利用，並透過說明書，使該發明所屬技術領域中具有通常知識者，能瞭解其發明內容及實施方式，以可據以實現申請專利之發明。因此，說明書之主要作用係作爲該發明所屬技術領域中具有通常知識者，是否可據以實現申請專利之發明之基礎，並作爲解釋申請專利範圍之審酌對象之一。本項內容重點分述如下：

(一)「說明書應明確且充分揭露」，指說明書之記載必須使該發明所屬技術領域中具有通常知識者能瞭解申請專利之發明的內容，而以其是否可據以實現爲判斷的標準，若達到可據以實現之程度，即謂說明書明確且充分揭露申請專利之發明。

(二)「使該發明所屬技術領域中具有通常知識者，能瞭解其內容，並可據以實現」，指說明書應明確且充分記載申請專利之發明，記載之用語亦應明確，使該發明所屬技術領域中具有通常知識者，在說明書、申請專利範圍及圖式三者整體之基礎上，參酌申請時之通常知識，無須過度實驗，即能瞭解其內容，據以製造及使用申請專利之發明，解決問題，並且產生預期的功效。

二、第2項規定申請專利範圍之記載要件

按申請專利範圍係界定申請人欲請求保護之範圍，作爲日後權利主張之依據，故申請專利範圍的文字應如何記載，對權利人與社會大眾甚爲重要。各國法制在此多僅明定申請專利範圍之記載應明確，各請求項之記載應簡潔，不可以重複或放入無意義的贅字最重要者，必須爲說明書所支持，至於其詳細記載規定，則由施行細則及審查基準予以補充。按專利權範圍係以申請專利範圍爲準，爲充分保護第三人利益，明定申請專利範圍應界定「申請專利之發明」。至於申請專利範圍之記載方式，得以一項以上之請求項表示，且各請求項必須明確、簡潔，使申請專利範圍之記載要件更爲明確。再者，爲使法律關係安定，一方面應使公眾得自由使用現有技術，一方面要對專利權人提供明確有效之保護範圍，故應有明確之文字界定專利權範圍，以使公眾知所遵循，以免構成侵權；而界定爲權利範圍者，即爲申請專利範圍。依本法第58條第4項規定，專利權範圍以申請專利範圍之記載爲準，故其記載攸關專利權範圍之認定，宜有明確規範，本法施行細則第18、19及20條即特別規範申請專利範圍之記載方式。本項內容重點分述如下：

(一) 請求項應明確，指每一請求項之記載應明確，且所有請求項整體之記載亦應明確，使該發明所屬技術領域中具有通常知識者，單獨由請求項之記載內容，即可明確瞭解其意義，而對其範圍不會產生疑義。具體而言，即每一請求項中記載之範疇及必要技術特徵應明確，且每一請求項之間的依附關係亦應明確。

(二) 請求項應簡潔，係指每一請求項之記載應簡潔，且所有請求項整體之記載亦應簡潔，除記載必要技術特徵外，不得對技術手段達成之功效、目的或用途的原因、理由或背景說明，作不必要之記載，亦不得記載商業性宣傳用語。

(三) 請求項必須爲說明書所支持，係要求每一請求項記載之申請標的必須根據說明書揭露之內容爲基礎，且請求項之範圍不得超出說明書揭露之內容。

三、第3項明定摘要之法律地位

摘要之目的在於提供公眾快速及適當之專利技術概要，且爲確保摘要之資訊檢索功能，參酌日本特許法第36條第7項、大陸專利法第26條第3項、EPC第85條、專利合作條約（PCT）第3條第3項及SPLT草案第5條第2項規定，明定摘要須敘明所揭露發明內容之概要，其僅供揭露技術資訊之用途，不得用於決定揭露是否充分，及申請專利之發明是否符合專利要件。又摘要已非屬說明書之一部分，依本法第58條第4項規定，不得用於解釋申請專利範圍，且依本法第43、67條規定，不得作爲修正及更正說明書、申請專利範圍或圖式之依據。

四、第4項規定說明書、申請專利範圍、摘要及圖式之揭露方式授權於施行細則規定

有關專利說明書、申請專利範圍、摘要及圖式等記載之細部規定甚多，應授權於施行細則定之，俾便遵循。因此，說明書應記載之事項規定於專利法施行細則第17條第1項；申請專利範圍應記載之事項規定於細則第18、19及20條；圖式應記載之事項規定於細則第23條；摘要應記載之事項規定於細則第21條。此外，細則第22條並規定說明書、申請專利範圍及摘要中，其使用技術用語及符號應一致，且應以打字或印刷爲之。

老張去申請專利時，申請專利範圍請求項1非常瀟灑地只寫了「一根荷重1公噸的釣竿」，說明書中也沒有附任何釣竿材質製作方法與實驗數據，可以支持「一根荷重1公噸的釣竿」。請問這樣審查委員會給予核准嗎？

說明書中沒有附任何釣竿材質製作方法與實驗數據，無法讓

該發明所屬技術領域中具有通常知識者瞭解其內容，並據以實現，因此無法符合專利法第26條第1項的規定。一根荷重1公噸的釣竿，並未敘明任何技術特徵，因此範圍籠統不明確也超出申請時說明書與實施例所能合理支持。因此本項所請，也不符專利法第26條第2項之規定，這也可能是申請人全然無法補救的，最後只能由主管機關以予核駁。

第27條（生物材料寄存）

申請生物材料或利用生物材料之發明專利，申請人最遲應於申請日將該生物材料寄存於專利專責機關指定之國內寄存機構。但該生物材料為所屬技術領域中具有通常知識者易於獲得時，不須寄存。

申請人應於申請日後四個月內檢送寄存證明文件，並載明寄存機構、寄存日期及寄存號碼；屆期未檢送者，視為未寄存。

前項期間，如依第二十八條規定主張優先權者，為最早之優先權日後十六個月內。

申請前如已於專利專責機關認可之國外寄存機構寄存，並於第二項或前項規定之期間內，檢送寄存於專利專責機關指定之國內寄存機構之證明文件及國外寄存機構出具之證明文件者，不受第一項最遲應於申請日在國內寄存之限制。

申請人在與中華民國有相互承認寄存效力之外國所指定其國內之寄存機構寄存，並於第二項或第三項規定之期間內，檢送該寄存機構出具之證明文件者，不受應在國內寄存之限制。

第一項生物材料寄存之受理要件、種類、型式、數量、收費費率及其他寄存執行之辦法，由主管機關定之。

解說

本條爲申請有關生物材料或利用生物材料之發明專利之生物材料寄存應踐行之程序規定。由於專利申請具有屬地性，有關生物材料之專利，須同時兼顧公開性、再現性及菌種活性之穩定，兼以活的生物材料尚非說明書或圖式可以充分完全描述，倘未於申請前寄存於寄存機構，則說明書揭露不完整，將影響其案件之可專利性。如於各國申請專利時，均須於各國重新寄存，對申請人而言，程序未免太過繁雜，且成本過高，是以各國乃於1977年4月28日簽訂布達佩斯條約（*Budapest Treaty*），透過該條約之約束，凡在該條約所承認具公信力之國際寄存機構（International Depository Authority, IDA）之一寄存後，在締約國申請專利時，即不須再寄存。惟國際上雖有此條約得以免除申請人再次寄存之繁瑣，但是我國非該條約之會員，於我國申請此種專利時，我國並無法援引該條約向已於IDA寄存之生物材料申請分讓，以滿足專利之要件，故本條明定申請人應在我國專利專責機關指定之寄存機構寄存之，以確保倘若此種專利在我國核准後，任何第三人都能夠基於研究實驗目的得以自由分讓該相關生物材料，以符合專利法要求。

目前在我國官方認可的在國內的專利申請案生物寄存機構，只有新竹的食品工業發展研究所。如果國外申請人將生物材料送到我國寄存有不便，也可以先寄存於國外寄存機構，也就是依布達佩斯條約取得IDA資格的生物材料寄存機構。若本案申請前，申請人已於智慧局認可之國外寄存機構寄存本案所請之生物材料，仍應於申請後在國內補寄存，並於法定期間內檢送國內寄存機構之證明文件；但若申請前已在與我國有相互承認寄存效力之國外寄存機構寄存，則無須再於國內寄存，只要在法定期間內檢送國外寄存機構之證明文件即可。

目前與我國有相互承認寄存效力之外國有日本（2015年6月18日起）、英國（2017年12月1日起）及韓國（2020年9月1日起）

若爲本條第1項所規定，無須寄存之生物材料。此時申請人應特別注意，應包括在申請日前已符合下列情事之一：

一、商業上公眾可購得之生物材料，例如麵包酵母菌、酒釀麴菌等。

二、申請前業已保存於具有公信力之寄存機構且已可自由分讓之生物材料。

三、該發明所屬技術領域中具有通常知識者根據說明書之揭露而無須過度實驗即可製得之生物材料。例如將基因選殖入載體而得到之重組載體等生物材料，若該發明所屬技術領域中具有通常知識者根據說明書之揭露而無須過度實驗即可製得，則無須寄存。

即使符合上述情事，但仍有無法獲得該生物材料之可能，智慧局會在審查意見書上要求申請人提供相關證明文件並給予期限回覆。若智慧局審查後認爲，並非易於獲得的生物材料，申請人亦將無法再補寄存，並可能會被核駁不予專利。

日本申請人犬養株式會社如要在我國申請一種微生物，除了申請以外還要做哪些動作？

犬養株式會社必須按專利法第27條規範，在我國專利專責機關指定之寄存機構寄存之，以確保倘若此種專利在我國核准而本案公開後，任何第三人都能夠基於研究實驗目的得以自由分讓該相關生物材料，而達到確實公開本案的目的。因此傳統原則上必

須在我國尋找官方認可的生物寄存機構，也就是新竹的食品工業發展研究所。也可以寄存於國外寄存機構，也就是依布達佩斯條約取得IDA資格的生物材料寄存機構，並出具相關機構的寄存證明文件給主管機關。

第28條（國際優先權）

申請人就相同發明在與中華民國相互承認優先權之國家或世界貿易組織會員第一次依法申請專利，並於第一次申請專利之日後十二個月內，向中華民國申請專利者，得主張優先權。

申請人於一申請案中主張二項以上優先權時，前項期間之計算以最早之優先權日為準。

外國申請人為非世界貿易組織會員之國民且其所屬國家與中華民國無相互承認優先權者，如於世界貿易組織會員或互惠國領域內，設有住所或營業所，亦得依第一項規定主張優先權。

主張優先權者，其專利要件之審查，以優先權日為準。

解說

優先權可分爲國際優先權及國內優先權，本條是有關主張國際優先權之規定，爲巴黎公約重要原則之一。依巴黎公約第4條第A項第(1)款規定：「任何人於任一同盟國家，已依法申請專利、或申請新型或新式樣、或商標註冊者，其本人或其權益繼受人，於法定期間內向另一同盟國家申請時，得享有優先權。」所謂任何人，係指符合公約規定得享有權利之人，亦即符合公約第2條或第3條規定，爲同盟國國民或雖非同盟國國民但於同盟國境內有住所或營業所者而言。準此，所謂優先權是指申請人在向其中一個會員國提出申請專利後，並於法定期間內就相同發明向其他的會員國提出申請時，申請人得主張該外國專利申請案之申請日爲優先權日，作爲判斷該申請案是否符合新穎性、擬制喪失新穎性、進步性及先申請原則等專利要件之基準日。第一次在外國提出申請之日期稱爲優先權日，得主張優先權之期限稱爲優先權期限。優先權期限在發明及新型爲十二個月，在設計爲六個月。

優先權制度之建立，對於希望在多數國家取得專利保護之申請人帶來實際利益。首先翻譯與準備向各國專利主觀機構申請專利所費不貲，這時就必須要考慮成本效益是否合算。但申請人的專利可能在此時間內被外國有心人竊取，因此本制度就讓申請人能有充分時間考慮是否向外國，以及要向那些國家申請專利，是否合於成本效益。

其次是申請人不用擔心在後申請案因喪失新穎性而不能取得專利，在第一申請國所遞交的申請案，以及在優先權日後六個月或十二個月內出現，相同於本案內容相同的技術文件，均不能在第二或更晚的各國專利主管機關，成爲用以核駁申請案新穎性或進步性的引證文件。

申請人向外國主管機關申請專利時，可以利用優先權補充完善後申請案，也可以將幾個先申請案合併爲一案申請提出。惟這些實際利益，無法適用於國內申請人，於是1980年代中期，一些國家開始引進巴黎公約優先權之做法，稱爲國內優先權。我國專利法則於90年10月24日修正時，增訂第25條之1導入國內優先權之制度。簡言之，優先權之概念，可分爲國際優先權（外國優先權、公約優先權）及國內優先權（本國優先權）二種，以在外國提出之申請案爲基礎案，據以主張優先權者，稱爲國際優先權，以在本國提出之申請案爲基礎案，據以主張優先權者，稱爲

國內優先權。無論是國際優先權或是國內優先權，後申請案皆能以其基礎案之申請日爲優先權日。巴黎公約之所以確立優先權原則，是因爲專利法採用先申請原則。根據該原則，對於同樣內容的申請，只對最先提出申請的人授予專利權。同時，各國專利法都規定授予專利權的發明應當具有新穎性和進步性，而絕大多數國家的專利法都規定判斷新穎性和進步性之基準日是申請日。在國際優先權制度出現並爲各國普遍採納以前，如果申請人想要在幾個國家內獲得專利保護，就應當同時在這些國家提出申請。否則，有可能被他人搶先申請，或者在申請人向外國提出申請之前，其發明被他人公開發表或者公開使用，造成新穎性或進步性喪失，以至於不能在這些國家獲得專利。但是就準備相關文件的技術上來說，要求申請人同時在本國和其他國家提出專利申請，即使在現在仍然是難以辦到的，或至少是成本高昂的，係因準備、翻譯申請文件和辦理申請手續都需要一定的時間。而且就產品製程或市場來說，申請人在決定向那些外國申請專利前，其專利價値如何，是否有必要向外國申請專利，以及要向哪些外國申請專利，在哪些外國有被侵害的風險，也需要時間進行仔細考慮。

因此隨著全球化時代的來臨，巴黎公約規定了優先權原則，要求締約國相互之間給予對方的國民以一定期間的優先權。優先權原則的制定爲締約國的國民在其他締約國獲得專利保獲提供了極大的便利。

佩宇研發出一種可以加速無線網路智慧型裝置充電的計算法，想要向多國申請專利，但是考慮到說明書翻譯與申請費用不

貲，她想更審慎評估一下到底需要去那些國家申請專利。請問依我國專利法，她有何制度可以應用？

佩宇可以使用專利法第28條與巴黎公約的國際優先權制度，先向我國智慧財產局申請專利以後，十二個月內再向其他國家申請專利。或是在某特定國申請專利以後，在十二個月內據此優先權證明以申請我國的專利。

第29條（聲明主張國際優先權）

依前條規定主張優先權者，應於申請專利同時聲明下列事項：
一、第一次申請之申請日。
二、受理該申請之國家或世界貿易組織會員。
三、第一次申請之申請案號數。
申請人應於最早之優先權日後十六個月內，檢送經前項國家或世界貿易組織會員證明受理之申請文件。
違反第一項第一款、第二款或前項之規定者，視為未主張優先權。
申請人非因故意，未於申請專利同時主張優先權，或違反第一項第一款、第二款規定視為未主張者，得於最早之優先權日後十六個月內，申請回復優先權主張，並繳納申請費與補行第一項規定之行為。

解說

本條規定申請案在我國主張國際優先權之程序及程序不完備之法律效果，106年曾修正。現行第1項規定申請人主張優先權，首先應於專利申請案提出同時聲明之。前述聲明事項以載明

於申請書之聲明事項欄位為原則，惟如申請同時檢送之文件中已載明第一次申請之申請日及受理該申請之國家或WTO會員者，亦屬合法。例如：說明書內已載明第一次申請案之受理國家、日期，或於申請同時檢送優先權證明文件者。申請人主張複數優先權者，各項優先權基礎案均應聲明。另依據巴黎公約第4條第D項第(5)款第2句規定，申請人除聲明第一次之申請日及受理該申請之國家或WTO會員外，也應說明第一次申請之申請案號，爰分款明定，以資明確。

第2項規定申請人應檢送優先權證明文件之期限。100年修法前原規定申請人應自申請日起四個月內檢送優先權證明文件。惟參照世界智慧財產權組織（World Intellectual Property Organization, WIPO）於2000年6月1日國際外交會議通過之專利法條約（*Patent Law Treaty*, PLT）施行細則第4條規定，檢送優先權文件之期間，為各該先申請中最早的申請日起不少於十六個月的期限內。國際上如日本特許法第43條第2項、EPC施行細則第52條亦規定係於最早之優先權日後十六個月內檢送之，爰參照國際趨勢修正之。應注意者，國際優先權證明文件之檢送期限為法定不變期間，不得申請延展（最高行政法院95年度判字第680號判決參照）。

申請人主張複數優先權時，其全部優先權證明文件之檢送期間均自最早之優先權日起算，所稱「最早之優先權日」係指複數優先權主張中最早之優先權日，惟若於前述最早之優先權日起十六個月內撤回最早之優先權主張，則以次早優先權主張之優先權日作為最早之優先權日。若申請人未於最早之優先權日起十六個月內撤回最早之優先權主張，且於最早之優先權日起十六個月內未完全補正優先權證明文件，則該等未補正之優先權將發生視為未主張優先權之效果。例如申請人主張A、B、C共三項優先權，其優先權日依序爲a日、b日、c日，申請人自最早之優先權日（a日）起十六個月內，僅補正B之優先權證明文件者，則該申請案僅有B之優先權主張，A及C之優先權視爲未主張。

優先權證明文件應爲外國或WTO會員專利受理機關署名核發之正本，不得以法院或其他機關公證或認證之優先權證明文件影本代之。申請人在最早之優先權日後十六個月內如已檢送優先權證明文件影本，將通知限期補正與影本爲同一文件之正本，屆期未補正或補正後仍不齊備者，視爲未主張優先權。實務上比對優先權證明文件影本與正本是否爲同一文件，係以優先權證明文件之首頁爲準，故申請人在法定期間內可僅檢送優先權證明文件首頁影本，不須檢送全份優先權證明文件影本。另同一申請人於二件以上之申請案中主張同一件國外基礎案之優先權時，如已於其中一件申請案提出優先權證明文件正本，其他之申請案得以證明文件全份影本代之，惟須註明正本存於何案卷內。優先權證明文件若經專利專責機關與該國家或WTO會員之專利受理機關已爲電子交換者，視爲申請人已提出（施細§26）。例如我國專利專責機關已與日本特許廳於102年12月2日開始進行優先權證明文件電子交換，申請人以日本發明或新型專利申請案作爲優先權主張之基礎案向我國申請發明或新型專利，或以我國發明或新型專利申請案作爲優先權主張之基礎案向日本申請發明或新型專利者，可提出優先權證明文件存取碼、優先權基礎案號及國外申請專利類別之資訊，不必提送紙本優先權證明文件。

第3項爲違反前二項規定之效果。專利申請人未於申請專利同時聲明「第一次申請之申請日」或「受理該申請之國家或WTO會員」，或未於最早之優先權日後十六個月內檢送經該國或WTO會員證明受理之申請文件，則視爲未主張優先權。至於第一次申請之申請案號，則屬得補正之事項，如未於申請時一併

聲明者，不視爲未主張優先權。100年修正前對於違反主張優先權之程序規定者，明定其效果爲「喪失優先權」，惟參考PLT第6條第8項b款、日本特許法第43條第4項及大陸專利法第30條規定，其對於違反主張優先權之相關程序要件者，則採「優先權主張失其效力」或「視爲未主張優先權」之方式規範。鑑於優先權乃是附屬於專利申請案之一種主張，本身不具獨立之權利性質，且主張優先權與否，申請人得自由選擇，故主張優先權不符法定程式或逾期檢送證明文件者，宜規定「視爲未主張優先權」較爲妥適，爰予修正。此爲法定效果之當然發生，並不因申請人是否於期限屆至前申請延展或專利專責機關有否發函通知其視爲未主張優先權而異其效力。

第4項爲回復優先權主張之規定。申請人如非因故意，未於申請專利同時主張優先權或聲明事項不完整者，爲免申請人因此不得主張優先權，100年修法時爰參照PLT第12條、EPC第122條第1項規定，增訂回復優先權主張之機制，申請人得於最早之優先權日後十六個月內，提出回復優先權主張之申請，並繳納回復優先權主張之申請費，及補行本條第1、2項規定期間內應爲之行爲。

106年修法前第4項所定「依前項規定視爲未主張者」，係指因「違反第一項第一款及第二款之規定」致視爲未主張優先權者，亦即得申請回復優先權主張之情形，僅限於：

一、未於申請專利時主張優先權。

二、申請專利同時雖有主張優先權，但未同時聲明第一次申請之申請日及受理該申請之國家或WTO會員。至於因違反第2項規定，遲誤檢送優先權證明文件之期間致視爲未主張優先權者，因檢送優先權證明文件之期間與申請回復優先權主張之期間同爲最早之優先權日後十六個月，故一旦遲誤檢送優先權證明文件之期間者，確實無從以非因故意爲由申請回復優先權主張，故爲明確得申請回復優先權主張之範圍，故於修正第4項規定。

所謂「非因故意」之事由，包括過失所致者均得主張之，例如實務上常遇申請人生病無法依期爲之，即得作爲主張非因故意之事由。本項規定之適用範圍，包括於申請專利同時漏未主張優先權，及欠缺聲明「第一次申請之外國申請日」或「受理該申請之國家或WTO會員」而視爲未主張優先權之情形。另對於同時補行期間內應爲之行爲，申請人得先主張並聲明在外國之申請日、案號及受理該申請之國家，再補正優先權證明文件，只要均於最早之優先權日後十六個月內完成即可。另外，如有因天災或不可歸責當事人之事由延誤補正期間者，例如前有因美國專利商標局檔案室搬遷，致延誤發給優先權證明文件，申請人得依第17條第2項規定申請回復原狀，不須依本條規定申請回復優先權主張。

佩君在申請我國專利後，主張最早優先權日爲2014年4月10日美國優先權，最遲於何時應送入優先權證明文件？若適逢美國專利商標局檔案室，因爲遭遇到恐怖攻擊而被爆炸焚毀，無法適時提供優先權證明文件，佩君此時又應如何辦理？

依專利法第29條第4項規定，優先權證明文件應於最早之優先權日後十六個月內檢送之，故此時佩君應該於2015年8月10日申請補送相關證明文件，逾期即發生失權效的效果。若美國專利商標局無法及時發出優先權證明文獻，佩君則可依專利法第17條第2項申請恢復原狀。

第30條（國內優先權）

申請人基於其在中華民國先申請之發明或新型專利案再提出專利之申請者，得就先申請案申請時說明書、申請專利範圍或圖式所載之發明或新型，主張優先權。但有下列情事之一，不得主張之：

一、自先申請案申請日後已逾十二個月者。

二、先申請案中所記載之發明或新型已經依第二十八條或本條規定主張優先權者。

三、先申請案係第三十四條第一項或第一百零七條第一項規定之分割案，或第一百零八條第一項規定之改請案。

四、先申請案為發明，已經公告或不予專利審定確定者。

五、先申請案為新型，已經公告或不予專利處分確定者。

六、先申請案已經撤回或不受理者。

前項先申請案自其申請日後滿十五個月，視為撤回。

先申請案申請日後逾十五個月者，不得撤回優先權主張。

依第一項主張優先權之後申請案，於先申請案申請日後十五個月內撤回者，視為同時撤回優先權之主張。

申請人於一申請案中主張二項以上優先權時，其優先權期間之計算以最早之優先權日為準。

主張優先權者，其專利要件之審查，以優先權日為準。

依第一項主張優先權者，應於申請專利同時聲明先申請案之申請日及申請案號數；未聲明者，視為未主張優先權。

解說

國內優先權制度之主要目的係爲使申請人於提出發明或新型專利申請案後，可以繼續進行技術創新，提出新的改進方案。並以該先申請案爲基礎，再加改良或合併新的請求標的而提出後申請案，且能就先申請案已揭露之技術內容享受和國際優先權相同之利益，在第一案初次提出專利申請日以前出現的文件，不應在審查時被視爲可用以核駁本案的適格引證前案。

因爲此種改良或新的請求標的，當以修正的方式在先申請案中提出時，常會被認爲超出原說明書或圖式所揭露之範圍而全案不予專利，但倘若運用國內優先權，則仍有機會併在一個申請案中申請，從而可取得總括而不遺漏之權利。此時後申請案已揭露於先申請案之技術內容，將以優先權日爲專利要件審查基準時點，未揭露於先申請案之技術內容則以後申請案之申請日爲專利要件審查基準時點。國內優先權制度，是以一件或多件本國申請案爲基礎案（即先申請案），使申請人得將各該申請案彙整爲一件，並加入新的事項再提出申請，而得享有與國際優先權相同之利益。

由於設計專利就其本質，由於並無技術創新可言，因此申請人也無所謂持續提出新的技術改進方案。所以本法在設計專利部分，並無國內優先權制度的規範。在舊法時期有所聯合新式樣，現今稱爲衍生設計，概念上與此近似。

申請人主張國內優先權具有以下作用：

一、主張國內優先權之後申請案，乃依基礎案（即先申請案）再加改良或合併新的請求標的，因其基礎案（即先申請案）之技術內容，已揭示於後申請案中，故基礎案（即先申請案）視爲撤回，無須重複公開、重複審查。申請人並可因而減少以後必須繳納之年費。

二、申請人可以利用此制度延長技術方案保護期限。換言之，在優先權期限將屆滿前，提出後申請案，主張基礎案（即先申請案）之優先權日，實際上將專利權保護期限延長一年。這

鼓勵申請人利用此制度延長技術方案保護期限，而達到繼續改良改進原技術方案的用意。

三、利用國內優先權制度可以增加基礎案（即先申請案）申請時未揭露之技術內容，而擴大無法在先申請案中請求保護之範圍。

四、不得主張國內優先權之法定事由：

(一) 自先申請案申請日後已逾十二個月者。此處所稱申請後，是指本法第25條第2項所定申請日之次日。申言之，後申請案提出申請並主張國內優先權之期間，不得逾越先申請案申請日後十二個月。其十二個月屬除斥期間規定，其性質並屬法定不變期間。

(二) 先申請案中所記載之發明或創作已經依第28條或本條規定主張優先權者。申言之，得主張國內優先權之範圍，爲屬先申請案說明書或圖式中所記載之事項，但該事項不得已基於他案主張國際優先權或國內優先權者。國內優先權不可累積主張，使申請人得到不斷延長其專利權期限。但如果是從先申請案中不曾主張國內優先權或國際優先權之部分，則無限制。

(三) 先申請案係依第34條第1項或第107條第1項規定申請分割或依第108條第1項規定改請者。即先申請案已爲分割後之子案或改請案時，不能再被另一申請案主張國內優先權，但分割後存續之原申請案，仍得作爲主張國內優先權之基礎案。惟已合法主張國內優先權之後申請案，仍可以進行分割，且其分割案仍可援用原優先權日。

(四) 先申請案經核准公告，發明案經審定不予專利確定，或新型案經形式審查處分不予專利確定者。100年修正前原規定先申請案已經審定或處分者，即不得再被後申請案主張優先權。惟先申請案何時審定或處分，申請人無法預期，實務上不乏先申請案早於十二個月內即經審定或處分者，致生後申請案無法主張國內優先權之情形。尤其新型案形式審查甚爲快速，通常在五個月內即核准處分，使得申請人喪失在十二個月內得主張國內優先權之機會。復按專利申請人在收到審定書或處分書後有三個月之繳納證書費及第一年專利年費之期間，必要時亦可請求延緩公告三個月，故現將後申請案不得主張國內優先權之期限，由「已經審定（處分）」放寬至「已經公告或不予專利審定（處分）確定」，使申請人有較充裕之時間決定是否主張國內優先權。惟國內優先權制度之目的係爲使申請人於提出發明或新型申請案後，得以該申請案爲基礎，再提出修正或合併新的申請標的，是本條本文所稱「先申請之發明或新型專利案」當指於後申請案申請時仍存在或有復權可能之申請案。如先申請案於核准審定（處分）後，因屆期未領證繳費，而不予公告，且已無復權之可能時，自不得再被後申請案據以主張國內優先權，以避免原已確定無法取得專利權之申請案藉此復活。

(五) 先申請案已經撤回，或經智慧財產局處分不受理者。由於後申請案主張國內優先權時，其先申請案之標的必須存在，方有得主張國內優先權之依據，先申請案如經撤回或不受理者，標的已不存在，後申請案主張國內優先權即失所附麗，100年修正時本項因此增訂第6款，將實務及審查基準之規定，予以更高規格的法制明文。

第2項規定後申請案主張國內優先權者，對先申請案發生之效力。主張國內優先權之後申請案，乃依先申請案再加改良或補充，因先申請案之技術內容，已揭示於後申請案中，無須重複公

開、重複審查，故明定先申請案自其申請日後滿十五個月，視為撤回。所稱申請日後，應自本法第25條第2項所定申請日之次日起算。依此規定，十五個月期滿即生撤回之效果，無待專利專責機關處分或通知。

第3項規定得撤回優先權主張之期限。申請人提出後申請案時，是否主張國內優先權，原可自行決定，主張國內優先權後欲撤回者，原則上亦無不可，惟因先申請案依前項規定將自其申請日後滿十五個月視為撤回，為維審查程序之穩定性，爰明定自先申請案申請日後逾十五個月者，不得撤回優先權主張。

第4項規定主張優先權之後申請案若經撤回，則優先權之主張失所附麗，其優先權主張視為同時撤回。後申請案如於先申請案申請日後十五個月內撤回者，應准予撤回，此時，申請人所主張之國內優先權，亦視為撤回，先申請案仍續行審查。

第5項規定主張複數優先權者，其主張優先權期間之認定。依本條規定主張優先權者，並不限於僅主張一項優先權，如主張二項以上之優先權者，並無不可，惟計算本條第1項規定之優先權期間之始點，應自最早之優先權日之次日起算。

第6項規定主張國內優先權者，其專利要件審查之審查基準日，以優先權日為準。申言之，先申請案有揭露者，始有適用，先申請案未揭露之部分，仍以後申請案之申請日作為判斷基準點。有關本項規定之說明，可參考第28條第4項規定之說明。

第7項規定主張國內優先權之程序及違反之效果。申請人主張國內優先權者，應於提出後申請案同時提出聲明主張，並於後申請案申請書中載明先申請案之申請日及申請案號數，二者皆具備，始可享有優先權，若缺漏其一，即視為未主張優先權，不生補正之問題。

佩宇在102年10月26日申請我國專利後，到了102年12月24日又根據試用者的反應，又做了幾個更好的實施例。佩宇希望將這幾個實施例補入說明書並且請求更大的申請專利保護範圍，此時他在專利法上有甚麼辦法可以補救？

按照專利法第43條第2項規定，專利案申請後申請人所提出修正，除誤譯之訂正外，不得超出申請時說明書、申請專利範圍或圖式所揭露之範圍。此時佩宇在102年10月26日申請我國專利後，到了102年12月24日又做了幾個更好的實施例。依專利法第43條第2項規定，不能將這幾個實施例補入說明書，否則必將超出申請時說明書、申請專利範圍或圖式所揭露之範圍。佩宇只能夠利用尚在十二個月時限內，將這些實例與申請專利範圍寫成新案，依專利法第30條主張接續前案的國內優先權，以申請新的專利。

這時候審查案可以沿用本案其前申請案之申請日，在此時之前公開所有的文件，都不能是審查委員作爲核駁後案的引證適格。

第31條（先申請原則）

相同發明有二以上之專利申請案時，僅得就其最先申請者准予發明專利。但後申請者所主張之優先權日早於先申請者之申請日者，不在此限。

前項申請日、優先權日為同日者，應通知申請人協議定之；協議不成時，均不予發明專利。其申請人為同一人時，應通知申請人限期擇一申請；屆期未擇一申請者，均不予發明專利。

各申請人為協議時，專利專責機關應指定相當期間通知申請人申報協議結果；屆期未申報者，視為協議不成。

相同創作分別申請發明專利及新型專利者，除有第三十二條規定之情事外，準用前三項規定。

解說

專利權乃國家授予權利人之一種排他性權利，專利權人具有排除他人未經其同意而實施該創作之權。針對相同創作如重複核准專利，一來導致不同權利人間的權利衝突；二來第三人將提高使用專利技術之成本費用，以及一次未經授權使用就被多個專利人告侵權的風險；三來導致專利專責機關對同一案件重複進行審查，浪費審查資源，也有可能導致相同創作獲得專利之實質保護超過法定期限。因此專利制度基本原則爲，禁止重複專利原則，意即禁止重複對同一技術方案授予專利權。

針對相同創作重複提出申請的情況有四種態樣：

一、不同人不同日申請二件以上申請案。

二、不同人同日申請二件以上申請案。

三、同人不同日申請二件以上申請案。

四、同人同日申請二件以上申請案。

一、先申請原則

係指有相同發明有二以上之專利申請案，向專利專責機關提出申請，該申請案不論係同一人或不同一人，縱然都符合應核准專利之要件，而專利權僅給予最先提出申請者，惟如果二以上之專利申請案，同日申請，則在不同人時，必須協議；同人時，則必須擇一。因此同一份專利也需要觀察不同請求項，從禁止重複專利角度而言，禁止重複專利原則爲上位概念，包含各種情況，例如及於分割後兩分專利有無重複，而先申請原則則爲下位概念。

先申請原則的比對標的，是兩份專利的請求項有無任一項重複，而非其說明書內容。一個技術方案只能有一個或一組相同請求項，是爲禁止重複專利原則，其比較範圍是兩專利得請求保護之範圍是否重複，以免兩權利在行使時發生衝突。

先申請原則在於技術先占原則，保護最先提出申請的人，促使完成發明的人，儘早提出申請專利與及早公開，以避免他人重複研究或申請。惟採先申請原則有其弊病，例如：可能對於不成熟、尙未完備的技術，搶先申請，或則對於他人已先完成發明的技術搶先申請，不但先發明者未能取得專利，還可能受到先申請者後來取得專利之制約，顯有未公。

本條所謂「相同發明」，指二個以上先、後申請案或二個以上同日申請之申請案間申請專利之發明相同；亦即，二個以上申請案間任一請求項所載之發明相同。由於本條規定之目的是爲避免重複專利，而核准專利權之範圍，原則上僅依前後申請案所載之申請專利範圍判斷之，只要兩者不同，就不會有重複專利的問題。因此，本條所判斷之「相同發明」，是指二件專利申請案之申請專利範圍是否相同而言。至於擬制喪失新穎性之審查，係以後申請案每一請求項所載之發明爲對象，就該發明之技術特徵與先申請案所附說明書、申請專利範圍或圖式載明之技術內容比對，在不同人於不同日申請之情況，先申請案在後申請案申請前尙未公開或公告，而於後申請案申請後始公開或公告者，後申請案之審查優先適用擬制喪失新穎性。

所謂「最先申請」係指專利申請案符合本法規定，取得最先申請日而言。如尙未取得申請日或申請日遭處分延後，縱實際申請在先，亦非最先申請。即在認定先後或同日申請的時點，應依申請案之申請日爲準。但申請案爲改請案或分割案時，應以該申

請案所援用原申請案之申請日為準。申請案主張國際優先權或國內優先權者，若其申請專利之發明已揭露於其優先權基礎案之說明書、申請專利範圍或圖式時，應以該發明之優先權日為準。主張二個以上優先權者，應分別以各申請專利之發明揭露於各該優先權基礎案之優先權日為準。

由於發明與新型同屬利用自然法則之技術思想之創作，設計則係透過視覺訴求之創作，無論是發明與設計之間或新型與設計之間，均不會產生重複專利的情況，因此適用本條先申請原則，其先申請案或於同日申請之其他申請案，必須是發明或新型申請案，不得為設計申請案。

二、協議原則

先申請原則以申請日作為判斷申請先後的標準，但如果同日申請時，如何處理？假設不同人時，專利專責機關應通知各申請人協議，並指定期間申報協議結果，協議不成或屆期未申報，均不予專利，此即協議原則。若相同發明為不同人於同日申請，或二者主張之優先權日相同，或一者之申請日與另一者之優先權日相同者，專利仍應僅給予其中一人，於是以法定方式由各申請人協議定之，如協議不成，均不給予專利。如果為同人時，則通知限期擇一，未擇一則均不予專利。

三、相同創作一發明一新型特別規定

實務上一案二申請可能為二發明案、二新型案或一發明案一新型案。當二申請案均為發明案時，第1項已有規範；二申請案均為新型案時，得依第120條準用本條規定；二申請案為一發明案一新型案之情形，明定除有第32條規定之情事外，準用前三項之規定。即除了同一人於同日就相同創作分別申請一發明案及一新型案且有聲明而適用第32條之規定外，其他情形準用前三項之規定。

佩君在104年6月18日申請專利，審查人員發現佩宇在104年6月15日也申請過一件完全相同技術特徵的專利，請問此時誰可能取得該項專利？若兩案申請日為同日時，佩君與佩宇應如何解決？

依專利法第31條第1項先申請原則，相同發明有二以上之專利申請案時，僅得就其最先申請者准予發明專利。若佩君與佩宇均未主張國際或國內優先權，僅佩宇因申請在前有可能取得專利。若兩案申請日為同日時，專利法第31條第2至3項，專利專責機關應通知申請人佩君與佩宇協議，並指定期間申報協議結果，協議不成或屆期未申報，兩案均不予專利，此即協議原則的適用。

第32條（一案兩請）

同一人就相同創作，於同日分別申請發明專利及新型專利者，應於申請時分別聲明；其發明專利核准審定前，已取得新型專利權，專利專責機關應通知申請人限期擇一；申請人未分別聲明或屆期未擇一者，不予發明專利。

申請人依前項規定選擇發明專利者，其新型專利權，自發明專利公告之日消滅。

發明專利審定前，新型專利權已當然消滅或撤銷確定者，不予專利。

解說

一、適用一案兩請權利接續制的要件

(一) 申請人必須同一人。所謂同一人係指於我國申請專利時，發明與新型專利申請人完全相同；亦即於通知限期擇一時、發明專利核准審定時及發明專利公告時等時點，發明專利申請人與新型專利權人皆必須完全相同。至於申請後至發明專利核准審定前，如有讓與之情事，發明及新型專利須一併讓與。若因讓與致使發明與新型專利申請人、發明專利申請人與新型專利權人非完全相同者，由於不同人間無從限期擇一，此時發明專利應依先申請原則審查，僅得就其最先申請者准予專利。若於發明專利核准審定後至發明專利公告前，因讓與致使發明專利申請人與新型專利權人非完全相同者，因爲不符合「同一人」之要件，發明專利將不予公告。

(二) 申請時間必須爲同日，所謂同日係指屬相同創作之發明與新型專利之申請日（於我國申請書、說明書、申請專利範圍及必要之圖式齊備之日）相同；若相同創作主張優先權時，發明與新型專利之優先權日亦須相同。

若相同創作之優先權日不同（包含僅一申請案主張優先權及二申請案之優先權日不同），因爲優先權係以發明或新型記載於國外第一次申請時或我國先申請時之說明書、申請專利範圍或圖式爲要件，不同優先權日之相同創作將有何者爲國外第一次申請或我國先申請之優先權認可的問題；又專利要件之審查係以優先權日爲準，不同優先權日將有判斷時點歧異的問題，此時應認爲非屬同日分別申請發明及新型專利，發明專利應依先申請原則審查，僅得就其最先申請者准予專利。

若發明與新型申請案屬同日分別申請，因為分割後之發明申請案（下稱發明分割案）仍以原發明申請案之申請日為申請日；如原發明申請案有優先權者，仍得主張該優先權；因此，發明分割案與新型申請案仍屬同日分別申請。

(三) 申請標的必須就相同創作，申請一發明一新型。所謂「相同創作」指發明專利的任一請求項所載之發明與新型專利權的任一請求項所載之新型相同而言。

(四) 申請人應於申請時分別聲明，其就相同創作，於同日分別申請發明專利及新型專利：

1. 申請人於申請新型專利時聲明就相同創作，於同日另申請發明專利，係為便於公告新型專利時一併公告其聲明，以資公眾知悉申請人針對該相同創作有兩件專利申請案，即使先准予之新型專利權利消滅，該創作尚有可能接著隨後准予之發明專利予以保護，從而避免產生誤導公眾之後果。

2. 申請人於申請發明專利時聲明就相同創作，於同日另申請新型專利，係為專利專責機關於實體審查發明專利申請案後，認無不予專利之情事，且新型專利權非已當然消滅或撤銷確定者，應通知申請人限期擇一，避免重複准予專利。

3. 准予申請人就相同創作於同日分別申請發明專利及新型專利，並得於事後享有權利接續之利益，相對的，申請人負有於申請時分別聲明其事實之義務，若二申請案皆未於申請時聲明或其中一申請案未於申請時聲明，均屬不符合本要件，此時發明申請案應依先申請原則審查，僅得就其最先申請者准予專利。

若發明與新型申請案已於申請時分別聲明，嗣後將相同創作自發明申請案分割，發明分割案雖得援用原發明申請案之聲明，但應以一個發明分割案為限，以符合相同創作於我國同日分別

申請一個發明申請案與一個新型申請案得予權利接續之立法意旨。

(五) 新型專利權並未當然消滅或撤銷確定。「已取得新型專利權，且新型專利權非已當然消滅或經撤銷確定」指新型專利因採形式審查，較採實體審查之發明專利先取得專利權，且其後新型專利權仍有效存續。其中，「已當然消滅」指新型專利權已逾六個月之年費補繳期間，且新型專利權於發明專利核准審定（包含初審及再審查）前，未經准予回復至有效存續；「經撤銷確定」指新型專利權因舉發成立而被撤銷確定。於發明專利審定前，若新型專利權已當然消滅或經撤銷確定，此時發明申請案應不予專利。

二、發明與新型權利擇一

第2項規定，申請人選擇發明專利權者，新型專利權自發明公告之日起消滅。同人同日就相同創作分別申請發明及新型專利後，由於新型採形式審查，發明採實體審查，就必須面對先後賦予不同專利權利間之問題，其可能之思考方向有二：第一，在核准發明專利前，通知申請人選擇其一，如選擇發明專利權者，則其已獲得之新型專利權，視爲自始不存在；第二，在發明專利核准公告之同時，使新型專利權終止，而達到權利接續的效果（如大陸專利法第9條規定）。100年修正採取第一種方案。理由如下：

(一) 在現行專利制度設計下，發明專利須經實體審查核准公告後，始能獲得專利權保護，於核准公告專利前，僅得主張暫時性權利保護措施（補償金請求權），如允許同一創作之申請人可運用一案兩請，將原本僅爲發明申請案暫時性權利保護措施之部分，擴張爲新型專利權之行使，而可分段主張侵權責任，將擴大專利侵權責任賠償範圍，對社會公眾權利義務產生重大影響。

(二) 考量發明專利與新型專利在現行法上，已無所謂創作高度之差異，同一專利申請發明專利或申請新型專利，申請人容有相當之選擇自由，且只能依其選擇結果享受一種利益，此爲一發明一專利原則下，專利權人與社會大眾間，就智慧財產權權利範圍及其限制之衡平結果。

(三) 有認爲創作人在新型專利權取得後可能與他人簽訂授權契約收取權利金，甚至向他人提起侵權訴訟獲得損害賠償確定，一律將新型專利權視爲自始不存在，將會影響法律秩序的安定性。惟在授權契約之情況，創作人已預見一案兩請的法律效果，本可依契約自由原則預先安排其法律關係，其前階段之新型授權行爲實與取得發明專利權前所爲之技術授權行爲相當，國內外亦常見發明人爲掌握商機，在獲得專利權以前即授權他人實施之情形。至於在侵權訴訟勝訴確定之情形，創作人自可衡量利害關係，審慎決定選擇發明專利權或新型專利權。如選擇發明專利權時，仍得向被告請求支付適當的補償金。

案例

佩君如果有整套技術方案，一架採取特殊作動機構的個人飛行器，以及使用該飛行器飛翔於天空的方法，請問應該如何申請專利最能保護其技術特徵。

由於飛行器部分的特徵在機構裝置，符合新型的定義。而飛行方法本身技術特徵的特性，可以也只能申請發明專利，因此可以佩君可以在申請發明專利時分別聲明且一併申請新型專利。因此他可以使用專利法第32條採取一案兩請主張接續制。先申請飛行器部分的特徵在機構裝置，迅速取得新型的專利保護。若使用該飛行器之飛行方法的發明專利稍後通過，則此時申請人也可以向智慧財產局請求要發明專利的保護，聲明放棄保護時間比較短的新型專利。此時該新型專利權將自發明專利公告日起失效，而不生重複專利之問題。

第33條（單一性）

申請發明專利，應就每一發明提出申請。

二個以上發明，屬於一個廣義發明概念者，得於一申請案中提出申請。

解說

本條係有關「一發明一申請」之原則，學說上亦稱「申請之單一性」。原則上一個發明申請案應僅限於單一發明創作。二個以上的發明，應以兩個以上的申請案個別申請，不能併爲一案申請。一發明一申請之原則爲專利申請之重要原則，大多數國家均有規定。

此一原則係基於技術及審查上之考量，爲方便分類、檢索及審查，合理化審查委員合理的工作量。如果申請人將諸多發明合併於一案申請，將不利專利行政管理，也不利公眾對專利資料之查閱與利用。申請專利之發明不符合單一性時，屬不准專利事由。違反單一性之規定並未涉及個別發明之專利要件，如果專利專責機關爲核准之審定，他人不得以發明違反單一性之規定提起舉發。

所稱二個以上發明「屬於一個廣義發明概念」，指二個以上之發明，於技術上相互關聯（施細§27Ⅰ）。技術上相互關聯，指請求項中所載之發明應包含一個或多個相同或相對應的技術特徵（施細§27Ⅱ），且該技術特徵係使發明在新穎性、進步性等專利要件方面對於先前技術有所貢獻之特別技術特徵（special technical features, STF）（施細§27Ⅲ）。如申請案有兩項以上之發明，判斷其是否符合發明單一性的標準在於各發明的實質內容是否屬於一個廣義發明概念，亦即請求項之間是否具有相同或相對應的特定技術特徵，使其於技術上相互關聯，二個以上之發明屬於一個廣義發明概念者，則稱符合發明單一性，惟二個以上之發明於技術上有無相互關聯之判斷，不因其於不同之請求項記載或於單一請求項中以擇一形式記載而有差異（施細§27Ⅳ）。

發明單一性之操作上之判斷，包括以下步驟：

一、先判斷各獨立項間是否明顯不具單一性。

二、非明顯不具單一性時，原則上對請求項1進行檢索，判斷是否具有特別技術特徵。

三、依據特別技術特徵判斷各獨立項間是否均具有相同或對應技術特徵。

如按照智慧財產局所頒布的專利審查基準中，專利法所稱二個以上發明「屬於一個廣義發明概念」，是指二個以上之發明於技術上相互關聯，即請求項中所載之發明應包含一個或多個相同或對應的特別技術特徵。

而「特別技術特徵」則是爲了審查發明單一性所提出的概念，指申請專利之發明整體（as a whole）對於先前技術有所貢獻之技術特徵，亦即相較於先前技術具有新穎性及進步性之技術特徵；原則上，應經檢索先前技術比對後予以確認。當依附於同一獨立項之各附屬項包含該獨立項所有的技術特徵時，若獨立項具有特別技術特徵，則其附屬項亦具有該特別技術特徵，獨立項與附屬項間必然具有相同之特別技術特徵。若獨立項間具有相同或對應之特別技術特徵，則依附於不同獨立項之各附屬項亦具有該特別技術特徵，該等獨立項與附屬項間均具有相同或對應之特別技術特徵。

如果其實不具單一性的專利初審過了，因不具單一性並不是法律規定的舉發事由，故不能在舉發程序中主張撤銷專利。

佩君如果將一種主成分具備特殊有機雜環磷化合物分子結構的除草劑，與使用特殊刀具旋度的除草機，合併於一件除草方法中的專利申請案中。分別以不同獨立項群組中申請專利保護，請問可能受到審查委員的何種質疑？

一種具備特殊有機雜環磷化合物分子結構的除草劑，與使用特殊刀具旋度的除草機，彼此間如果並無互相應用關係，這二者多半不會是屬於一個廣義發明概念者，因爲各群組具備可專利要件的技術特徵上顯然毫無關聯。

這也就是本條所稱，各獨立項間是否明顯不具單一性的情況。硬是要以分別不同獨立項群組中申請專利保護，合併於除草方法中的申請案中，顯不合適。在實體審查時，很可能會受到審查委員質疑不具備單一性，而在嗣後審查意見通知函中要求申請人分割爲至少兩案申請。

第34條（申請案之分割）

申請專利之發明，實質上為二個以上之發明時，經專利專責機關通知，或據申請人申請，得為分割之申請。

分割申請應於下列各款之期間內為之：

一、原申請案再審查審定前。

二、原申請案核准審定書、再審查核准審定書送達後三個月內。

分割後之申請案，仍以原申請案之申請日為申請日；如有優先權者，仍得主張優先權。

分割後之申請案，不得超出原申請案申請時說明書、申請專利範圍或圖式所揭露之範圍。

依第二項第一款規定分割後之申請案，應就原申請案已完成之程序續行審查。

依第二項第二款規定所為分割，應自原申請案說明書或圖式所揭露之發明且與核准審定之請求項非屬相同發明者，申請分割；分割後之申請案，續行原申請案核准審定前之審查程序。

原申請案經核准審定之說明書、申請專利範圍或圖式不得變動，以核准審定時之申請專利範圍及圖式公告之。

解說

專利申請案包含實質上爲二個以上發明，申請人得申請或受審查通知指示分割爲二個以上專利。

一、第1項規定分割之要件

依專利法第33條第1項規定，申請人於申請專利時，應遵守一發明一申請之原則，就每一發明各別申請，但依同條第2項規定，例外規定符合「屬於一個廣義發明概念者」之二個以上發

明，申請人也可以選擇併爲一案申請。爲使不符合單一性之二個以上發明，或已符合單一性而併案申請之二個以上發明，申請人仍得回復一發明一申請，故於本條第1項規定實質上爲二個以上之發明時，得申請分割。一般而言，申請分割者，大致有下列情形：

(一) 申請專利範圍中包含有不符合單一性的二個以上發明時。

(二) 符合單一性的二個以上發明，當申請人認爲分割爲二個以上申請案較爲有利時（例如：當其中一項發明被核駁時）。

(三) 申請專利範圍中之一或多個發明，經審查不具新穎性或進步性，致使其他發明不具單一性時。

(四) 申請人欲將原先在說明書有揭露之發明，但未揭露於申請專利範圍者，修正增列爲另一申請專利之發明，而不具單一性時。

二、第2項規定申請分割之期限

(一) 第1款規定申請分割應於原申請案再審查審定前爲之。此時，原申請案必須仍繫屬在專利專責機關審查中，若原申請案已撤回或不受理，即脫離審查之繫屬，無從進行分割，因此，初審審定不予專利後，如欲分割，必須原申請案於法定期限內提出再審查申請進入審查繫屬狀態，才可申請分割。分割後之原申請案若經撤回或不受理，分割後之所有分割案皆不受影響。

(二) 第2款爲初審核准審定後得申請分割之期限規定。申請案於初審實體審查程序中，或初審核駁審定提起再審查後之再審查程序中，迄於再審查審定前均得提出分割申請，但如初審即核准審定，修正前專利法並無允許分割申請之規定。為避免發生現行實務上申請人未能及時申請分割，其申請案即核准審定之情形，申請人於初審核准審定後尚未公告前，如認為其發明內容有分割之必要，亦應使申請人有提出分割之機會，因此本款明定申請人於初審核准審定後得提出分割申請之規定。

(三) 第2款經108年修正，放寬核准審定後得申請分割之期限，刪除原第2項第2款但書經再審查審定者，不得申請分割之規定。除第1款之情形外，申請人於初審或再審查核准審定後，如發現其發明內容有分割之必要，亦應使申請人有提出分割之機會，並考量第52條規定，經核准審定者，申請人應於審定書送達後三個月內，繳納證書費及第一年專利年費，始予公告之作業期程，故放寬申請人於原申請案核准審定書，或再審查核准審定書送達後三個月內，得提出分割申請。

三、第3項規定分割案申請日之認定及優先權之主張

分割案仍以原申請案之申請日為申請日，原申請案如有主張優先權者，分割後之其他分割案亦得享有該優先權日。

四、第4項規定分割後之申請案不得加入新事項

由於分割案仍以原申請案之申請日為申請日，故其說明書、申請專利範圍或圖式之內容，不得超出原申請案之說明書、申請專利範圍與圖式所揭露之範圍，亦即不得加入新事項（new matter）。是否加入新事項之判斷，與第43條第2項規定之判斷相同。

五、第5項規定仍繫屬審查時提出分割申請之原申請案與分割案的審查程序

原申請案如有修正時應以修正案之程序續辦，各分割案應逐

案審查，另爲避免就分割後之申請案反覆進行審查程序，爰明定各分割案應就原申請案已完成之程序續行審查，例如原申請案繫屬於再審查階段，分割後之各分割案，均係自再審查階段續行審查。

六、第6項規定初審核准後提出分割之原申請案與分割案之審查程序

原申請案之審查程序已因審定而終結，惟爲使分割案之審查不致因重複相同之處理程序而造成延宕，明定分割後之申請案續行初審核准審定前之審查程序。亦即，此時之分割案，僅能從原申請案說明書中記載之技術內容另案申請分割，而非從已核准審定之原申請案之申請專利範圍所載之發明加以分割，原申請案之說明書、申請專利範圍及圖式不會因分割而有變動，故原申請案仍依其原核准審定時之申請專利範圍及圖式公告之。

考量分割案亦屬於獨立之申請案，其核駁事由有於專利法明定之必要，108年修正本條第6項，將本法施行細則第29條第1項之內容，納入本項規範。而將本條原第6項後段移列爲第7項，另專利申請案核准審定後申請分割者，原申請案經核准審定之說明書、申請專利範圍及圖式不因分割而變動，本法施行細則第29條第2項已有明文，爲求明確其實務做法，納入本項規範。

分割之限制及應注意事項：

(一) 分割後不得變更原申請案之專利種類，即發明專利分割後仍應爲發明專利，分割後之其他分割案如欲以新型專利續行者，必須另提改請申請。

(二) 分割後不能超出原申請案所揭露之範圍，即各分割案之內容，必須爲分割前原申請案之說明書、申請專利範圍或圖式所揭露之事項，但各分割案與原申請案之申請專利範圍不得完全相同。否則即違反第31條第2項規定。

(三) 分割後之各分割案應就原申請案已完成之程序續行審查，例如原申請案繫屬於再審查階段，分割後之各分割案，均係自再審查階段續行審查。實質上屬兩個以上之發明者，分割申請後，除原申請案屬初審核准審定者外，應續行審查，各分割案仍應逐案審查。分割案如有申請實體審查之必要時，應依專利法第38條第1、2項規定，自原申請案申請日起三年內爲之，如申請分割已逾前述三年期間者，得於申請分割之日後三十日內申請實體審查。

佩君如果有整套技術方案爲一架採取特殊作動機構的個人飛行器，分別以獨立項保護其流體力學外形結構與推進機制，以及使用該飛行器飛翔於天空的方法。如果在進入實體審查階段後，審查委員認爲其流體力學外形結構不具進步性，但是推進機制部分未發現引證前案，請問應該如何處理該專利申請，最能保護其權益？

此時佩君可以引據專利法第34條各項規定，主張分割其流體力學外形結構與推進機制之兩部分群組，成爲兩獨立申請案，而後各自主張原先申請案的申請日或優先權日。如此一來推進機制部分就可能在修正後先獲得專利，佩君可以再仔細考慮流體力學外形結構是否要申覆修正，以及如何申覆修正。

第35條（眞正申請權人提起舉發撤銷專利）

發明專利權經專利申請權人或專利申請權共有人，於該專利案公告後二年內，依第七十一條第一項第三款規定提起舉發，並於舉發撤銷確定後二個月內就相同發明申請專利者，以該經撤銷確定之發明專利權之申請日為其申請日。

依前項規定申請之案件，不再公告。

解說

本條規定非專利申請權人或部分專利申請權人請准發明專利取得專利權，經眞正專利申請權人或專利申請權共有人，循舉發程序撤銷該專利權確定後，就相同發明申請專利，得援用原案申請日。依專利法第5條規定，專利申請權，指得依專利法申請專利之權利。專利申請權人，原則上爲發明人、新型創作人、設計人或其繼受人。

依專利法第12條規定，專利申請權爲共有者，應由全體共有人提出申請。適用本條之要件有二，一爲眞正專利申請權人或專利申請權共有人提起舉發，須於原專利案公告之日起二年內爲之；二爲眞正專利申請權人或專利申請權共有人就相同發明申請專利，須於舉發撤銷確定後二個月內爲之。各項進一步說明如下：

第1項規定，眞正專利申請權人或專利申請權共有人，於專利案公告後二年內，對非發明專利申請權人提起舉發，經專利專責機關審定舉發成立，撤銷專利權確定後二個月內，就相同發明申請專利者，以該經撤銷確定之發明專利權之申請日爲其申請日。例如受雇人於職務上所完成之發明，依專利法第7條規定申請權應歸屬雇用人，卻由受雇人提出專利申請；或未經發明人、新型創作人、設計人之讓與，而以自己之名義提出申請，此時，雇用人或發明人、新型創作人、設計人得於該專利案公告後提起舉發。經專利專責機關審查舉發成立撤銷專利權確定後，該專利權理應自始不存在，但爲顧及眞正申請權人之權益，如不給予其申請專利之機會，並不公平，因此本條規定眞正申請權人得於舉發撤銷確定後二個月內，備具申請書，申請專利，並得援用非眞正申請權人提出之申請案之申請日，以避免因該專利已喪失新穎性致無法維護其權利，該二個月之法定期間係爲避免法律關係處於不確定狀態，而規定眞正權利人儘快提出申請，超過此二個月，雖仍得提出，然已不能援用非眞正申請權人提出申請案之申請日作爲申請日。

發明專利權期限爲自申請日起算二十年，依專利法第71條規定，提起舉發本無期限限制，原則上凡於專利權存續期間內，均可舉發。眞正申請權人如認原專利權爲不具申請權者所申請，固可於專利權存續期間內提起舉發，惟爲避免專利權歸屬處於不確定之狀態，影響交易安全，如眞正申請權人欲依本條規定主張其權利，時間上亦應有所限制，明定依本條主張權利者，須於原專利申請案公告之日起二年內提起舉發。超過二年者，固仍得提起舉發，但只能達到撤銷專利權之目的，並不能進一步以眞正申請權人之資格再行申請專利，縱然申請，亦應以其申請案已經公開，不具新穎性予以核駁。

第2項規定，當眞正申請權人於該專利案公告之日起二年內，提起舉發撤銷專利權確定後，依前項規定提出專利申請，援用非眞正申請權人提出申請案之申請日時，因該專利所揭露之技術前已依法公告在案，並無再爲公告之必要，且爲避免使第三人誤認同一專利取得二次專利權，因此規定不再公告。

法院現行實務遇到這種情況處理的方式，[2]若被告冒名行爲乃其以申請專利之發明的發明人或與發明人間有某種法律關係成爲申請權人自居而提出專利申請，即被告係以他人之名義（眞正專利申請權人）爲法律行爲和事實行爲，且相對人亦以該他人爲其當事人，被告未經授權而使用該他人名義，其與民法上無權代理人未經授權而以本人名義爲法律行爲之情形相類似，學說上稱爲替名代理（Handeln unter fremdem Namen），似得類推適用無權代理之規定。

若果眞如此，從未提出申請專利的原告向民事法院請求確認、移轉（或變更）被告之專利權者，或可解釋爲原告（眞正專利申請權人）於訴訟上承認（事後同意）被告（冒名者、名義上專利權人）曾經向智慧局提出冒充專利申請案之所有專利審查行政行爲，而冒充申請人即成爲眞正專利申請權人的履行輔助人。是以該等專利審查行政行爲因本人（原告）承認而溯及於成立時對於本人發生效力。亦即本人概括接受冒名者與智慧局間就冒充專利申請案之專利審查行政行爲，即得塡補本人未曾提出專利申請之憾。

新進司法實務見解——最高法院109年度台上字第2155號民事判決認爲，現行實務上解決冒名申請專利的方式。多半經由法院下民事確認判決，由眞正申請權人將非申請權人以申請權人自居而提出專利申請，最後核准公告之專利，持勝訴判決至專利主管機關變更爲自己名義的做法，並非妥適。因爲眞正申請權人想要的專利布局，可能並非冒名申請者如此請到的說明書或請求項。

---

[2] 彭國洋，〈眞正專利申請權人請求返還冒充專利申請案之所有權和專利權的民事救濟方法〉，《專利師季刊》，第27期，2016年7月，73頁。

故應該依本條第1項規定，由眞正申請權人於該專利案公告之日起二年內，提起舉發撤銷專利權確定後，依前項規定提出專利申請，援用非眞正申請權人提出申請案之申請日，重新提出申請，合理安排自己眞正想要的專利布局。

佩君於2011年1月間發明的一個「軟性紙喇叭」，擬向經濟部智慧財產局申請專利，在提出專利申請前，損友小花至其研究室發現了該發明，回去後立即以「軟性紙喇叭」向經濟部智慧財產局申請專利，在取得專利權後，佩君始知小花已經以其發明取得專利，請問佩君可爲如何之處理？

佩君此時應該備具相關資料證據，於該專利案公告後二年內，依專利法第71條第1項第3款規定對被小花竊取的專利，向智慧財產局提起舉發，並於舉發撤銷確定後二個月內就相同發明申請專利，以該經撤銷確定之發明專利權之申請日爲新案申請日。

第三節　審查及再審查

第36條（實體審查人員指定）

專利專責機關對於發明專利申請案之實體審查，應指定專利審查人員審查之。

解說

本條係審查人員之指定與資格之相關規定，算是專利專責機

關的組織法兼作用法。發明專利申請案之審查，分爲程序審查及實體審查二部分，其中實體審查之部分，由專利專責機關指定專利審查人員審查之。依「專利審查官資格條例」規定，取得專利審查資格之專利審查官，可以從事專利審查相關工作；依「經濟部智慧財產局組織條例」規定，聘用之專業人員及兼任專利審查委員，亦得擔任專利之審查工作。

第37條（早期公開）

專利專責機關接到發明專利申請文件後，經審查認為無不合規定程式，且無應不予公開之情事者，自申請日後經過十八個月，應將該申請案公開之。

專利專責機關得因申請人之申請，提早公開其申請案。

發明專利申請案有下列情事之一，不予公開：

一、自申請日後十五個月內撤回者。

二、涉及國防機密或其他國家安全之機密者。

三、妨害公共秩序或善良風俗者。

第一項、前項期間之計算，如主張優先權者，以優先權日為準；主張二項以上優先權時，以最早之優先權日為準。

解說

本條爲發明專利早期公開制度之規定。申請案公開制度又稱爲「早期公開制度」，係指專利申請案提出後經過一定之法定期間，即解除其秘密狀態，而使大眾經由公開得知該專利申請案內容之制度。此一制度設計，主要係藉由自專利申請後經過一定期間，及將專利申請案予以公開之方式，使社會大眾得以儘早知悉其申請之技術內容，以避免企業活動不安定及重複研究、投資的浪費，並使第三人得因專利內容的公開，及早獲得相關技術資訊，進一步從事開發研究，來達到提升產業競爭力的目的。

早期公開制度僅適用於發明專利申請案件，因新型與設計案件實務上審查時程較快，並無提早公開之必要。

一、第1項規定早期公開之時期及其要件

(一) 早期公開之時間爲自申請日後十八個月。所稱申請日，是指本法第25條第3項所定之申請日。由於專利法同時採行國際優先權及國內優先權制度。因此，申請案公開時期必須將可能主張優先權之期間（十二個月）考慮在內，而公開前之準備期間（如程序審查、分類整理及印刷刊行等），亦不得不予以預留，故本條第1項本文規定發明專利申請案如無不合規定情事或無應不予公開之情事，原則上自申請日後，經過十八個月，爲專利內容公開之時期，而與多數採行早期公開國家（如美國、日本、中國大陸及韓國）及EPC、PCT等立法例相仿。

(二) 申請案公開制度原係在專利申請案提出後經過一段期間，無論其審查狀況及階段如何，均使大眾經由公開而得知該專利申請案內容之制度。然就一般大眾查閱檢索之方便性、公報發行預算的節約及公開後將賦予權利保護等關係上考量，在完全無審查的狀態下公開專利，亦非妥適。故通常情形，在不影響資訊之迅速公開及利用之制度目的下，各國在申請案公開前均會進行一定程度的審查。本條第1項即要求專利專責機關在公開申請案前，仍須就其有無不合規定程式，或有無應不予公開之情事，加以審查。究竟要審查那些事項，專利法及其施行細則並未規定。大體而言，公開前審查基本上並不審查實質專利要件，但在程序上必須檢視規費、文件是否齊備、是否使用中文、在我國無住居所者有無委任代理人，是否涉及國防機密或其他國家安全之機密者，及妨害公共秩序或善良風俗者等。

(三) 發明專利申請文件之公開依據本法施行細則第31條規定，其公開方式採電子公報方式公開。

二、第2項規定申請人得在上述十八個月公開期限前，申請提前公開其專利

基於使專利申請人得以迅速實施，製造、販賣並及早獲致公開後權利保護等考量，並使一般大眾得以知悉技術內容以避免重複研究、投資浪費。

三、第3項規定申請案不予公開之事由

(一) 自申請日後十五個月內撤回者。經撤回之案件，已不繫屬於專利專責機關，原則上可不予公開，但自申請日後超過十五個月始申請撤回，因專利專責機關準備公開所進行之作業大致上已經完成，作業上已不及抽回，因此，仍然予以公開。

(二) 涉及國防機密或其他國家安全之機密者。依本法第51條第1項規定本不予公告，自無予以公開之理。

(三) 妨害公共秩序或善良風俗者。依本法第24條之規定，妨害公共秩序或善良風俗者，本不應授予專利，如果予以公開，恐造成不良示範，影響社會風氣。故如有發現上述情形，亦均不予公開。至於公開前審查並非進行實體審查，故僅就發明申請案是否「明顯」妨害公序良俗予以審查，如於公開後始進行實體審查，若發現有妨害公序良俗之情事，依法仍應不予專利。

四、第4項規定主張優先權之專利申請案其公開之起算始點

發明專利申請案主張優先權者，不問國內優先權或國際優先權，由於上述申請案十八個月公開期間，已將可能主張優先權之期間考量在內，故公開期間，即自優先權日起算；如主張二項以上優先權時，則自最早之優先權日起算。

老王發現專利法上的早期公開制度，可能等於要把自己的know-how和盤托出教給競爭對手時，對於辛苦研發出來的材料配方是否要申請專利感到躊躇。他應該怎麼辦？

此時老王在專利說明書上的公開技術內容，只需要寫出可以證明做得出來的，但效果普通的實施例參數條件。而效果可期最佳實施例參數條件，如果預期外界難以逆向工程破解，就以合理保密措施妥善保存起來，當成營業秘密，繼續應用賺錢。

第38條（請求審查）

發明專利申請日後三年內，任何人均得向專利專責機關申請實體審查。

依第三十四條第一項規定申請分割，或依第一百零八條第一項規定改請為發明專利，逾前項期間者，得於申請分割或改請後三十日內，向專利專責機關申請實體審查。

依前二項規定所為審查之申請，不得撤回。

未於第一項或第二項規定之期間內申請實體審查者，該發明專利申請案，視為撤回。

解說

本條明定發明專利申請案採行申請人主導程序的「請求審查制」，一發明專利申請案於專利主管機關提出後，主管機關一定會做的只有形式審查。因申請人可能具有市場通路上或其他方面的領先優勢，只要防止他人研發出相同產品或方法取得專利，即可保持其優勢地位。因此其只希望形式審查與早期公開，確保其技術思想不爲他人獨占即足，故並無實體審查其專利的必要。

申請人如果想要取得眞正的完整專利權，尙須再經提出實體審查之申請，並繳納實體審查規費，專利專責機關始進行實體審查。未經實體審查申請，則不予審查。

我國專利法於90年修正時，即將發明專利採取早期公開與請求審查制度。

早期公開與請求審查制度之間的配套關係，是因爲專利申請必定會早期公開申請全文。但申請人並不一定需要取得眞正的專利權，有可能憑藉獨占通路、成本或所掌握其他營業秘密等其他優勢，申請人即可維繫其競爭優勢。因此假專利主管機關之手公開自己的專利，只是爲了避免競爭對手取得相關專利權。

一、第1項規定自發明專利申請案申請日後三年內，任何人均得請求實體審查

(一) 申請實體審查之人：本法採任何人均可申請實體審查之立法體例，俾利第三人可早日獲知審查結果，以考量是否實施該發明。至所謂實體審查，則是指請求專利專責機關就發明申請案進行審查，判斷該案是否合於專利法所定發明專利權之產業利用性、新穎性及進步性之專利要件。

(二) 申請實體審查的期限：各國的做法有所不同。原則上，該期限既不應太長，也不應太短。太長了會延長發明專利申

請處於不確定法律狀態的時間期限，對社會和公眾不利；太短了對申請人太過倉促。我國採取大多數立法例，以三年爲請求實體審查之期限。

(三) 本條所稱申請日，指本法第25條第3項所稱之申請日，本項規定請求實體審查之期限自申請日後算，意即申請日當日也可一併提出實體審查之申請。

二、第2項規定申請專利之發明

如屬分割案或改請案，縱然超過第1項所定三年期間，仍得於分割或改請之次日起三十天內申請實體審查。因依第34條第1項規定申請分割，或依第108條第1項規定改請爲發明專利申請案時，其分割申請案或改請之發明申請案，因援用原申請日之結果，可能已經超過第1項規定之三年期間。爲免該等案件因此喪失申請實體審查之機會，乃規定仍得於分割申請或改請之日後三十日內申請實體審查，藉以維護其權益。

三、第3項明定申請實體審查後不得撤回

申請案經任何一人申請實體審查後，專利專責機關即應指定審查人員進行實體審查，並作成准駁之審定；他人如再申請實體審查，並無實益。爲維護公眾權益，爰於第3項規定，實體審查之申請，於申請後即不得撤回。惟須探究者，係同一人固不得撤回先前實體審查之申請，亦不得撤回他人實體審查之申請；至於發明專利申請人如要撤回該專利申請案，實務上並無不可。專利申請案經撤回後，該案實體審查之申請即失所附麗，專利專責機關將不再進行審查，間接達到撤回實體審查之效果。

四、第4項規定未於法定期間內申請實體審查之效果

採取請求審查制度之精神本爲「不請求即不審查」，如申請案超過第1項三年期間或第2項規定之三十日期間，發明專利申

請案即視為撤回。此撤回為法律擬制之效果，超過法定期限即生撤回之效力，不待專利專責機關通知。

開設工廠的老王某天在檢索智慧局專利公報時，看到公開了佩君申請了一個與自己設想但尚未開始實驗的生產方式很相近的專利。如果他想要知道佩君的申請案是否會取得專利，他有什麼辦法？

若佩君本人尚未申請專利實體審查，老王可以代佩君繳納申請費用後，申請佩君該專利申請案的實體審查，便可從主管機關的反應知道該案的可專利性了。

第39條（申請實體審查程序規定）

申請前條之審查者，應檢附申請書。

專利專責機關應將申請審查之事實，刊載於專利公報。

申請審查由發明專利申請人以外之人提起者，專利專責機關應將該項事實通知發明專利申請人。

解說

申請前條之審查者，應檢附申請書，以明確此一事實。而此時專利專責機關應將申請實體審查之事實刊載專利公報。目的在於，申請案一經申請實體審查後，專利專責機關即應進入實體審查程序，並作成准駁之審定，為使公眾知悉申請審查之事實，以避免無益之重複申請，造成程序困擾。

第3項規定非專利申請人申請實體審查時，專利專責機關應將申請審查之事實通知專利申請人。依第1項規定任何人均得申請實體審查，爲避免申請人再次重複申請，且讓申請人知道其申請案已有人申請實體審查之事實，俾作相關之準備，如收到審查意見通知時是否要準備申復修正。明定專利專責機關於發明專利申請人以外之人申請實體審查時，應將該事實通知該發明專利申請案之申請人。

第40條（申請案優先審查）

發明專利申請案公開後，如有非專利申請人為商業上之實施者，專利專責機關得依申請優先審查之。

為前項申請者，應檢附有關證明文件。

解說

發明專利申請案之實體審查，原則上依請求實體審查之先後順序定之。惟因審查需時，且各國多面臨專利積案之問題，故基於國際合作、公益目的或其他特殊因素，各國對於具有特殊事由之申請案多有優先審查或加速審查之立法或行政措施。本條爲「有非專利申請人爲商業上實施」之優先審查要件及程序規定，如果是專利申請人本身爲商業上實施者，得利用專利專責機關依職權訂定之「發明專利加速審查作業方案」（Accelerated Examination Program, AEP）申請加速審查申請，故無本條規定之適用。

優先審查之申請得由申請人或爲商業上實施之他人提出，申請優先審查免繳費用，但必須檢附申請書及相關證明文件。而專利申請案未公開前，他人無從知悉專利申請之事實，故申請優先審查之時間應該在申請案公開後，且必須有申請實體審查之事

實（發明專利申請案採請求審查制，如無實體審查之申請，自不生優先審查之問題）。因此申請優先審查須以該發明申請案已申請實體審查爲前提，至遲亦應於申請優先審查時同時申請實體審查，否則優先審查無所附麗。

由於申請優先審查，限於他人就已公開且尚未審定之發明專利申請案，有爲商業上實施之情形存在時，始得爲之，故無論「專利申請人」或「爲商業上實施之他人」，爲優先審查之申請時，均應檢附有關之證明文件，以證明上開事實存在。所稱證明文件，依專利法施行細則第33條第3項規定，包括廣告目錄、其他商業上實施之書面資料或本法第41條第1項規定之書面通知。

案例

開設工廠的老王某天在檢索智慧局專利公報時，看到公開了佩君申請了一個與自己設準備完備要開始量產的新製造方式很相近的專利。如果他想要知道佩君的申請案是否會取得專利，他有什麼辦法？

若佩君本人尚未申請專利實體審查，老王可以代佩君繳納申請費用後，申請佩君該專利申請案的實體審查，並且備具相關資料如廣告目錄、其他商業上實施之書面資料或本法第41條第1項規定之書面通知，申請優先審查。

第41條（申請案公開之效果）

發明專利申請人對於申請案公開後，曾經以書面通知發明專利申請內容，而於通知後公告前就該發明仍繼續為商業上實施之人，得於發明專利申請案公告後，請求適當之補償金。

對於明知發明專利申請案已經公開，於公告前就該發明仍繼續為商業上實施之人，亦得為前項之請求。
前二項規定之請求權，不影響其他權利之行使。但依本法第三十二條分別申請發明專利及新型專利，並已取得新型專利權者，僅得在請求補償金或行使新型專利權間擇一主張之。
第一項、第二項之補償金請求權，自公告之日起，二年間不行使而消滅。

解說

本條第1項明定發明專利申請人，在申請案公開後對實施者之補償金請求權。由於早期公開制度雖係基於公益目的而設，但申請案一經公開，其專利內容即解除秘密，而處於一般公眾所得知悉使用之狀態，恐嚇到第三人據其公開內容並爲商業實施的可能性。此時對於平白交出自己技術方案公諸於大眾的申請人來說，形同讓第三人獲得至少相當於授權金的，民法第179條定義的不當得利。因此爲鼓勵申請人申請專利並公開，若不對其專利申請案公開後公告前之空白期間，賦予一定經濟權益的保護，將對申請人顯失公平。在妥善保護專利申請人權益，藉以鼓勵創作發明之目的上，本條明定專利申請人得於將來取得專利權後，對該第三人得請求適當之補償金，以作爲專利申請人這段期間損失之塡補。茲就其當事人、請求要件、範圍及時效等事項，分述如下：

一、補償金請求人及義務人

爲確定取得權利之發明專利權人（補償金請求人）及知其發明專利申請案已經公開，而於公告前就該發明仍繼續爲商業上實施之人（補償義務人）。

二、補償金請求要件

專利申請案經公開，被請求人於收到專利申請人書面通知後，於該專利申請案公告前，仍就該發明繼續爲商業上實施，因所實施之技術內容，將來是否獲准專利，並不一定，故專利申請人須待核准審定並公告取得專利權後，始得主張請求補償該期間之損失，以期權源明確。

本項規定爲補償金而非賠償金，是因於此段期間，專利申請人尚未取得權利，並無侵權可言。係鑑於利益平衡之考量，給予申請人補償金之請求權。

第2項規定，專利申請人縱未爲書面通知，如被請求人明知而故意實施，亦有給付補償金之義務。依第1項規定，專利申請人向爲商業上實施之人請求補償金之前，須先以書面警告被請求人，主要理由是爲使被請求人有所知悉，促其停止實施之行爲，或使其心理有所準備，瞭解該專利申請核准後專利權人之權利，以免措手不及。但被請求人如已知悉他人申請專利之事實，於該申請案公開後仍繼續爲商業上實施，顯然有無以書面通知已不重要，是以於此情形下，專利申請人亦得爲補償金之請求，惟請求人須舉證實施人明知專利申請案已經公開之事實。

第3項明定專利權人其他得行使之權利，不受補償金請求權之影響。補償金之範圍，爲專利申請人對於前二項據其專利內容加以商業實施之人，得請求相當於該發明獲准專利後，申請人實施其發明通常可得或授權他人實施時所得收益之金額，作爲補償金。補償金僅係針對申請案公開後至公告前，申請人所可能遭受之損害加以塡補而已，並不影響其他權利之行使。另102年修正時，本法第32條對於相同發明分別申請發明專利和新型專利，改採權利接續制。如果對於發明專利公告之前他人之實施行爲，可以同時主張發明專利的補償金與新型專利權的損害賠償將造成重複，故新增但書，要求專利申請人於補償金和新型專利權損害賠償間擇一行使。

第4項規定補償金請求權之消滅時效。由於公開期間尚未取得專利權，其保護程度較弱，故於本條第4項明定補償金請求權之消滅時效為二年。

開設工廠的老王某天在網上檢索智慧局的專利公報時，看到局網已公開，佩君申請了一個與自己設準備完備要開始量產的新製造方式很相近的專利。如果老王這時先使用佩君的申請案在尚未取得專利時拿來使用，佩君嗣後將有什麼辦法請求救濟？

若佩君申請專利已進入實體審查，佩君可以在專利公告後二年內，向老王請求補償金。該專利申請案若是發明與新型一案兩請，並得於補償金和新型專利權損害賠償間擇一行使。

第42條（申請案之面詢及勘驗）

專利專責機關於審查發明專利時，得依申請或依職權通知申請人限期為下列各款之行為：

一、至專利專責機關面詢。

二、為必要之實驗、補送模型或樣品。

前項第二款之實驗、補送模型或樣品，專利專責機關認有必要時，得至現場或指定地點勘驗。

解說

第1項規定專利專責機關於審查時，得依職權或依申請進行

面詢、實驗、補送模型或樣品。本項所稱「審查時」，指初審審查或再審查。本項並分二款規定，第1款爲至專利專責機關面詢；第2款爲爲必要之實驗、補送模型或樣品。按審查人員進行審查，原則上是以書面爲之，但具體個案上，如能透過與申請人親自面談、或進行必要之實驗、或輔以模型或樣品，使審查人員對於申請專利之發明有進一步之瞭解，將有助於案件之審查。因此，本條第1項特別規定專利專責機關得依職權或依申請，進行上述行爲。專利專責機關對於申請人申請面詢，除非有特殊事由，通常不會拒絕；審查人員於個案中認爲有必要者，亦可要求申請人面詢、實驗。第1款規定面詢地點爲專利專責機關，惟經審查人員同意，申請人亦得至智慧財產局各服務處以視訊方式進行面詢。專利申請人於提出面詢申請時，亦可一併檢送模型或樣品。除面詢外，申請人亦可透過電話等方式與審查人員交換意見。

第2項規定針對實驗或補送模型或樣品之勘驗地點。原則上在專利專責機關進行勘驗，對於過重或過大之模型或樣品，搬運不便，審查人員認有必要時得至現場勘驗。

近年來由於電訊軟硬體設備發達與疫情一度猖獗，基於通訊科技發展現在已臻成熟，且因應社會情勢變化，例如新冠肺炎疫情之影響，致當事人無法到局進行面詢時，可藉由科技設備，而有利於審查程序進行，在確保審查程序公正透明之前提下，乃放寬於符合局規定之場所及資訊條件下，辦理專利申請案遠距視訊面詢。

因此申請人或代理人現在要辦理面詢，不一定要親自前來局。自111年3月1日起正式施行「專利申請案跨國就地遠距視訊面詢」新措施。該措施主要是提供申請人及專利代理人可自行選定適當處所與本局建置的會議系統連線，直接與審查人員進行三邊的視訊面詢，例如申請人在日本，代理人在台灣的事務所，與在局的審查人員直接進行視訊面詢，而無須親自到本局各地服務處透過網路與審查人員進行視訊面詢。此時可以避免相關人員健康遭受威脅，避免不必要的人員過度移動，可避免舟車勞頓節省時間，亦可提升審查及服務效能。

依111年3月1日修正施行之「經濟部智慧財產局專利案面詢作業要點」第6點規定，遠距視訊面詢作業之重點在於：

一、當事人就舉發案以外之案件，申請於本局以外之適當處所面詢，經本局許可者，得辦理遠距視訊面詢。

二、申請遠距視訊面詢之適當處所應符合下列條件；不符合者，不予辦理。

(一) 非公開場合之處所。

(二) 具備局所定之軟硬體設備，且可保持良好視訊品質。

三、辦理遠距視訊面詢者，局審查委員應當場宣讀面詢事項及詢答重點，並將面詢紀錄以科技設備傳送至遠距端，經出席視訊面詢之人員簽名或蓋章確認後，回傳至局。

四、遠距視訊面詢過程中，當事人不得拍照、錄音或錄影。

天才發明家家興滿腔熱血地向智慧財產局提出，不需要送入能量永動機的專利申請案，但被審查委員發出不予專利的審查意見通知函，請問家興該怎麼做以說服他心中腦筋死板的審查委員？

家興得依專利法第42條，申請專利專責機關面詢，為必要之實驗、補送模型或樣品。並且予審查委員充分溝通，以尋求可以使專利申請案通過審查的修改。

第43條（審查時之修正及最後通知）

專利專責機關於審查發明專利時，除本法另有規定外，得依申請或依職權通知申請人限期修正說明書、申請專利範圍或圖式。

修正，除誤譯之訂正外，不得超出申請時說明書、申請專利範圍或圖式所揭露之範圍。

專利專責機關依第四十六條第二項規定通知後，申請人僅得於通知之期間內修正。

專利專責機關經依前項規定通知後，認有必要時，得為最後通知；其經最後通知者，申請專利範圍之修正，申請人僅得於通知之期間內，就下列事項為之：

一、請求項之刪除。
二、申請專利範圍之減縮。
三、誤記之訂正。
四、不明瞭記載之釋明。

違反前二項規定者，專利專責機關得於審定書敘明其事由，逕為審定。

原申請案或分割後之申請案，有下列情事之一，專利專責機關得逕為最後通知：

一、對原申請案所為之通知，與分割後之申請案已通知之內容相同者。
二、對分割後之申請案所為之通知，與原申請案已通知之內容相同者。
三、對分割後之申請案所為之通知，與其他分割後之申請案已通知之內容相同者。

解說

針對發明說明書、申請專利範圍及圖式之增、刪、變更，係於審定前爲之，依本條規定以「修正」稱之。本條即規定提出發明專利申請後之修正說明書、申請專利範圍或圖式所應遵循原則，及最後通知之發給及其效果。

申請人爲儘早取得申請日，通常在完成發明後，即檢具說明書、申請專利範圍及必要之圖式等文件向專利專責機關提出申請，致其說明書、申請專利範圍或圖式可能會發生錯誤、缺漏等情事。爲使申請專利之發明能明確且充分揭露，申請人得自行修正說明書、申請專利範圍或圖式，此外，如專利專責機關經審查發現說明書、申請專利範圍或圖式有必要修正時，亦得依職權通知申請人限期修正。

爲平衡申請人及社會公眾的利益，並兼顧先申請原則及未來取得權利的安定性，修正應僅限定在申請時說明書、申請專利範圍及圖式所揭露之範圍內始得爲之。

爲避免延宕審查時程，經發給審查意見通知後，申請人僅得於指定期間修正；另爲避免申請人於審查後一再修正審查標的致程序延宕，專利專責機關於發給審查意見通知後得爲最後通知，以進一步限制申請專利範圍之修正；如申請人違反修正之期間或最後通知後之修正限制，專利專責機關得逕爲審定。就分割案，爲避免申請人藉分割申請就應不准專利之發明一再提出審查，設有逕爲最後通知之規定。

本條各項規定說明如下：

一、第1項規定於審查發明專利時，申請人得主動申請修正說明書、申請專利範圍或圖式，專利專責機關亦得依職權通知申請人限期修正

我國專利申請採先申請原則，申請人爲爭取較早之申請日，

通常在發明完成後即行提出專利申請，致其說明書、申請專利範圍或圖式有錯誤、遺漏，或表達上有未臻完善之處，因此，於有修正必要時，如果不給予修正之機會，將使申請專利之技術無法清楚呈現使公眾確實瞭解。因此，各國立法例均允許申請人在一定條件下提出修正。惟修正期間及內容亦不能漫無限制，以免妨礙審查效率及影響公眾權益，故設有本項所謂「除本法另有規定」所稱之特別規定，包括本條第2項修正內容之限制、第3項修正期間之限制、第4項為最後通知後修正期間及內容之限制、第44條第3項以外文本提出之申請案修正內容之限制，及第49條再審查時修正之特別規定。申請人於專利專責機關審查前所為之主動修正，因無延宕審查之情形，限制申請人僅能在一定之期間內申請修正並無必要，不再加以限制。

二、第2項規定修正除誤譯之訂正外，不得超出申請時原說明書、申請專利範圍或圖式所揭露之範圍

超出申請時所揭露之範圍係指申請案於審定前，雖然對於據以取得申請日之原說明書、申請專利範圍或圖式得進行修正，但修正之結果，不得增加其所未揭露之事項，亦即不得增加新事項（new matter）。審查時，應以修正後說明書、申請專利範圍或圖式與原說明書、申請專利範圍或圖式比較，若已增加新事項，屬不准專利事由。本項規定於新型專利、設計專利準用之。另依第25條第3項規定先提出外文本再提出中文本之申請案，如提出誤譯之訂正，係另規定於第44條第3項，故於本條排除之。如修正本未增加新事項，視同申請時所提出，其後審查依修正本為之。

三、第3項規定已通知限期申復者，申請人僅得於指定期間內修正

專利專責機關就申請案已進行實體審查後，爲避免申請人一再提出修正致延宕審查時程，100年修正增訂專利專責機關如已依第46條第2項規定通知申復，申請人僅得於審查意見通知函所載指定期間內提出修正。惟不另限制申請人在該指定期間內提出修正之次數。

四、第4項規定專利專責機關得爲最後通知及最後通知後之修正限制

申請人於接獲審查意見通知函後，如容許其後得任意變更申請專利範圍，不僅審查人員需對該變更後之申請專利範圍重新進行檢索及審查而造成程序延宕，且對依審查意見通知函內容作適當修正之其他申請案亦有欠公平。各主要國家除不得引進新事項外，對於審查意見通知後的修正，特別是申請專利範圍之修正，亦有所限制。爲同時兼顧審查效率與申請人之權益，100年修正引進最後通知制度，於專利專責機關認有必要時，得爲最後通知。當申請人接獲最後通知後，所提出之申復或修正內容，不能任意變動已審查過之申請專利範圍，如此一方面不會浪費原已投入之審查人力，達到迅速審查之效果，他方面能保持各申請案間之公平性。雖會造成申請案修正上之限制，但在申請案獲得完整之檢索與評價之前提下，有助於審查程序合理化，並可使審查意見通知具有明確性、合理性與可預期性之優點。

(一) 申請人所提出之申復或修正，如克服先前審查意見通知指出之全部不准專利事由，且無其他不准專利事由者，應予核准審定。如仍無法克服先前審查意見通知指出之全部不准專利事由，亦即仍有先前已通知之任一項不准專利事由

者，得作成核駁審定。此外，若申請人雖已克服先前審查意見通知指出之全部不准專利事由，但因修正而產生新的不准專利事由，仍須通知申請人申復或修正時，得發給最後通知，以避免申請人愈修愈開花，造成審查者無端之困擾，本專利申請案遲遲不能終結。

由於最後通知將限制後續申請專利範圍之修正，故在發給最後通知前，應考慮是否已給予申請人適切修正之機會，如先前審查意見不當，或仍有漏未通知之不准專利事由，即不得發給最後通知；經申請人修正後，雖克服審查意見通知指出之全部不准專利事由，惟審查時另發現先前審查意見未通知之不符記載要件情事，該情事經由誤記訂正或不明瞭記載之釋明，簡單修正請求項即可克服者，爲避免申請人於修正後另產生其他不予專利事由而延宕審查時程，亦得逕爲最後通知，以簡化後續審查程序；另於得作成核駁審定之情形中，如認發給最後通知亦不致延宕審查時程者，得先不作成核駁審定，而發給最後通知以給予申請人再次修正之機會。

(二) 專利主管機關發給申請人最後通知後，申請專利範圍之修正須符合請求項之刪除、申請專利範圍之減縮、誤記之訂正及不明瞭記載之釋明等限制事項，之後再爲修正可能會比照更正所爲之限制。

五、第5項規定違反修正期間或修正內容限制之效果

申請人所爲之修正，如違反第3項規定之修正期間或第4項規定之修正期間或最後通知後之修正限制者，專利專責機關得逕予審定，並於審定書中敘明不接受修正之事由，不單獨作成准駁之處分，申請人如有不服，仍得以審定之結果提起救濟。但若申請

人如僅違反修正期間，基於限制修正期間之目的在於避免延宕審查時程，倘逾限提出之修正，係對應審查理由或僅爲形式上之小錯誤，經充分溝通且可爲審查委員接受者，該逾限提出之修正仍有受理之可能。

六、第6項規定分割案得逕爲最後通知，係爲避免因分割申請而就相同內容重複進行審查程序

專利專責機關針對原申請案或分割後之申請案其中一案，發給審查意見通知函後，對於原申請案或各分割後之申請案其中任一案件，應發給之審查意見通知函內容，如與先前已發給之審查意見內容相同者，此時也得對於各該申請案逕爲最後通知。

第44條（外文本）

說明書、申請專利範圍及圖式，依第二十五條第三項規定，以外文本提出者，其外文本不得修正。

依第二十五條第三項規定補正之中文本，不得超出申請時外文本所揭露之範圍。

前項之中文本，其誤譯之訂正，不得超出申請時外文本所揭露之範圍。

解說

我國雖開放得以外文本提出申請專利，以便提前取得申請日。惟嗣後仍須提出中文申請書，並以中文翻譯本進行審查，其後若有誤譯之情事，可於外文本之內容範圍內提出誤譯訂正。「誤譯」係指將外文之語詞或語句翻譯成中文之語詞或語句的過程產生錯誤，亦即外文本有對應之語詞或語句，但中文本未正確

完整翻譯者。另有關數字、單位錯誤或語詞語句中之漏譯，亦得提出誤譯訂正。

依專利法第43條第2項規定，誤譯訂正屬修正之一種態樣，亦即修正包括一般修正及誤譯訂正。依專利法第67條第1項規定，專利核准公告後，申請人亦得提出誤譯訂正，除不得超出申請時說明書、申請專利範圍或圖式所揭露範圍外，且不得實質擴大或變更專利之範圍。本條各項規定說明如下：

一、第1項規定專利申請以外文本提出者，其外文本不得修正

(一) 申請日係確定申請案是否符合專利要件之審查基準日，故申請日之確定極爲重要，既准以外文本作爲取得申請日之依據，其內容自不得有所變動，否則將違反可專利性係以申請日爲決定基礎之原則。

(二) 專利專責機關審查時，係依中文本進行審查，申請人如有修正之必要，係修正中文本所載之內容，不得修正外文本，若申請人對取得申請日之外文本進行修正，該修正不生效力。

二、第2項規定中文本補正之要件

申請人既以提出外文本之日取得申請日，其嗣後補提之中文本，自不得超出申請時外文本所揭露之範圍。

三、第3項規定前項之中文本，其誤譯訂正之要件

(一) 誤譯訂正之申請，須提出誤譯訂正申請書，除須符合訂正申請之形式要件外，亦須經實體要件之審查，說明如下：

1. 誤譯訂正申請之形式要件：申請一般修正所提出修正後之說明書、申請專利範圍或圖式替換頁（本）稱修正頁（本），申請誤譯之訂正須另以「誤譯訂正申請書」申請，所提出訂正後之說明書、申請專利範圍或圖式替換頁（本）稱訂正頁（本）。

須注意者，最後通知後對於申請專利範圍之修正事項，即使是誤記之訂正，亦稱修正本而非訂正本。另外，以誤譯訂正爲由申請更正時，須以誤譯訂正專用之「專利更正申請書（誤譯訂正適用）」提出申請，而非以「專利誤譯訂正申請書」提出申請。

2. 誤譯訂正審查之實體要件：實體審查之判斷要件有二，要件一須先判斷是否屬於誤譯，其目的爲排除語詞或語句以外之嚴重漏譯情況的適用。要件二爲若屬語詞或語句誤譯之訂正，其訂正不得超出申請時外文本所揭露之範圍，其中「不得超出」係指訂正本記載之事項爲外文本已明確記載者，或該發明所屬技術領域中具有通常知識者自外文本所記載事項能直接且無歧異得知者。若經審查訂正後之內容超出外文本所揭露之範圍，得以違反本條第3項規定爲由不准訂正。若違反要件一時，並不致與超出外文本所揭露範圍的情況而成爲核駁理由，但若一般修正超出翻譯本之範圍，但未超出外文本時，係屬得提起舉發之事由。

(二) 簡體中文本取得申請日之申請案無法申請誤譯訂正。此因簡體字本與其後補正之正體中文本之間，僅屬文字轉換過程，並無翻譯問題，且中文亦非屬「專利以外文本申請實施辦法」限定之語文種類，因此，若於轉換過程發生文義不一致的情況，僅能申請一般修正，不得申請誤譯訂正，更正時亦同。新法之下對專利說明書的更改區分成「修正」、「訂正」、「更正」及「補正」等四種態樣，變成複雜的體系。讀者應留意其差別，以免混淆。

佩君以「A裝置」（下稱系爭申請專利）向專利專責機關申請專利，並且先行提出外文本，經專利專責機關進行審查。嗣後佩君發現系爭申請專利原文中的滑動軸承的sliding，在翻譯中文本不慎被誤譯為「滾動軸承」。此時佩君有何救濟方法？

此時佩君可以根據專利法第44條規定備具相關證明文件，根據並指明申請時所提出外文本出處主張誤譯並且訂正，並將相關資料送交主管機關審查。

第45條（審定書）

發明專利申請案經審查後，應作成審定書送達申請人。

經審查不予專利者，審定書應備具理由。

審定書應由專利審查人員具名。再審查、更正、舉發、專利權期間延長及專利權期間延長舉發之審定書，亦同。

解說

行政程序法第95條第1項規定：「行政處分除法規另有要式之規定者外，得以書面、言詞或其他方式為之。」故原則上行政機關所為之行政處分不以作成書面為必要，即以言詞或其他方式為之亦無不可，例外如「法規另有要式規定」者，行政機關即受限制，應作成書面之行政處分。本條為專利專責機關完成審查後，審定書之作成及其送達之規定，各項規定說明如下：

第1項規定申請案經實體審查後，不論准予專利或不准專利，均須作成書面審定書送達申請人。專利申請案經審查後，專利專責機關均須作成要式之行政處分，即應作成審定書送達申請人，即係上開行政程序法「法規另有要式規定」者。申請人委任代理人者，如其受送達之權限未受限制，送達自應向該代理人爲之。

第2項規定如審查結果爲不予專利，則審定書應記載不予專利之理由。按要式行政處分，即以書面爲之，依行政程序法第96條第1項第2款規定，應記載理由；若有同法第97條所列情形之一者，始得不記明理由。發明申請案經審查結果，若准予專利，因其未限制人民權益，依行政程序法第97條第1款規定，得不記明理由；若經審查不准予專利，則應備具理由，此爲本條第2項所明定，亦符合行政程序法第96條第1項第2款之規定。

第3項規定凡經指定審查人員進行實體審查之審定，該審查人員應具名於審定書上。專利審定書爲行政處分之一種，在83年修正前之審定書製作，僅由局長署名，並未列入審查人員之姓名，惟因專利審查具專業性，須由具有各該申請案有關之技術專長之人審查，爲示對審查工作之負責，強化專利審查品質，申請專利之審查、再審查、更正、舉發、專利權期間延長及專利權期間延長舉發之審查，都需要指定審查人員審查。更正及專利權期間延長舉發之審定書，亦應由專利審查人員具名，表示相關人員爲負責。

第46條（不予發明專利之事由）

發明專利申請案違反第二十一條至第二十四條、第二十六條、第三十一條、第三十二條第一項、第三項、第三十三條、第三十四條第四項、第六項前段、第四十三條第二項、第四十四條第二項、第三項或第一百零八條第三項規定者，應為不予專利之審定。

專利專責機關為前項審定前，應通知申請人限期申復；屆期未申復者，逕為不予專利之審定。

解說

本條係有關專利法上各種不予專利之規定，明定專利專責機關爲不予專利之審定前，應先通知申請人限期申復。專利專責機關不論在審查或再審查階段，均在作成不予專利之審定前通知申請人申復。至於通知限期申復後，申請人屆期仍未提出申復理由或修正者，該申請案將逕爲不予專利之審定，與行政程序法第102條精神相同，旨在給予相對人不利處分之前，應給予其表示意見的機會，以保障其程序權益。

本條108年修正時爲配合本次修正條文第34條第6項，於第1項增訂發明專利申請案經核准審定後所爲分割，如違反該項前段之規定者，其分割案應爲不予專利之審定之新事由。

第47條（專利案公告及申請閱覽）

申請專利之發明經審查認無不予專利之情事者，應予專利，並應將申請專利範圍及圖式公告之。

經公告之專利案，任何人均得申請閱覽、抄錄、攝影或影印其審定書、說明書、申請專利範圍、摘要、圖式及全部檔案資料。但專利專責機關依法應予保密者，不在此限。

解說

本條係專利核准公告及申請閱覽經公告專利案之規定。100年修正時將申請專利範圍及摘要獨立於說明書之外，因此得申請閱覽之資料增列申請專利範圍及摘要。

本條第1項規定核准之專利案，應將其申請專利範圍及圖式公告之。按專利案件經審查人員依據專利法令、審查基準及前案檢索資料，審酌包含發明定義、產業利用性、新穎性、進步性、擬制喪失新穎性、法定不予發明專利之標的、記載要件、先申請原則、發明單一性等規定事項，並未發現有不予專利之事由時，即應依審查結果爲核准之審定。經核准之專利案，於申請人繳納證書費及第一年專利年費後，專利專責機關即應將其申請專利範圍及圖式公告之，係因專利權爲無體財產權，須以公示之方式公開其技術內容讓公眾知悉，避免侵權或重複研發，以保護專利權人及公眾之利益。另外亦有提供公眾審查之作用，如該技術不符專利要件或侵害他人專利，藉公告使第三人提出舉發，以糾正錯誤之審查。關於公告專利時，應刊載專利公報之事項另規定於專利法施行細則第83條。

第2項明定任何人均得申請閱覽、抄錄、攝影或影印經公告專利案之審定書、說明書、申請專利範圍、摘要、圖式及全部檔案資料。專利之審定書、說明書、申請專利範圍、摘要、圖式等文件，與該專利之技術有關，原則上均屬可公開周知之事項，爲求審查透明化、公開化，使公眾能詳細瞭解專利權之內容，又於第2項規定任何人均得申請閱覽、抄錄、攝影或影印經公告專利案之全部檔案資料。但如涉及影響國家安全、公務機密、他人營業秘密或個人隱私等依法應予保密之事項者，專利專責機關即應予保密。

第48條（再審查）

發明專利申請人對於不予專利之審定有不服者，得於審定書送達後二個月內備具理由書，申請再審查。但因申請程序不合法或申請人不適格而不受理或駁回者，得逕依法提起行政救濟。

解說

本條爲申請再審查之規定。專利審查實務上，申請案經實體審查第一次所爲之審定者，稱爲「初審」審定，初審審定爲不予專利之審定者，如有不服，可提起再審查，尚不可逕予提出訴願、行政訴訟或其他行救濟程序。此時再審查作爲訴願前必經程序存在，故專利法對於專利申請案之審查，區分爲「初審」及「再審查」二個審級，均由專利專責機關指定審查人員審查。我國之再審查案件，係由專利專責機關指定審查人員審查，其程序與初審程序並無實質不同。但現行審查實務對於初審未指出的不予專利事由，多半不會在再審查續行審查。

本條規定發明專利申請人不服初審審定者，得於審定書送達後二個月內備具理由書，申請再審查。按訴願法第1條規定：「人民對於中央或地方機關之行政處分，認爲違法或不當，致損害其權利或利益者，得依本法提起訴願。但法律另有規定者，從其規定。」初審審定爲不予專利者，當然對申請人之權利或利益有所損害，申請人本得依訴願法之規定提起訴願，本條就是屬於訴願法第1條所稱法律另有規定之情形。因此，對於初審審定不服者，必需先提起再審查，對於再審查之審定不服者，才可提起訴願。至於因申請程序不合法或申請人不適格而駁回者，國際或國內優先權未獲承認，如申請程序不合法者，申請應備文件經通知補正而未補正者、申請人不適格者如申請人未取得合法之受讓證明，此等如形式或先決要件即不備情形，原處分尚未進行技術之判斷，是否有違法或不當之情事，應可即早確定，因此規定發明專利申請人得逕行提起訴願、行政訴訟。

須注意者，本項所定之期間係屬法定不變期間。如於不予專利之審定書送達之日起，已逾二個月始請求再審查者，因原審定業已確定，逾此期間請求再審查已逾法定期間而不合法，應從程序上為不受理之處分。

佩君於101年3月3日以「A裝置」（下稱系爭申請專利）向專利專責機關申請發明專利，並同時聲明以其於100年6月29日申請之先申請專利主張國內優先權，經專利專責機關進行實體審查。嗣後專利專責機關以系爭申請專利據以主張國內優先權之先申請專利，因佩君屆期未繳費領證，故以該先申請專利不得再被據以主張國內優先權為由，為系爭申請專利所主張之國內優先權應不予受理之處分。此時佩君有什麼辦法可以救濟回復自己的國內優先權？若是「A裝置」的專利申請案因不具備專利要件被核駁，應又如何救濟。

依專利法第48條的規定，佩君對於「A裝置」的專利申請案不予專利之審定仍有不服者，得於審定書送達後二個月內備具理由書，申請再審查。同條但書規定因申請程序不合法或申請人不適格而不受理或駁回者，得逕依法提起行政救濟。因此該先申請專利不得再被據以主張國內優先權為由，為系爭申請專利所主張之國內優先權應不予受理之處分。通常國內優先權與優先權日是否被主管機關認可，往往會重度影響本案或前後案的可專利性，對申請人的權益影響重大。佩君對此行政處分得主張直接提起行政救濟，不必提起再審查。

第49條（再審查時之修正）

申請案經依第四十六條第二項規定，為不予專利之審定者，其於再審查時，仍得修正說明書、申請專利範圍或圖式。

申請案經審查發給最後通知，而為不予專利之審定者，其於再審查時所為之修正，仍受第四十三條第四項各款規定之限制。但經專利專責機關再審查認原審查程序發給最後通知為不當者，不在此限。

有下列情事之一，專利專責機關得逕為最後通知：

一、再審查理由仍有不予專利之情事者。

二、再審查時所為之修正，仍有不予專利之情事者。

三、依前項規定所為之修正，違反第四十三條第四項各款規定者。

解說

提出已經被初審核駁的專利再審查時，此階段申請人仍得修正專利說明書、申請專利範圍及圖式，及初審時核駁審定前，如已發出最後通知，再審查時仍受最後通知後之修正限制之規定。

第1項規定再審查階段仍得主動提出修正，申請案經初審核駁審定提起再審查後，復繫屬審查狀態，此時故仍得主動提出修正，試圖克服初審最後審查核駁的理由。惟當專利專責機關於再審查階段發給審查意見通知後，依專利法第43條第3項規定，申請人僅得於通知指定期間內提出修正。

第2項規定初審階段發給之最後通知於再審階段仍有效力。申請案於初審階段發給最後通知，經申請人修正或申復後，仍爲不予專利之審定，申請人提起再審查後，因該申請案於初審階段已發給最後通知，縱使申請案進入再審查階段，申請人所提之修正，仍應受第43條第4項各款規定之限制。惟如再審查理由係爭執初審階段發給最後通知爲不當者，經專利專責機關審酌認爲有理由，將再發審查意見通知函通知申請人，解除初審階段發給最後通知之限制。

第3項規定再審查階段得逕予發給最後通知之情形。考量初審階段已給予申請人修正之機會，且申請人於申請再審查時，原即得對應初審審定不予專利之事由進行適切之修正，惟爲避免申請人於再審查程序中又一再提出修正，致延宕再審查程序，本項明定得逕予發給最後通知之情事。

第3項第1款規定再審查理由仍無法克服初審審定不予專利之事由者，專利專責機關得逕爲最後通知。此款規定不論初審階段是否曾核發最後通知，均有適用。

第3項第2款規定再審查時所爲之修正如仍無法克服初審審定不予專利之事由者，專利專責機關得逕爲最後通知。此款規定不論初審階段是否曾核發最後通知，均有適用。

第3項第3款規定在初審階段曾核發最後通知，且再審查時認定該最後通知並無不當時，於再審查時所爲之修正，違反第43條第4項各款規定，屬未能克服該最後通知所記載之不准專利事由，專利專責機關得逕爲最後通知。

第50條（再審查人員之指定）

再審查時，專利專責機關應指定未曾審查原案之專利審查人員審查，並作成審定書送達申請人。

解說

再審查程序中專利主管機關應指定，未曾審查原申請案初審之專利審查人員審查。按再審查若仍由審查原案之人員審查，則當事人恐認原審查人員已有先入爲主之觀念，且如審定結果對當事人不利，亦易招致不信任，故爲保障當事人程序上之利益，使其更能信服審查結果，特規定再審查時應指定與原案初審時不同之專利審查人員審查之。

專利主管機關的再審查原則上採續審制，只在初審理由審定書中指出申請人所未克服不予專利的事由與證據的範圍內，續行審查，不會全部事項重審一次。

第51條（發明涉及國安應予保密）

發明經審查涉及國防機密或其他國家安全之機密者，應諮詢國防部或國家安全相關機關意見，認有保密之必要者，申請書件予以封存；其經申請實體審查者，應作成審定書送達申請人及發明人。

申請人、代理人及發明人對於前項之發明應予保密，違反者該專利申請權視為拋棄。

保密期間，自審定書送達申請人後為期一年，並得續行延展保密期間，每次一年；期間屆滿前一個月，專利專責機關應諮詢國防部或國家安全相關機關，於無保密之必要時，應即公開。

第一項之發明經核准審定者，於無保密之必要時，專利專責機關應通知申請人於三個月內繳納證書費及第一年專利年費後，始予公告；屆期未繳費者，不予公告。

就保密期間申請人所受之損失，政府應給與相當之補償。

解說

本條係發明涉及國防機密或其他國家安全之機密而應予保密之規定。國家授予專利權之主要目的是爲鼓勵技術公開，促進產業利用並避免重複研究。我國專利法第37條爲發明專利早期公開之規定、第47條爲申請專利範圍及圖式公告之規定，即有相同意旨。但是申請專利之發明，其技術如果有涉及國防機密或其他國家安全之機密者，基於國家利益之考量，自得不予公開予以保密，不能像一般專利申請一樣將專利公告於世。負保密義務者不只專利專責機關之審查人員，並及於專利申請人、代理人及發明人。本條規定涉及國防機密或其他國家安全機密而有保密與忍受資訊受到限制之義務，因對於申請人權利影響重大，因此有本條五項規定。

第1項規定發明經審查涉及國防機密或其他國家安全之機密者，該發明專利申請案之處理程序。涉及有保密必要之專利申請案，各國在處理上有兩種做法。第一種是予以保密，在解密前不爲核准之審定，由國家對申請人給予一定之補償；另一種是仍然進行審查，符合專利條件者，仍然爲核准審定，但不予公告，俟解密後再行公告。我國是採第二種做法。由於特定技術是否有「涉及國防機密或其他國家安全之機密」？有無保密之必要，主管國防業務之國防部或其他國家安全相關機關最爲清楚，因此第1項規定應諮詢國防部或國家安全相關機關意見，若認有保密之必要者，將該發明專利案申請書件予以封存，該案如經申請實體審查者，並應作成審定書送達申請人及發明人，同時在審定書中敘明不予公告之理由。

第2項規定申請人、代理人及發明人之保密義務，並規定違反者在專利法上之法律效果。涉及國防機密或其他國家安全之機密應予保密之專利，於解密後才會公告，公告後才發生專利權之

效力。因此，在未公告前，申請人尚未取得權利，該案僅處於完成審定之狀態，仍不具有專利權。如果申請人、代理人及發明人違反保密義務予以公開，視爲拋棄其專利申請權，既然已由法律擬制拋棄專利申請權，將來解密後即不得再本於專利申請權人之地位主張享有後續專利法上之權利。有關洩露國家機密之行爲，在妨害軍機治罪條例、刑法也都有相關之規定，若該當各該條之犯罪，仍將依各該罪科以刑責。

第3項規定解密之程序。涉及國防機密或其他國家安全之機密應予保密之專利，通常不會有長期保密之必要。爲保障申請人權益，使其儘早取得專利公開後的各種權益，因此本條規定保密期間應逐年檢討，如有再保密之必要，並得續行延展保密期間每次一年，期間屆滿前一個月，專利專責機關應再諮詢國防部或國家安全相關機關有無繼續保密之必要，於無保密之必要時，應即解密公開。

第4項規定發明經核准審定者，於國防部或國家安全相關機關認定該技術內容已無保密之必要時，專利專責機關方得通知申請人於三個月內繳納證書費及第一年專利年費，屆期繳費者，予以公告；屆期未繳費者，不予公告。

第5項規定，依本法第52條規定，發明專利申請案經核准審定者，於繳納證書費及第一年專利年費後，始予公告。涉及國防機密或其他國家安全機密之專利申請案，在未經解密及公告之程序前，尚非「權利」，不屬於損害賠償之範疇，政府只應給予相當之「補償」。然對於申請人因此等公益之原因而致其權益受損之情況，政府仍應予相當之補償，以衡平保護其權益，因此明定之。

老王製造出一種特殊奈米等級材料微形原子，像昆蟲大小超微型機器人的技術，並具有相當行動實力，以及一種操縱這種超微型機器人滲入敵後進行特種任務的方法，向智慧財產局申請「蟻戰士」的發明專利。經審查涉及國防機密或其他國家安全之機密，諮詢國防部或國家安全相關機關意見，認有保密之必要，因此將「蟻戰士」的發明專利申請書件予以封存，並且課以老王保密的義務，此時他有什麼權利可以主張？

此時專利法第51條第4項就保密期間申請人老王所受之損失，政府應給與相當之補償。

第四節　專利權

第52條（繳費及公告）

申請專利之發明，經核准審定者，申請人應於審定書送達後三個月內，繳納證書費及第一年專利年費後，始予公告；屆期未繳費者，不予公告。

申請專利之發明，自公告之日起給予發明專利權，並發證書。

發明專利權期限，自申請日起算二十年屆滿。

申請人非因故意，未於第一項或前條第四項所定期限繳費者，得於繳費期限屆滿後六個月內，繳納證書費及二倍之第一年專利年費後，由專利專責機關公告之。

解說

本條為有關發明專利申請案於核准審定後，如何取得專利權

及專利權效力的起始點、專利權期限、逾繳納期限之法律效果及回復權利之規定。本條各項規定說明如下：

一、第1項規定專利申請案，於核准審定繳納規費後始予公告、繳納期限及逾繳納期間之法律效果等相關規定

申請案一經核准審定即可繳納規費，並經公告取得發明專利權。繳納證書費及第一年專利年費係取得權利之前提要件，亦即申請人需自審定書送達後三個月內繳納證書費及第一年專利年費，專利專責機關始予公告，發生專利權之效力，如未於審定後三個月內繳納證書費及第一年專利年費，則不予公告，無法取得專利權。

二、第2項規定發明專利權效力之起始點

(一) 按專利權爲無體財產權，須經公示之程序，以使第三人得知其權利範圍後，始給予專利權，並發給證書，爰於本項明定「申請專利之發明，自公告之日起給予發明專利權，並發證書」。

(二) 另從公開到公告之期間，依本法第41條規定，發明專利權人在符合一定條件下，可有補償金請求權，也就是一般所稱的暫時性保護。暫時性保護係爲彌補申請人因早期公開制度使其發明內容解除秘密而處於一般公眾得知悉之狀態下所爲之衡平規定，但不代表此一時間申請人已可行使專利權。

三、第3項規定發明專利權之期限

參照TRIPS第33條規定：「可享有之保護期間應自提交申請日起，至少二十年。」（發明專利權）可享有之保護期間應自提交申請日起，此之申請日係指本法第25條所定，以申請書、說明書、申請專利範圍及必要之圖式齊備之日。依第1項規定，專

利申請案經核准審定繳納規費後，始予公告，給予專利權，對照本條第3項規定，專利權之期限計算與專利權之生效應分別以觀。也就是說從申請日起算，只是明定專利專利權期限計算的起始點，並不表示專利權的效力從申請日就開始。從申請日到公告日，不存在行使專利權的問題，亦即專利權期限是則從申請日起算；專利權發生效力則是從公告日起算。例如，某發明專利申請案之申請日爲94年9月13日，發證公告日爲97年7月11日，得主張專利權之保護期間爲94年9月13日起至114年9月12日。但因爲權利人與社會大眾直到97年7月11日本案公告日才都知道專利被核准，因此自然要等到此日後權利人才可以行使。

四、第4項規定申請人非因故意遲誤法定繳費期間之復權機制，爲100年修正新增

亦即申請人非因故意致未能於法定期間內繳費者，得於繳費期限屆滿後六個月內，敘明非因故意之事由，再提出繳費領證之申請，同時繳納證書費及二倍之第一年專利年費。

(一) 第1項所定三個月內繳納證書費及第一年專利年費期間之性質，乃屬法定不變期間，不得申請展期，且屆期未繳費，即生不利益之結果。鑑於實務上，往往有申請人生病或其他非因故意事由，致未能於期限內繳費，由於該等事由並不屬於本法第17條第2項所規定「天災或不可歸責於己之事由」，所以，申請人無法依本法第17條第2項規定申請回復原狀，也無其他救濟方法以恢復其權利，如僅因一時疏於繳納，即不准其申請回復，恐有違本法鼓勵研發、創新之用意，且國際立法例上，例如PLT第12條、EPC第122條、PCT施行細則第49條第6項、大陸專利法施行細則第6條皆有相關申請回復之規定，因此爲保障申請人權益之周密，

於本項明定申請人有非因故意，致未於審定或處分書送達後三個月內繳費者，得於繳費期限屆滿後六個月內，繳納證書費及二倍之第一年專利年費辦理領證，以爲救濟。

(二) 所謂「非因故意」之事由，包括過失所致者均得主張之，例如實務上常遇申請人生病、公司改組資訊漏失無法依期爲之，即得作爲主張非因故意之事由。另外，如有因天災或不可歸責當事人之事由，例如：921地震、美國911恐怖攻擊事件、納莉風災等事由遲誤法定繳費期間，申請人依第17條第2項規定申請回復原狀，辦理繳費領證即可。

(三) 申請人如以非因故意爲由，於繳費期限屆滿後六個月內，再提出繳費領證之申請，雖非故意遲誤，但仍有可歸責申請人之可能，例如實務上常遇申請人生病無法依期爲之，即得作爲主張非因故意之事由。爲與因天災或不可歸責當事人之事由申請回復原狀作區隔，以非因故意之事由，申請再行繳費者，申請人所應繳納之第一年專利年費數額，與依限繳費者相較，自應繳納較高之數額，爰予明定應於申請復權時同時繳納證書費及加倍繳納第一年專利年費後，由專利專責機關公告之。

案例

佩君於103年3月3日以「A裝置」（下稱系爭申請專利）向專利專責機關申請新型專利，並同時聲明以其於102年6月29日申請之先申請專利主張國內優先權，經專利專責機關進行形式審查。嗣後專利專責機關以系爭申請專利據以主張國內優先權之先申請專利，因佩君屆期未繳費領證，故以該先申請專利不得再被據以主張國內優先權爲由，爲系爭申請專利所主張之國內優先權應不予受理之處分。此時佩君有什麼辦法可以救回自己的國內優先權？

佩君因天災或不可歸責當事人之事由申請回復原狀作區隔，以非因故意之事由，申請再行繳費者，申請人所應繳納之第一年專利年費數額，與依限繳費者相較，自應繳納較高之數額，應於申請復權時同時繳納證書費及加倍繳納第一年專利年費後，由專利專責機關公告之。因此佩君得繳交雙倍年費與證書費，恢復前案的核准公告，並且繳費領證，再主張前案的國內優先權。

第53條（延長專利）

醫藥品、農藥品或其製造方法發明專利權之實施，依其他法律規定，應取得許可證者，其於專利案公告後取得時，專利權人得以第一次許可證申請延長專利權期間，並以一次為限，且該許可證僅得據以申請延長專利權期間一次。

前項核准延長之期間，不得超過為向中央目的事業主管機關取得許可證而無法實施發明之期間；取得許可證期間超過五年者，其延長期間仍以五年為限。

第一項所稱醫藥品，不及於動物用藥品。

第一項申請應備具申請書，附具證明文件，於取得第一次許可證後三個月內，向專利專責機關提出。但在專利權期間屆滿前六個月內，不得為之。

主管機關就延長期間之核定，應考慮對國民健康之影響，並會同中央目的事業主管機關訂定核定辦法。

解說

醫藥品、農藥品因爲攸關國民衛生及健康，因此相關事業主管機關均設有相關產品進入市場之法規管制，必須一定經過一定數量的測試。依據藥事法與農藥管理法等相關規定，醫藥品與農藥品之製造、加工或輸入須先經中央目的事業主管機關許可，所稱之中央目的事業主管機關，於醫藥品爲衛生福利部（簡稱衛福部），於農藥品爲行政院農業委員會（簡稱農委會）。一般而言醫藥品及農藥品之發明人於完成技術發明時，爲能進行較佳的專利布局通常會先申請專利，再後續找出專利中最具有商品價值的產品，依據主管機關規定進行申請上市許可程序。因此這類產品在取得專利權後，仍可能因尚未取得主管機關之上市許可，而延遲無法實施其已取得之發明專利權，據此我國設有專利權期間延長之規定，就專利權公告後無法實施發明期間給予專利權人補償。

一、第1項規定得申請延長之專利案、申請延長之條件及次數

(一) 得申請延長之專利案：限於醫藥品、農藥品或其製造方法之發明專利，其他物品或方法不適用。新型及設計專利亦不得申請延長。

(二) 申請延長之條件：

1. 依其他法律規定實施專利權之前應先取得許可證者，其於專利案公告後取得時，專利權人得以第一次許可證申請延長專利權期間。所稱其他法律，係指衛福部及農委會所主管之有關藥物或農藥管理之法律，本條既明定法律，即不包括法律以外之法規命令或行政規則。所稱第一次許可證，係以許可證記載之有效成分及用途兩者合併判斷，非僅以有效成分單獨判斷。所稱「有效成分」及「用途」，於醫藥品，「有效成分」指的是處

方欄所記載的有效成分，「用途」爲適應症欄記載的內容；於農藥品，「有效成分」指的是有效成分欄所記載的有效成分，「用途」爲使用方法及其範圍欄所記載的內容。就一件醫藥品專利案而言，同一藥理機制可能涵蓋多種適應症，因此有可能會對應不同專利，一有效成分依不同適應症各自取得之最初許可，均得作爲據以申請延長之第一次許可證。例如，阿斯匹靈先以適應症「止痛」取得第一張許可證，後以適應症「治療高血壓」申請變更許可（新增適應症），阿斯匹靈以適應症「止痛」及「治療高血壓」分別取得之最初許可，均可作爲據以申請延長之第一次許可證，但專利權人僅得選擇其一就同一專利權申請一次延長。農藥品的情況則有不同，就農藥品專利案而言，同一作用機制視爲同一用途，例如同一藥品及其專利防治水稻褐飛蝨與防治蓮霧腹鉤薊馬均屬殺蟲用途，僅得以最先獲得的許可證申請專利權延長。

2. 延長專利權是爲彌補專利權人因申請許可而延誤其可行使權利之期間，而專利權是自公告日發生效力，因此，專利案公告後，方取得中央目的事業主管機關核發之第一次許可證者，屬專利權保護期間之喪失，得申請延長。
3. 專利權期間延長之申請人，限於專利權人，但發明專利權人專屬授權他人實施時，經登記之專屬被授權人亦得爲延長之申請人。專利權爲共有時，申請延長，除契約約定有代表者外，各共有人皆可單獨爲之。

(三) 申請延長之次數：專利權期間延長制度之立法目的係彌補醫藥品、農藥品及其製法發明專利須經法定審查取得上市許可證而無法實施發明專利之期間，故專利權人得申請延長專利權期間之次數，僅限一次。例如，一發明專利權包含殺菌劑及殺蟲劑兩請求項，若先以殺菌劑之農藥許可證

申請專利權期間延長並經核准，即不得再以殺蟲劑之農藥許可證申請同一專利權之延長；反之，分別取得殺菌劑之許可及殺蟲劑之許可，雖均得對同一案申請延長，惟專利權人僅得選擇其中一件許可申請延長。另外，專利權人就一許可證僅得申請延長專利權期間一次，若一許可證曾經據以申請延長專利權期間，專利權人不得再次以同一許可申請延長同一案或其他案之專利權期間。因此，專利權人於取得第一次許可證後，若該許可證所對應之專利權涵蓋多數時，僅能選擇其中一專利權申請延長專利權期間。

二、第2項規定核准延長之期間

延長之期間不得超過為向中央目的事業主管機關取得許可證而無法實施發明之期間，且以五年為限。有關得申請延長專利權之期間依據專利權期間延長核定辦法第4條規定，醫藥品包括為取得中央目的事業主管機關核發藥品許可證所進行之國內外臨床試驗期間和國內申請藥品查驗登記審查期間，另依據該辦法第6條規定，農藥品包括為取得中央目的事業主管機關核發農藥許可證所進行之國內外田間試驗期間和國內申請農藥登記審查期間。

三、第3項規定第1項所稱醫藥品，限於人類用醫藥品，不包括動物用藥。

四、第4項規定申請延長應備具之文件及法定期限

申請延長專利權期間應備具之文件，除申請書外，分別依據專利權期間延長核定辦法第5、7條之規定，醫藥品應檢附國內外臨床試驗期間與起、迄日期之證明文件及清單，國內申請藥品查驗登記審查期間及其起、迄日期之證明文件，以及藥品許可證影本；農藥品應檢附國內外田間試驗與起、迄日期之證明文件及清單，國內申請農藥登記審查期間及其起、迄日期之證明文件，

以及農藥許可證影本。取得第一次許可證之日，係以專利權人或經登記之被授權人實際領證之日期爲準。惟若申請人無法提出實際領證日期之證明，則取得第一次許可證之日以許可證所載之核發日期爲準。至於以變更用途（指藥品之新增適應症或農藥之擴大使用範圍）申請登記，而於核准許可後於原許可證加註變更事項者，則以該變更事項之核准日期爲準。

漢威公司所申請的藥品因爲申請藥物上市許可證所需要三階段實驗，致使其藥品專利權無法及時實施，請問此時有何補救方法？

此時漢威公司應檢附國內外臨床試驗期間與起、迄日期之證明文件及清單，國內申請藥品查驗登記審查期間及其起、迄日期之證明文件，以及藥品許可證影本，依專利法第53條，在其因沒有藥證而無法實施其專利的時間內。申請該項藥品的專利權延長。

第54條（擬制視爲已延長）

依前條規定申請延長專利權期間者，如專利專責機關於原專利權期間屆滿時尚未審定者，其專利權期間視為已延長。但經審定不予延長者，至原專利權期間屆滿日止。

解說

由於延長申請案在該專利權期間屆滿前六個月內均可提出，且延長申請案之審查亦依個案耗費時間，可能發生於專利專責機

關審定核准延長前，專利權期間已屆滿之情形。為免專利權延長期間產生空窗期，致產生權利不確定之狀態，本次修法爰明定專利專責機關如核准延長時點在專利權屆滿日之後，其於原專利權期間屆滿時惟延長案尚未審定時，其專利權期間視為已延長；然而如果經專利專責機關審定延長為不予延長者，則此擬制之法律效果即自始不存在。此處之審定並無須俟審定結果確定，這樣的立法和日本特許法第67條之2第5項規定有些許不同。依據日本特許法第67條之2第5項規定：「已提出延長專利權存續期間登錄者，存續期間視為已延長。但拒絕該申請之查定已確定，或專利權存續期間延長已准予登錄者，不在此限。」明定如專利專責機關於原專利權期間屆滿時尚未審定者，即擬制專利權期間已延長，該擬制效果之存續時期係存續至拒絕延長之查定確定時為止，此種立法設計固然有貫徹權利安定性之優點，惟如行政爭訟結果維持不准延長之審定，專利權人無異獲得在爭訟期間內實質延長專利權存續期間之不當利益，可能誘發專利權人浮濫申請延長專利權期間及興訟之動機。因此，為平衡專利權人利益及公共利益，因此審定結果為不予延長專利權期間時，無須俟審定確定，該擬制延長之法律效果即自始不存在。

此外為利公眾知悉專利權期間延長申請案之狀態，專利專責機關將於受理專利權期間延長申請案後立即公告之。於原專利權期間屆滿後，延長申請案核准審定前，未經專利權人同意而實施發明之人，於專利權期間延長申請案核准審定後，不得主張善意信賴專利權已期滿消滅而不負侵權行為責任。反之，如專利權期間延長申請案係經審定不予延長者，若專利權人業已授權他人於視為已延長之期間內實施者，因授權契約之標的溯及自原專利權期間屆滿日後消滅，除契約另有約定外，專利權人就已收取之權利金，應負不當得利之返還責任。

第55條（延長申請案審查人員之指定）
專利專責機關對於發明專利權期間延長申請案，應指定專利審查人員審查，作成審定書送達專利權人。

解說

專利權期間延長申請案，由於須審查專利權人取得許可之內容是否涵蓋於專利權範圍內，涉及專業判斷，等同實體審查。故主管機關應指定審查人員審查，並將審查結果作成審定書送達專利權人或其代理人。准予延長者，應將核准延長期間記載於審定主文，其不足五年者，應以日爲單位記載；准予延長者，並應公告，使一般公眾有知悉之機會。

第56條（專利期間延長之範圍）
經專利專責機關核准延長發明專利權期間之範圍，僅及於許可證所載之有效成分及用途所限定之範圍。

解說

本條文爲100年專利法新增，係規定延長專利權期間之效力範圍。經核准延長發明專利權者，其於延長發明專利權期間之範圍，僅及於許可證所載之有效成分及用途所限定之範圍，不及於申請專利範圍中有記載而許可證未記載之其他物、其他用途或其他製法。具體言之，對於物之發明專利，其延長期間之專利權範圍僅限於第一次許可證所載之有效成分及該許可之用途；於用途發明專利，僅限於第一次許可證所載有效成分之許可用途；於製法發明專利，僅限於製備第一次許可證所載用於許可用途之有效

成分之製法。核准延長之專利案，其申請專利範圍同時包含物之請求項、用途請求項及製法請求項者，於延長發明專利權期間之範圍，僅分別及於許可證所載之有效成分、該有效成分之許可用途及用於許可用途之有效成分之製法。以免使權利人藉機擴大不應獲得保護的延長時間於其申請專利範圍，構成對社會大眾的不當得利。

如果原公告之申請專利範圍爲一種以物質A防治雙子葉植物蟲害之用途，經以有效成分爲物質a1（a1爲A之下位概念），使用方法及範圍爲適用於殺滅蘋果（作物名稱）果蠅類（病蟲名稱）之農藥許可證申請延長專利權期間，若經核准，其延長期間之專利權範圍爲何？

原公告之申請專利範圍爲一種以物質A防治雙子葉植物蟲害之用途，經以有效成分爲物質a1（a1爲A之下位概念），使用方法及範圍爲適用於殺滅蘋果（作物名稱）果蠅類（病蟲名稱）之農藥許可證申請延長專利權期間，若經核准，其延長期間之專利權範圍將僅限於物質a1於殺滅蘋果果蠅之用途。

第57條（延長專利之舉發）

任何人對於經核准延長發明專利權期間，認有下列情事之一，得附具證據，向專利專責機關舉發之：

一、發明專利之實施無取得許可證之必要者。

二、專利權人或被授權人並未取得許可證。

三、核准延長之期間超過無法實施之期間。

四、延長專利權期間之申請人並非專利權人。
五、申請延長之許可證非屬第一次許可證或該許可證曾辦理延長者。
六、核准延長專利權之醫藥品為動物用藥品。
專利權延長經舉發成立確定者，原核准延長之期間，視為自始不存在。但因違反前項第三款規定，經舉發成立確定者，就其超過之期間，視為未延長。

解說

專利權存續期間，專利權人取得市場上一定之優勢獨占地位，專利權期滿後，該專利技術已成公共技術，正常情況下任何人均可實施應用。因此延長專利權期間之核准處分，事實上對不特定第三人的權利構成剝奪。爲了要達到專利權人與不特定第三人權利之間的平衡，延長專利權期間之核准處分，也如同一般專利案件的權利狀態，亦應受公眾審查。因此本法對核准專利權延長的處分，明定任何人基於一定之事由，認爲此一延長處分違反不當時，得向主管機關提起對該延長處分的舉發。

第1項規定得提起舉發之事由。申請延長之專利權本身是否符合專利之要件，應依第71條專利權之舉發程序審查。就延長申請案核准延長之期間是否適當，依本項規定審查。其可能構成舉發成立之理由如下：

一、發明專利之實施無取得許可證之必要者

專利權延長之目的是爲彌補專利權人爲申請許可所延誤實施專利權之損失，如該專利權之實施並無取得許可證之必要，即不生彌補專利權期限利益之問題。專利權之實施並無取得許可證之必要，例如：核准延長之發明專利案如非屬醫藥品、農藥品或其製法者，其發明專利權之實施並無取得許可證之必要，任何人得以違反本款事由提起舉發。

二、專利權人或被授權人並未取得許可證

由於申請延長專利權期間必須取得藥品許可證或農藥許可證，因此，專利權人或被授權人未以藥品許可證或農藥許可證取得延長者，可依本款提起舉發。

三、核准延長之期間超過無法實施之期間

專利權延長之目的是爲彌補專利權人爲申請許可所延誤實施專利權之損失，故核准延長之期間當然不得超過無法實施之期間，否則專利權人將得到額外之利益。惟應注意者，依本款舉發如成立者，其效果爲撤銷超過之期間，未超過之部分仍然有效，並非全部延長之期間均予撤銷，以免違反延長制度之本旨。

四、延長專利權期間之申請人並非專利權人

專利權期間延長之申請人，限於專利權人。發明專利權人專屬授權他人實施時，除經登記之專屬被授權人外，仍須由專利權人申請始爲適格。惟所稱專利權人並不限於原始取得專利權之人，因受讓或繼承而取得專利權者亦包括在內。

五、申請延長之許可證非屬第一次許可證或該許可證曾辦理延長者

申請延長專利權期間必須以第一次許可證爲之，且第一次許可證上所記載之有效成分及其用途須與申請延長專利之申請專利範圍相對應，如有無法對應之情形，即無法認爲該許可證爲據以申請延長之發明專利之第一次許可證。專利權人以第一次許可證之後續許可申請取得專利權期間延長者，亦屬違反應以第一次許可證申請延長專利權期間之要件。專利權人就一件許可證僅得申請延長專利權期間一次，若許可證曾經辦理延長專利權期間，自

不得再次以同一許可申請延長同一案或其他案之專利權期間，倘有違反者，得檢附證據舉發之。

醫藥品、農藥品或其製造方法申請延長專利權期間，依第53條第2項規定，為「向中央目的事業主管機關取得許可證而無法實施發明之期間」，而原審查專利權期間延長案件，依專利權期間延長核定辦法第4條第1項第1款、第6條第1項第1款規定，係以中央目的事業主管機關核發藥品許可證、農藥許可證所採認之期間為準，無涉該發明是否曾在外國申請延長專利權，故無需審究該發明在外國專利主管機關認許專利權延長之期間，原本項第6款恐生誤解，又任何人如對核准延長所依據之外國試驗期間，認有錯誤採計而不當延長專利權期間者，可依第3款「核准延長之期間超過無法實施之期間」提起舉發，故刪除原第6款並不影響第三者之權益，108年修正時予以刪除，並將原本項第7款款次遞移為第6款。

六、核准延長專利權之醫藥品為動物用藥品者

可申請延長之醫藥品，限於人類用醫藥品，不包括動物用藥，如有誤准者，自得對之提起舉發。

特別是這些相關新的藥學資訊，相關審查人員未必都十分嫻熟，闕漏之處在所難免。此時必須仰仗公眾審查，以求其萬全。

第2項規定延長專利權期間經舉發成立之效果。由於舉發審查之標的為核准延長之期間是否妥適，而非專利權本身是否合法之問題。經舉發成立者，僅發生延長之期間視為自始不存在，而不影響原專利權之效力。至於第3、6款所爭執者，為所核定延長期限是否適法之問題，因此依本條舉發成立之效果，為超過之延長期限視為自始未延長，而非專利權不存在。

第58條（專利權之效力）

發明專利權人，除本法另有規定外，專有排除他人未經其同意而實施該發明之權。

物之發明之實施，指製造、為販賣之要約、販賣、使用或為上述目的而進口該物之行為。

方法發明之實施，指下列各款行為：

一、使用該方法。

二、使用、為販賣之要約、販賣或為上述目的而進口該方法直接製成之物。

發明專利權範圍，以申請專利範圍為準，於解釋申請專利範圍時，並得審酌說明書及圖式。

摘要不得用於解釋申請專利範圍。

解說

專利申請案經過專利專責機關之審查，符合可專利性之要件，由國家授予有一定期限之排他權利，即所謂「排他權」，其意涵在於專利申請人取得專利權後，專有排除他人實施其專利之權，因專利權屬於無形存在之權利，非一般有體財產，故稱爲無體財產權。專利權具有經濟上、商業上之利益與價值，得爲讓與、繼承或設定質權之標的。爲鼓勵創作，促進產業利用發展，必須賦予專利權人在一定期間內對其發明創作享有競爭上之優勢，任何人未經專利權人同意，不得實施其發明，這就是專利權。

有關專利權效力之規定，在83年修正前原規定：「專利權爲專利權人專有製造、販賣或使用其發明之權。」83年修正時參照TRIPS第28條規定，專利權人所取得之權利是一種排除他人未經其同意而製造、販賣或使用或爲此目的進口專利物品之權，亦即專利權人所取得的是排他權，而非專有權，大多數國家也都是以排他權的形式規定專利權之效力。因此，乃將排他之概念引進本條予以規定。

92年修正再參照TRIPS第28條第1項第(a)款規定：「物品專利權人得禁止第三人未經其同意而製造、使用、爲販賣之要約（offering for sale）、販賣或爲上述目的而進口其專利物品。」將「爲販賣之要約」列爲專利權之效力範圍。

發明專利權可分爲物之專利權與方法專利權，本條第1項規定專利權人的實施權，又針對物之發明之實施與方法發明之實施具體內涵分別規定於第2、3項。由於物之發明或方法發明所保護的，是其揭露之技術，這些技術固然要透過實際的物或方法的形態表現出來，但專利權保護的標的仍然是技術而不是物的本身。因此，要界定專利權所保護的技術範圍在那裡，必須有明確之規定，所以第4項規定明定發明專利權範圍應遵循之原則；第5項則規定摘要僅作爲揭露資訊之用，不得用於解釋申請專利範圍。

本條各項規定說明如下：

一、第1項規定專利權人專有排除他人「實施」該發明（或專有「實施」專利發明）之權利

按國際上對於專利權效力之立法體例有二種：其一爲規定專利權人專有排除他人「實施」專利發明（或專有「實施」專利發明）之權利，再就「物之發明之實施」及「方法發明之實施」分別定義；其二爲逐一列舉專利權人專有排除他人爲何種行爲之權利，或何種行爲構成專利侵權行爲，但未將該等行爲以「實施」一詞簡稱。本法係採前者立法例，於第1項規定發明專利權人，

除本法另有規定外，專有排除他人未經其同意而實施該發明之權。

所謂實施該發明之權，廣義可能有三種模式，第一種專利權人自行實施，也就是專利權人自行使用自己的設備及技術製造專利物，或將其方法專利自己在製造中應用；第二種授權他人實施，即自己不實施，利用授權契約，授權他人實施；第三種將專利權讓與他人實施。授權他人實施，專利權主體並未異動，讓與則為專利權主體發生變動。

二、第2項規定物之發明之實施概念

所謂「物之發明」，包括物品發明與物質發明，與新型及設計之標的限於「物品」有所區隔。至於實施該發明的具體行為態樣共有五種：即製造、為販賣之要約、販賣、使用及進口。行為人只有從事這五種行為中至少一種，才有侵權的行為，五種行為以外的行為，都不會構成直接侵權，至於是否構成民法所謂共同侵權，則應在法院依實際狀況判斷。

(一) 製造：所謂製造，就發明專利及新型專利而言，係指作出具有請求項所載的全部技術特徵之物；就設計專利而言，係指作出具有設計專利的圖式所表徵之物品。

(二) 為販賣之要約：所謂「為販賣之要約」參照TRIPS第28條第1項規定，為專利權之效力範圍，除為販賣要約行為外，亦包括意圖銷售專利產品之行為，即包含要約及要約之引誘，例如於物品上標示售價並陳列、於網路、報章雜誌或其他傳播媒體為廣告等；另為販賣而為價目表之寄送、廣告、陳列、展示，亦屬之。至於是否為公開之販賣要約、是以口頭或書面為之、是否已經有專利物品製造完成、專利物品是否為販賣要約之人或第三人所製造，均非所問。

而其目的在擴大對權利人之保護，使專利權人能及早對欲從事侵權之行爲人採取行動，在其準備與他人訂立契約階段，即可防止其干擾專利排他權之行使，故採廣義或擴張之解釋。準此目的解釋，專利法關於「販賣之要約」之解釋，應著重於能否擴大及完善發明之保護，民法區別「要約」或「要約之引誘」之立法考量並非重點，解釋上自不宜逕採民法之判斷標準（智財法院101民專訴41號判決、司法院102年度「智慧財產法律座談會」、「民事訴訟類相關議題」提案第1號參照）。

(三) 販賣：指有償讓與專利物品之行爲，包括買賣、互易等行爲。

(四) 使用：指實現專利的技術效果之行爲，包括對物品之單獨使用或作爲其他物品之部分品使用。

(五) 進口：

1. 爲製造而進口：指爲了在國內製造之目的，從國外進口專利物品而言。
2. 爲販賣而進口：指爲了在國內販賣之目的，從國外進口專利物品而言。
3. 爲使用而進口：指爲了在國內使用之目的，從國外進口專利物品而言。

三、第3項規定方法發明之實施概念

方法專利權人專有排除他人未經其同意而使用該方法及使用、爲販賣之要約、販賣或爲上述目的而進口該方法直接製成物品之權。簡言之，方法專利權人享有排他的「使用專利方法之權」、「使用依專利方法所製成之物品之權」、「爲販賣之要約依專利方法所製成之物品之權」、「販賣依專利方法所製成之物

品之權」、「進口依專利方法所製成之物品之權」：

(一) 使用專利方法：指將申請專利範圍所揭露之技術特徵所在之方法加以使用而言。

(二) 使用、爲販賣之要約、販賣或進口依專利方法所製成之物品之權：對方法專利之保護如果僅限於使用專利方法之行爲，則其保護將遠不如物品專利。一般而言，要證明某種物品是否使用專利方法遠比證明使用、製造、銷售或進口某專利產品更爲困難，因爲要取得專利方法比取得專利產品困難許多。TRIPS第28條乃規定方法專利權之效力及於依該方法直接製成之物品。因此，大多數國家都規定方法專利權及於依該方法所製成之物品。

四、第4項規定解讀發明專利權之範圍，以申請專利範圍爲準，於解釋申請專利範圍時，並得審酌說明書及圖式

專利權爲無體財產權，其保護客體不若有形財產具體可見，因此必須以法律對其範圍進行界定，如果專利權保護範圍不夠明確，任由權利人自行主張，有糾紛時再到法院去解決，將使公眾無法預知從事何種生產、銷售才是合法的行爲，以致影響交易秩序。

按申請專利範圍是以簡潔之文字來定義受專利保護的技術特徵（§26Ⅱ），爲確定專利權之直接依據。申請專利範圍之界定涉及有無侵權之判斷，在專利法上是一項重要的課題。

申請專利範圍之解釋涉及權利範圍之認定，各國專利法規皆對其記載方式加以明確規範，92年修正前對於解讀專利權範圍原規定「發明專利權範圍，以說明書所載之申請專利範圍爲準。必要時，得審酌說明書及圖式。」本項規定「必要時」，主要是爲強調專利權範圍以申請專利範圍所記載者爲直接依據，應非對

解讀申請專利範圍所加之限制，因爲在解釋申請專利範圍時，發明說明及圖式係屬於從屬地位，未曾記載於申請專利範圍之事項，固不在保護範圍之內，惟說明書所載之申請專利範圍僅就請求保護範圍之必要敘述，既不應侷限於申請專利範圍之字面意義，也不應僅被作爲指南參考而已，實應參考其說明書及圖式，以瞭解其目的、作用及效果，爲避免造成何謂「於必要時」誤解，故於92年參考EPC第69條規定之意旨修正爲「於解釋申請專利範圍時，並得審酌發明說明及圖式」。

佩宇申請並取得製作環保袋所需的材料A之專利。其特殊之處在於，利用A材料所製之環保袋可承重逾百公斤，明顯高於目前市售之環保袋，由於攜帶方便又耐用，已經造成市場上搶購風潮。某日，佩宇於逛街時發現老王所刊登之各種環保袋銷售廣告，廣告中明顯出現「使用特殊專利材料A，爲目前市場最耐重、可承受逾百公斤」、「創下我國彈力係數最高」……等語。經查發現，老王廣告中所稱之專利材料A是由丙所提供且未經佩宇之同意或授權。惟老王表示，其目前僅在廣告階段，尚未開始使用材料A來生產製作環保袋。但是在老王刊登銷售廣告後，已有多人下單表示願意購買。試問老王之行爲有無侵害佩宇之專利權？

專利法第58條第2項所謂「爲販賣之要約」參照TRIPS第28條第1項規定，爲專利權之效力範圍；除爲販賣要約行爲外，亦包括意圖銷售專利產品之行爲，即包含要約及要約之引誘，例如於物品上標示售價並陳列、於網路、報章雜誌或其他傳播媒體爲廣告等；另爲販賣而爲價目表之寄送、廣告、陳列、展示，亦屬之。至是否爲公開之販賣要約、是以口頭或書面爲之、是否已經

有專利物品製造完成、專利物品是否爲販賣要約之人或第三人所製造，均非所問。而其目的在擴大對權利人之保護，使專利權人能及早對欲從事侵權之行爲人採取行動，在其準備與他人訂立契約階段，即可防止其干擾專利排他權之行使，故採廣義或擴張之解釋。因此老王之行爲依專利法第58條第1、2項對佩宇之專利權構成爲販賣之要約，顯然侵害佩宇之專利權。

第59條（專利權效力所不及）

發明專利權之效力，不及於下列各款情事：

一、非出於商業目的之未公開行為。

二、以研究或實驗為目的實施發明之必要行為。

三、申請前已在國內實施，或已完成必須之準備者。但於專利申請人處得知其發明後未滿十二個月，並經專利申請人聲明保留其專利權者，不在此限。

四、僅由國境經過之交通工具或其裝置。

五、非專利申請權人所得專利權，因專利權人舉發而撤銷時，其被授權人在舉發前，以善意在國內實施或已完成必須之準備者。

六、專利權人所製造或經其同意製造之專利物販賣後，使用或再販賣該物者。上述製造、販賣，不以國內為限。

七、專利權依第七十條第一項第三款規定消滅後，至專利權人依第七十條第二項回復專利權效力並經公告前，以善意實施或已完成必須之準備者。

前項第三款、第五款及第七款之實施人，限於在其原有事業目的範圍內繼續利用。
第一項第五款之被授權人，因該專利權經舉發而撤銷之後，仍實施時，於收到專利權人書面通知之日起，應支付專利權人合理之權利金。

解說

本條規定專利權效力所不及事項。第1項明定七種專利權效力所不及之具體事由。第2項規定實施人得繼續利用之範圍。第3項規定非專利申請權人取得專利，經舉發撤銷後，被授權人如繼續實施該專利，應支付專利權人合理權利金。

專利權固然是爲保護發明人而賦予其合法排他之權利，惟立法政策上仍有必要就各種權益之平衡加以考量。本條規定之目的，就是在保護專利權人合法權益之前提下，同時維護技術使用者及社會公眾的利益，以維持正常之交易秩序及研發秩序，對此各國立法例多有類似之規定。本條各項規定說明如下：

一、第1項規定發明專利權效力所不及之事項

(一) 非出於商業目的之未公開行爲：

1. 各國立法情形：依據TRIPS第30條規定：「會員得規定專利權之例外規定，但以其於考量第三人之合法權益下，並未不合理牴觸專屬權之一般使用，並未不合理侵害專利權人之合法權益者爲限。」爲配合科技發展及時代環境變遷，平衡公益與私益，並使專利權的行使不至於太過影響非商業目的使用之行爲，各國專利法一般對於少量的非商業使用定有免責規定。但基於不同的立法政策，有許多類型：

(1) 非商業目的之未公開行爲（private acts for non-commercial

purpose）：此爲歐洲國家及南美國家所主要所採取之免責要件，必須該行爲在客觀上未公開，主觀上不具有商業目的。採用本規定之國家包括英、德、法、比、巴西、加拿大、俄羅斯等。我國100年專利法修正採此立法例。

(2) 非商業目的之行爲：不以未公開爲要件，採用本規定之國家包括捷克、丹麥、芬蘭、希臘、冰島、瑞典、以色列等。此外，日本與韓國雖未規定此種專利權效力所不及之事由，但在進行民事侵權訴訟時係以具有商業規模之侵權行爲爲要件，故依WIPO之歸類，亦屬於本類。

(3) 未規定此類免責事由：包括阿根廷、澳洲、荷蘭、紐西蘭、美國等。

(4) 其他：如挪威規定非專業性使用。

2. 我國100年修法增訂該款的考量：

(1) 符合國際主流：非商業目的之未公開行爲爲世界多數國家所採用的免責規定，在實務操作上，有較多比較法實例可供參考，爰參考德國專利法第11條第1款、英國專利法第60條第5項(a)款，增訂第1款。

(2) private use之定性：對於何種行爲可被認爲private use，依照我國法制有「私人行爲」及「未公開行爲」兩種不同選項。然基於在專利法上private use之反義「public use」，爲廣被使用及已明確定義之概念，如將private use之定性採取爲「未公開行爲」，其範圍及內容將較「私人行爲」更易於了解並爲社會接受。再者，本款規定之主要目的在避免專利權的行使太過於影響非商業目的使用之行爲，然而此種非商業使用行爲在本質上仍爲對於專利權的侵害故此類型即使免責，仍不宜公開，以免造成專利權人太大之損失。因此，參考英國專利法第60條第5項(b)款「It is done for privately and for

purpose which are not commercial」之規定，必須係主觀上非出於商業目的，且客觀上未公開之行爲，始爲本條專利權效力所不及，例如個人非公開之行爲或於家庭中自用之行爲。如係雇用第三人實施，或在團體中實施他人專利之行爲，則可能因涉及商業目的，或該行爲爲公眾所得知，而不適用本款規定。又「商業目的」之意義，並不限於「以營利爲目的」，商業之範圍比營利更爲廣泛，涉及商業目的之實施行爲，不適用本款規定。

(二) 以研究或實驗爲目的而實施發明之必要行爲：

1. 從事研究或實驗，通常要在原有技術的基礎上進行，如果都需要取得專利權人的同意才可以進行，將造成研發人員裹足不前，反而妨礙研發、不利技術之創新。因此，許多國家之專利法中均有研究實驗免責之規定或透過判例之習慣法承認其爲免責事由。規範研究實驗免責之目的，係保障以發明專利標的爲對象之研究實驗行爲，以促進發明之改良或創新，此等行爲不須受「非營利目的」之限制，爰參考前開德國專利法第11條第2項、英國專利法第60條第5項(b)款、保護植物新品種國際公約（*The International Union for the Protection of New Varieties of Plants*, UPOV）第15條第1項(ii)款，予以規定。
2. 關於「實施發明之必要行爲」涵蓋研究實驗行爲本身及直接相關之製造、爲販賣之要約、販賣、使用或進口等實施專利之行爲；而其手段與目的間必須符合比例原則，其範圍不得過於龐大，以免逸脫研究、實驗之目的，進而影響專利權人之經濟利益。100年修法前雖未有「必要」之規定，然本條之要件既以研究或實驗爲目的之行爲，則該行爲與手段間，當然必須存在有「必要」之因果關係，而非只有主觀上具有研究或實驗爲目的，則客觀上即可以免責使用任何與目的無關之專利。100年

修法，予以明文化，以避免爭議。

3. 此處所謂「研究或實驗」，不僅指學術性研究或實驗，亦包含工業上之研究或實驗。應注意者，以專利技術本身爲目的所進行的研究或實驗雖非專利權效力所及，但若將研究或實驗成果予以製造、使用、讓與或轉讓者，仍構成專利權之侵害。申言之，以專利技術本身所進行的研究實驗免責，可能情況例如進行研究實驗，以判斷申請專利範圍所保護的專利技術是否能據以實現說明書所記載之發明內容；進行研究實驗，以確定實施專利技術的最佳實施方式；進行研究實驗，以探討對專利技術如何改進。相反的，如果是利用專利技術作爲手段進行另外的研究實驗，則非屬對專利技術本身而進行的研究實驗，故不能主張免責。
4. 關於「教學」，若涉及研究實驗，應可被解釋屬於研究或實驗行爲，且現代之教學型態相當多樣化，未必均有非營利之公益性質，如僅因其具有教學目的而一概排除專利權之效力，並非公益與私益之合理平衡，因此，100年修法時刪除「教學」等字，未來如有教學免責之相關爭議時，應回歸第1、2款之一般性免責判斷。此外，於訴訟時，訴訟當事人自行製作他人專利品作爲證據，並不適用本規定。

(三) 申請前已在國內實施，或已完成必須之準備者：

1. 本款爲學說上所稱先使用權或先用權之規定，其爲專利侵權抗辯事由之一。依第31條規定，本法對於專利申請係採先申請原則，申請並取得專利權之人不一定是先發明之人，亦不一定是先實施發明之人。在專利權人提出專利申請之前，他人有可能已實施或準備實施專利權所保護之發明，於此情況下，如在授予專利權後對在先實施之人主張專利權，禁止其繼續實施該發明，顯然不公平，且造成先實施人投資浪費。因此，各國大都有先用權之規定，主張先用權者可排除專利權之效力。先用權名之爲權，其實是一種抗辯、前提條件。

2. 先用權人之技術來源有二種：其一是自己之獨立發明，其二是自他人處合法獲得。鑑於先用權制度不僅在於保護獨立發明人，也在於保護他人已投入之商業投資，避免無謂損失及浪費，況且隨著新穎性優惠期法定事由之擴大，表示公眾在申請日前合法得知發明之可能性大爲提高，於技術已公開之情形下，先用權人欲證明其技術非來自於專利權人將極爲困難，易導致先用權制度形同虛設，故本款並未限制先用權人之技術來源。

3. 另原條文將「申請前已在國內使用，或已完成必須之準備者」列爲主張先用權之要件，致產生在申請前從事「製造、爲販賣之要約、販賣、進口」等行爲之人，得否主張先用權之疑義。查日本特許法第79條、韓國專利法第103條及澳洲專利法第119條規定，均採取「實施」之用語，配合日本特許法第2條第3項、韓國專利法第2條第3項及澳洲專利法第3條附表1之規定，解釋上申請前之「製造、爲販賣之要約、販賣、使用或進口」等行爲，似均得主張先用權。英國專利法第64條及SPLT草案第9條規定，假設有專利權存在之情形下，凡會造成侵權之行爲得主張先用權，此似亦採廣義見解；大陸專利法第69條第2款規定，則限於在申請前從事製造、使用之行爲，始得主張先用權。學說上認爲「製造、爲販賣之要約、販賣、使用」之行爲均得主張先用權，但應排除進口行爲，因爲進口與先用人在申請日前實施有關技術的行爲或者爲必要之準備並無任何關聯。惟亦有認爲進口既是一種專利之實施方式，只要途徑合法也應享有先用權。100年修正將「使用」修正爲「實施」，增加主張先用權之可能範圍，惟申請日前之各種實施態

樣是否均當然可主張先用權，仍宜由法院在具體個案中，審酌賦予先用權之合理性及衡量先用人及專利權人之利益後，妥適決定。申請前是指專利法第25條所定之申請日以前，如有主張優先權者，則指優先權日以前。

4. 所謂在國內實施，係指已經在國內開始製造相同之物品或使用相同之方法，包括販賣、使用或進口相同之物品或是依據相同方法直接製成之物品，且不以自己實施爲限，委託他人實施者，亦適用本規定，例如該受委託之人之製造亦屬先使用權之範圍。
5. 所謂已完成必須之準備，是指爲了製造相同之物品或使用相同之方法，已經在國內做了必要之準備。必要之準備行爲須爲客觀上可被認定的事實，例如已經進行相當投資、已完成發明之設計圖或已經製造或購買實施發明所需的設備或模具等。若僅是主觀上有實施發明之準備，或爲購買實施所必要之機器而有向銀行借款等準備行爲，則不得謂已完成必須之準備。
6. 專利申請人之發明於申請日前雖經公開，惟如符合第22條第3項之規定，仍有十二個月之優惠期，106年修法後，爲保障專利申請人所享有優惠期之利益不受影響，本條配合修正條文第22條第3項規定，將第1項第3款但書之六個月期間修正爲十二個月。專利申請人若已聲明保留其專利權者，自應優先保障專利申請人之權益。先用權制度與優惠期之密切關係，應將優惠期之事由擴大包括發明人己意與非己意之公開行爲，同時明定第三人於申請日前，基於善意已實施或開始有效且認眞之實施準備行爲者，應享有開始或繼續實施之權利，以調合公眾和專利權人之利益。然如先用權人之範圍未設一定限制，將大幅減損專利權價値，對專利權人亦有失公平，故SPLT草案、英國、法國及韓國專利法均明定「善意」爲主張先用權之要件，德國專利法第12條則明定「於專利申請人處得知其發明後未滿六個月，並經專利申請人聲明保留其專利權者」不得主張先用權。基於德國專利法之規定較爲具體明確，故爲100年修正所採取。適用時應注意：(1)如發明人未聲明保留權利，則在申請日前得知者可立即實施該發明，並享有先用權；(2)如發明人聲明保留權利，但未在十二個月內申請專利，則得知者可實施該發明，並享有先用權。本款所稱專利申請人，包括實際申請人及其前權利人。

7. 原條文第2款適用之對象包括物之發明及方法發明，惟原條文但書「於專利申請人處得知其製造方法」之文字，易誤認爲僅適用於方法發明，因此，100年修正時，修正部分文字，以杜爭議。

8. 先使用人使用或準備行爲必須在專利申請前已經進行，而且必須持續進行到申請日。若先使用人雖曾進行使用或準備行爲，但已經停止進行，直到他人申請專利後又恢復使用或準備，除非其停止是基於不可抗力因素，否則不得主張先使用權，若於申請日前即以製造、販賣該物品爲業者，實務上認定已有連續使用之行爲。

9. 先使用人應以善意爲必要。本條第1項第3款但書規定，從專利申請人處得知其發明後未滿十二個月，並經專利申請權人聲明保留其權利者，始喪失先使用權。爲保障專利申請人所享有優惠期之利益不受影響，106年配合修正條文第22條第3項規定，將本條第1項第3款但書之六個月期間修正爲十二個月，以保持法條的一致性。在申請前十二個月內才開始實施或完成準備，須瞭解其是否爲善意之先使用人。若於專利申請人處得知其發明後未滿十二個月，且專利申請人已聲明保留其專利權，不願意被洩露或不願意放棄專利申請權者，應以專利申請人之利益為重，不適用先使用權之規定。發明人是否申請專利，原本應依其意願，但若其一直不提出申請，不僅影響他人開發、投資之意願，亦阻礙產業發展，故將期限設定為十二個月。

10. 對於先使用權之範圍，本條第2項設有限制，先使用人僅能於其原有事業目的範圍內繼續利用。所謂「事業目的範圍內」，係指為製造某發明（例如苛性鈉）而實施該發明者，在該苛性鈉製造之範圍內具有通常實施權，但若將該設備用於製鐵事業上，則無通常實施權，惟並未限制實施規模須與申請時之規模一致。德國實務亦主張先使用人不受其先前製造或銷售數額之限制，擴充企業規模仍在先使用權之範圍內，而且在申請前只為自己之實施而生產者，亦得轉由他人生產。大陸專利法則限於在原有範圍內繼續製造、使用。

11. 先使用權限於在原有事業目的範圍內繼續利用，故先使用權不得單獨讓與。德國專利法第12條第1項、日本特許法第94條第1項規定，先使用權僅能隨製造相同物品及使用相同方法之事業一併移轉或繼承。我國於解釋上若先使用權與事業一併移轉或概括繼受，應無不可。

(四) 僅由國境經過之交通工具或其裝置：

外國交通工具過境之規定，係對應於巴黎公約第5條之3之規定。為維持國際交通運行順暢，對於進入我國境內進行運輸任務的交通工具，包括船舶、航空器、陸地運輸等，以及其上為維持運作所需之裝置，應有限制專利權的必要。「僅由國境經過」包括臨時入境、定期入境及偶然入境。本規定之適用，僅限於專利技術之使用，不包括製造、為販賣之要約、販賣、進口之行為。

(五) 非專利申請權人所得專利權，因專利權人舉發而撤銷時：

其被授權人在舉發前以善意在國內實施或已完成必須之準備

者，也不得對被授權人主張專利權。

本規定係保護善意被授權人之規定，主要是源於民法上善意第三人應予保護之基本原則。依本法第5條規定，專利申請權，指得依本法申請專利之權利。專利申請權人，除本法另有規定或契約另有約定外，指發明人、新型創作人、設計人或其受讓人或繼承人。若專利申請人不具備申請權，即使獲准專利，得依專利法提起舉發。經舉發成立，撤銷專利權確定後，其權利視爲自始不存在，亦即該非專利申請權人自始至終都未取得專利權。

專利權經撤銷後，眞正專利申請權人得依本法第35條第1項之規定提出申請取得專利權。由於非專利申請權人取得專利權至被撤銷前，專利證書及專利權簿上所載之專利權人均爲該非專利申請權人，若他人基於公示資料之信賴，而與非專利申請權人訂定授權契約者，應保護其善意之信賴，爰將依該授權契約實施之行爲列爲專利權效力不及之情事。惟若被授權人明知與其訂定授權實施契約之專利權人並非眞正專利申請權人，則不適用本規定。

所謂舉發前，是指向專利專責機關申請舉發之日以前。而對於善意被授權人得實施之範圍，本條第2項設有限制，善意被授權人僅能於其原有事業目的範圍內繼續利用，故不得與事業分離單獨讓與。

(六) 專利權人所製造或經其同意製造之專利物品販賣後，使用或再販賣該物品者。上述製造、販賣，不以國內爲限：

本法第58條賦予專利權人專有排除他人未經其同意而實施專利物品之權。專利權人依專利法所賦予之權利，自己製造、販賣或同意他人製造、販賣其專利物品（眞品）後，針對該眞品已從中獲取利益，若對眞品再主張專利權，將影響該專利物品之流通與利用。爲解決此種私權與公益平衡之問題，乃發展出「權利耗盡原則」（principle of exhaustion）。依據此理論，眞品第一次流入市場後，專利權人已經行使其專利權，就該眞品之權利已經耗盡，不得再享有其他權能。

權利耗盡是針對每一件眞品而言，侵權品不生耗盡的問題，意指每一件已流通出去的眞品，專利權人不再有權利，無論繼受者隨後以何種方式實施該眞品，專利權人都無權干預，而非指該專利所屬之權利從此被用盡，權利耗盡原則分爲國內耗盡原則及國際耗盡原則。採國內耗盡原則者，側重專利權人之保護，專利權只會因將專利物品投入國內市場而權利耗盡，不因在國外實施而耗盡，專利權人仍享有進口權，故他人未經專利權人同意而進口專利物品於國內，仍構成侵權；採國際耗盡原則者，側重公共利益之保護，即使專利權人將專利物品投入國外市場，亦造成包括進口權之權利耗盡，無法禁止他人進口該物品。

眞品平行輸入（genuine goods parallel importation）是否侵害專利權，須視採國內耗盡原則或國際耗盡原則而定。採國內耗盡原則者，專利權人仍然享有進口權，不允許眞品（專利權人自己製造、販賣或同意他人製造、販賣之專利物品）自國外平行輸入。採國際耗盡原則者，專利權人對於眞品之進口行爲，不得主張權利，但若我國境內之專利權人與外國專利權人非同一人者，即使他人在外國合法取得專利物品，仍不得進口至我國境內銷售，否則將構成侵權。原條文第1項第6款規定之權利耗盡原則，其中後段之「製造、販賣不以國內爲限」，即以國際耗盡爲原則，惟第2項後段復規定：「第六款得爲販賣之區域，由法院依事實認定之。」故當事人得以契約限制販賣地區，若當事人未約定或約定不明時，法院應探求當事人之眞意、交易習慣或其他客觀事實以判斷是否限制販賣區域。基於權利耗盡原則究採國際耗盡或國內耗盡原則，本屬立法政策，無從由法院依事實認定，

100年修正明確採國際耗盡原則，爰將原條文第2項後段刪除，以杜爭議。

我國採國際耗盡原則，認定眞品平行進口不侵權的前提條件僅僅是專利權人或其被授權人在我國境外售出其專利物，與該專利權人在銷售地所在的國家或地區是否就該產品獲得專利以及獲得何種專利類型無關，也與專利權人或被授權人在售出其專利產品時是否有附具限制性條件無關。

權利耗盡原則與智慧財產權之主要立法原則——屬地主義之間的調和，涉及到商品之自由流通及專利權人權益之平衡，世界各國智慧財產權之規定各有不同，應以訂定國際條約之方式避免貿易障礙，惟目前僅有TRIPS第6條規定：「就本協定之爭端解決之目的而言……本協定不得被用以處理智慧財產權權利耗盡問題……」並不強制規定會員要有一致之處理，對於是否權利耗盡之爭議問題，其他會員不得依照TRIPS之爭端解決機制提起申訴。

(七) 復權公告前善意實施或已完成必須之準備者：

專利權因專利權人依第70條第1項第3款規定逾補繳專利年費期限而消滅，第三人本於善意，信賴該專利權已消滅而實施該專利權或已完成必須之準備者，雖該專利權嗣後因專利權人申請回復專利權，依信賴保護原則，該善意第三人，仍應予以保護。因此，參考EPC第122條第5項，於100年修正時增訂第7款，明定回復專利權效力在公告以前，善意實施或已完成必須之準備者，爲專利權效力所不及。

二、第2項規定第1項第3、5及7款之實施人，限於在其原有事業目的範圍內繼續利用

先用權制度是對在先權利之尊重，只要在原來的生產經營範

圍內，先用權人有權合理擴大實施規模。但是可以擴大到何種規模，其中「事業目的範圍」，學說及實務上均認為應以事業章程規定目的或客戶是否相同來認定，只要事業目的相同，先用人可以任意擴大規模，例如燒鹼製造事業的先用權不能及於煉鐵事業，但於燒鹼製造事業之使用範圍內，可以擴大製造規模。德國專利法對先用權之行使亦無量之限制，允許先用人為滿足其事業之需要，得在本企業或其他企業實施該發明。若限制先用權人只能維持既有之生產規模，將使先用權人無法與專利權人公平競爭，而被市場淘汰，致違背保護商業投資之立法本意，為合理保障先用權人之權益，100年修正將「原有事業」修正為「原有事業目的範圍」，明示先用人在原有事業目的範圍內擴大生產規模者，仍得主張先用權。至於第5、7款之善意實施人所得實施之範圍，也同此規定。

三、第3項規定非專利申請權人取得專利

經舉發撤銷後，被授權人如繼續實施該專利，應支付專利權人合理權利金。專利經舉發撤銷後，真正專利權人依專利法第35條規定取得該專利，被授權人如仍欲繼續實施該專利，依本條第3項規定，被授權人於收到專利權人書面通知之日起，應支付專利權人合理權利金。

張三研發完成「皮箱角輪」，置於桌上，某日友人李四來訪，見到該發明覺得不錯，乃竊取之，並搶先向經濟部智慧財產局申請發明專利，並於2012年2月間取得專利。李四取得專利後旋即於同年3月1日將其專利權專屬授權予王五製造、銷售，運用於王五所製造之旅行箱產品，約定授權期間五年，惟未向專利

專責機關辦理授權登記。張三於2012年4月間於市面上看見王五所產銷之產品，經查始知李四早已取得「皮箱角輪」之專利，甚爲生氣，乃對李四提起舉發，撤銷李四之專利，並重新以自己名義提出申請，終於在2014年1月間取得專利權，請問張三在取得專利權後，可否主張李四與王五間之授權契約無效，而要求王五不得繼續實施該專利？

依本條第3項規定非專利申請權人取得專利，經舉發撤銷後，被授權人如繼續實施該專利，應支付專利權人合理權利金。專利經舉發撤銷後，眞正專利權人張三依專利法第35條規定取得該專利，被授權人王五如仍欲繼續實施該專利，依本條第3項規定，王五於收到張三書面通知之日起，應支付張三合理權利金。但基於信賴保護原則，張三不得阻止王五在原事業範圍內繼續實施其專利。

第60條（醫藥品研究試驗免責）

發明專利權之效力，不及於以取得藥事法所定藥物查驗登記許可或國外藥物上市許可為目的，而從事之研究、試驗及其必要行為。

解說

原則上只要藥事法第4條規定之藥物，包括藥品及醫療器材，其具體之範圍，由藥事法主管機關決定之。凡以取得藥事法所定藥物之查驗登記許可，不論係新藥或學名藥，所從事之研究、試驗及相關必要行爲，均有本條之適用。其行爲種類包括爲申請查驗登記許可所作之臨床前實驗（pre-clinical trial）及臨床

實驗（clinical trial），涵蓋試驗行為本身及直接相關之製造、為販賣之要約、販賣、使用或進口等實施專利之行為；而其手段與目的間必須符合比例原則，其範圍不得過於龐大，以免逸脫研究、試驗之目的，進而影響專利權人經濟利益。只要是以申請查驗登記許可為目的，其申請之前後所為之試驗及直接相關之實施專利之行為，均為專利權效力所不及。因此藥物上市許可，而從事之研究、試驗及其他實施發明之必要行為，亦有予以保護之必要，故特別規定優先適用藥事行為。

案例

張三擁有A醫藥品專利，專利權將至民國99年1月10日屆滿。林一擬於A醫藥品專利權消滅後製造其學名藥；為如期獲准上市，遂於98年6月著手該藥品之製造暨試驗，俾取得申請上市許可證所需之相關數據。試問林一之行為有無侵害張三之專利權？

林一雖然未經張三許可實施張三擁有A醫藥品專利，但是為了A醫藥品專利權消滅後製造其學名藥；為如期獲准上市，遂於98年6月著手該藥品之製造暨試驗，俾取得申請上市許可證所需之相關數據。依專利法第60條可以主張免責。

第60條之一（不侵權確認之訴）

藥品許可證申請人就新藥藥品許可證所有人已核准新藥所登載之專利權，依藥事法第四十八條之九第四款規定為聲明者，專利權人於接獲通知後，得依第九十六條第一項規定，請求除去或防止侵害。

專利權人未於藥事法第四十八條之十三第一項所定期間內對前項申請人提起訴訟者，該申請人得就其申請藥品許可證之藥品是否侵害該專利權，提起確認之訴。

解說

本條爲配合我國推動加入跨太平洋夥伴全面進步協定（CPTPP），111年所修法採取專利連結制度之配套方案，以利新藥品專利狀態早日確定。

專利連結制度是CPTPP規定，在學名藥申請藥品上市許可前，就學名藥與新藥專利權有無侵權爭議，建立解決爭議之機制。

藥品專利權採發明專利，最多也只有二十年的保護期，但是特定藥品如果對人體或動物疾病治療有效，原本在二十年的專利保護期過後，此藥品之配方製程並不會老舊落伍。因此就由原本並無這項專利之藥廠仿製之，稱爲學名藥。

由於藥事法已施行「專利連結」制度，所謂專利連結制度，係指新藥上市與專利資訊揭露之連結、學名藥上市審查程序與其是否侵害新藥專利狀態之連結，並賦予藥商一定期間釐清專利爭議，中央衛生主管機關以此作爲准駁學名藥上市之依據，期能於學名藥上市之前，先行解決專利侵權爭議，而不致影響藥物使用及公共衛生。因此爲兼顧學名藥廠之權益，基於武器平等原則，須於專利法配套明確規定新藥專利權人可起訴學名藥廠之依據。

如果新藥專利權人未於規定期限內提起侵權訴訟，亦應使學名藥藥廠得就是否構成專利侵權提起確認訴訟，以免除學名藥上市後，可能被控侵權之風險。

本案與第53條以下專利權延長的情況類似，都是專利與藥政

法制的交錯。由於藥事法已於107年1月31日修正公布，導入專利連結制度，並於108年8月20日施行，由新藥專利權人揭露其專利相關資訊，當有學名藥藥品許可證申請案時，將學名藥能否取得藥品許可證與有無侵害新藥專利權加以連結，以在學名藥之藥品許可證審查程序中，先釐清潛在侵權爭議。

按學名藥廠爲申請藥品許可證所進行相關之研究、試驗及其必要行爲，應在第60條專利權效力不及之範圍內；於嗣後進一步提出藥品許可證申請時，爲釐清未來學名藥取得藥品許可證後，所上市之藥品有無侵害所對應新藥之專利權，乃容許新藥專利權人於此階段提起訴訟。又考量此時新藥專利權人提起訴訟之目的，僅在於潛在侵權爭議預爲釐清，參考美國專利法第271條第(e)項第2款及韓國藥事法第50條之5第2項之規定，於第1項明定新藥之專利權人，於接獲學名藥廠通知，其聲明該新藥對應之專利權應撤銷或未侵害該新藥對應之專利權者，得依第96條第1項救濟之。

依據專利連結制度，新藥專利權人獲知有學名藥藥品許可證之申請，申請人並主張新藥專利權應撤銷或其學名藥不侵害新藥之專利權者，新藥專利權人得於藥事法第48條之13第1項所定期間提起訴訟，中央衛生主管機關應暫停核發學名藥之藥品許可證，以利先行釐清專利爭議。惟如新藥專利權人未於前述期間內提起訴訟，雖學名藥之藥品許可證核發程序不暫停，但嗣後學名藥廠有爲販賣或爲販賣之要約等行爲時，新藥專利權人仍得以此實施專利權之行爲，依專利法第96條第1、2項爲請求。在此種狀況，如學名藥遭認定侵權而不得爲製造、販賣等行爲並須負擔損害賠償責任，則除造成其投資之浪費外，亦影響大眾之用藥權益。因此爲落實專利連結制度儘早釐清專利潛在爭議之目的，參酌美國專利法第271條第(e)項第5款規定，於第2項明定新藥專利權人未於藥事法第48條之13第1項所定自接獲通知之次日起四十五日期間提起訴訟者，學名藥藥品許可證申請人得就其申請學名藥藥品許可證之藥品是否會構成對該專利權之侵害，提起確認之訴。另前述藥事法第48條之13第1項所定期間，在有複數通知時，其計算應依同條第3項規定爲之。

本條第1項規定之目的，係予以明文化新藥專利權人之提起確認之訴之法規依據，以作爲專利連結制度之配套體系架構。

由於目前按照我國藥事法相關規定，新藥專利權人可登載以聲明確立權利之範圍，僅藥品之物質、組合物、配方或醫藥用途之發明專利權，尙不及該藥品之「製造方法」，考量藥品之製造方法亦可能有專利權保護，故實際上學名藥可能涉及之專利侵權爭議，除已登載專利外，亦可能涉及未登載之專利，產生權利保護之漏洞。

因此爲使學名藥於上市前可將其侵權與否紛爭一次解決，新藥專利權人如據以起訴之專利權，同時包括有依藥事法登載之專利權及未依藥事法登載之專利權，應屬允當。俾使新藥與學名藥間之潛在侵權爭議，能於同一訴訟程序中解決，節約當事人成本及司法資源。

在一新藥藥品許可證下登載有複數專利之情形，應屬常見。本條第2項規定，除在新藥專利權人並未提起侵權訴訟時有適用外，如新藥專利權人僅對該藥品許可證所登載專利中之部分專利權提起侵權訴訟時，學名藥藥品許可證申請人就已登載而未起訴及未登載之其他專利權，亦得同時提起確認之訴，以確認是否不侵權。俾使雙方權利義務關係能早日確定，保障交易安全與第三人合理之信賴。

德商千里馬公司所有的治療新冠肺炎特效藥雷德東偉之我國專利即將過期，想開始準備進行三階段人體與生物實驗的的學名藥藥品許可證申請人老王，打算從事該藥品迴避設計研發，在上市前釐清相關侵權疑慮想就藥品專利權專利資訊系統中已登載而未起訴及未登載之其他專利權，進行相關生物與藥理實驗。爲迴避相關法律風險，早日取得自己的學名藥藥品許可證，老王現在可以怎麼做？

老王得就其申請藥品許可證之藥品是否侵害該專利權，提起確認之訴。若十二個月內訴訟未有判決結果或學名藥藥品許可證申請人老王取得未侵權之判決，衛福部食藥署便會核發學名藥藥品許可證，首家學名藥可獲得十二個月銷售專屬期，銷售專屬期過後才會核發其他學名藥藥品許可證。

第61條（混合醫藥品專利權效力之限制）

混合二種以上醫藥品而製造之醫藥品或方法，其發明專利權效力不及於依醫師處方箋調劑之行為及所調劑之醫藥品。

解說

混合兩種以上人類使用醫藥品而製造之醫藥品專利，或混合兩種以上醫藥品而製造醫藥品之方法專利，其專利權效力不及於依醫師處方箋調劑之行爲，亦不及於依醫師之處方箋調劑而得之醫藥品，但是不包含動物用醫藥品。

調劑行爲乃特定人（大多爲藥劑師）依醫師交付之處方箋而進行調劑之動作，而該處方箋係依患者病情而選擇預期最適切藥效之多種醫藥之調劑指示。

本條規定之意旨，係考量醫師每次開立處方箋所指示之混合方法，其是否與專利權牴觸，有判斷上之困難，且該調劑行爲乃攸關病患回復健康之特殊社會任務，若調劑行爲爲專利權效力所及，並非適當。

本條所指製造之醫藥品係指供人類之診斷、治療或外科手術所使用者，其製造方法必須爲二種以上之醫藥品經物理性混合而調製完成者，因此，若是二種以上之醫藥品經由化學反應而製得之醫藥品、經由萃取或炮製等方式而製得之醫藥品，或由單一化學物質構成之醫藥品，均非本條所指混合二種上醫藥品而製造之醫藥品。

混合二種以上醫藥品而製造之醫藥品或其混合方法有專利權時，除了依醫師之處方箋調劑的情形外，均爲該專利權之效力所及，例如，非依醫師之處方箋而自行混合二種以上化學物質或醫藥品而得之醫藥品或方法，或依醫師之處方箋而調劑單一化學物質構成之醫藥品或方法等。本條之由設，是智慧財產權和人格權之間的一種特殊平衡關係，原則上患者的身體權和人格權高於專制的財產權，故後者必須退讓。因此必須在醫事人員處方箋調劑而得之醫藥品，給予最大的自由與便利，固定爲相關藥劑專利權不及事項。

第62條（專利權異動對抗效力）

發明專利權人以其發明專利權讓與、信託、授權他人實施或設定質權，非經向專利專責機關登記，不得對抗第三人。

前項授權，得為專屬授權或非專屬授權。

專屬被授權人在被授權範圍內，排除發明專利權人及第三人實施該發明。

發明專利權人為擔保數債權，就同一專利權設定數質權者，其次序依登記之先後定之。

解說

所謂專利權讓與，指不變更專利權之同一性，由專利權人將其專利權移轉與受讓人之準物權契約。所謂信託，指委託人將財產權移轉或爲其他處分，使受託人依信託本旨，爲受益人之利益或爲特定之目的，管理或處分信託財產之關係。所謂授權他人實施，指將專利之實施權即製造、爲販賣之要約、販賣、使用或爲上述目的而進口等權限授予他人實施。所謂質權，指債權人對於債務人或第三人供其債權擔保之專利權，得就該專利權賣得價金優先受償之權。

本條所稱之非經登記不得對抗第三人，係當事人間就有關專利權之讓與、信託、授權或設定質權事項之法律關係有所爭執時適用之。蓋專利權爲無體財產權，具有準物權性，無法依動產物權交付，乃依不動產物權採登記之公示方法，並採登記對抗主義，而所謂對抗，係指各種不同權利間，因權利具體行使時發生衝突、矛盾或相互抗衡之現象，以「登記」爲判斷權利歸屬之標準。故本條規定旨在保護交易行爲之第三人，而非侵權行爲人。

專利授權的定義，包含以下三種：

一、專屬授權（exclusive license）：指只對一人所爲之授權，並排除專利權人自己使用該專利及向第三人授權。

二、獨家授權（sole license）：指只對一人所爲之授權，並排除專利權人向第三人授權，但不排除專利權人自己使用該專利。

三、非專屬授權（non-exclusive license）：指該授權不排除專利權人自己使用該商標及向第三人授權。

「專屬授權」者，指專利權人於爲專屬授權後，排除專利權人自己實施該專利發明及向第三人授權。「非專屬授權」者，指專利權人爲授權後，不排除專利權人自己實施專利發明及向第三人授權。至於實務上常見的「獨家授權」，指只對一人所爲之授權，專利權人不得授權第三人實施，但不排除專利權人自己實施。

就專利權人而言，其可以透過授權擴大其所有之專利權在商品或技術市場之競爭力，甚而有時透過相互授權取得其所衍生之利益。就被授權人而言，其取得專利權人之授權，可節省龐大研發費用，而著重於其專長部分，如生產效能、行銷等，以獲取最大之經濟利益。不過專利法只賦予專利權人就其發明專有排除他人未經其同意而製造、爲販賣之要約、販賣、使用或爲上述目的而進口之權，本質上是一種排他權。被授權人雖然已經取得專利權人的授權，但在實施專利發明時，如依相關法令應取得上市許可或禁止爲特定行爲或無可避免會侵害到他人的專利權時，仍然應遵守相關規範或另外取得他人的授權，始能合法實施。

專屬授權登記作業程序，原則上專利專責機關會就書面契約所載是否符合本條所定專屬授權之規定進行審查，以確定其授權種類，同時從形式上審查契約書內容與申請書所載是否一致，如有不一致，主管機關將探求當事人之眞意，發函通知申請人釋明。例如授權登記申請書勾選「專屬授權」，授權契約書卻載明保留專利權人實施發明之情況，此時當事人眞意應爲獨家授權，專利專責機關將通知申請人確認是否改爲非專屬授權登記（得註記獨家授權）或修改契約規定。

申請專屬授權登記時，「授權契約書」如載明其為專屬授權，同時於契約內容中明確記載專屬被授權人同意再授權專利權人實施者，解釋上應為本人專屬授權予被授權人；專屬被授權人並同意再授權予原專利權人之意，本局將准予專屬授權登記。惟有關專屬被授權人再授權專利權人實施部分，將於核准其專屬授權登記函中告知須另案申請再授權登記，始能產生對抗第三人效力。

申請獨家授權時，依修正後專利法規定是屬於非專屬授權的一種。登記實務上原則上不提供可登記為「獨家授權」的選項，例外申請人要求時，可於勾選非專屬授權後加註「獨家授權」。

所謂「被授權範圍內」，意指專利權人不一定要將所有的權利內容一次性專屬授權給同一人，可以切割不同銷售區域、時間、產品、實施行為等不同事項分別授權給不同人。這也使得不同的被授權人得到權利，有可能會發生衝突。

專利權人在為專屬授權之前，如果在同一範圍內曾經非專屬授權給他人實施，並已登記產生對抗效力者，基於保障已登記之非專屬被授權人的權益，在後之專屬被授權人自應承受權利上既存的負擔，不得因此影響登記在先之非專屬被授權人實施的權益。

第4項規定多數質權之受償順位。我國民法設有動產質權和權利質權之規定，專利權係無體財產權，以專利權為標的設定質權，自屬權利質權。為充分發揮專利權之經濟價值，同一專利權可設定複數質權。惟同一專利權上設定多數質權時，各該質權之受償順位究應依質權成立先後或登記先後決定即成為問題，故為昭公信，以質權登記之先後決定質權之次序，明確規範同一專利權上設定複數質權之受償順序。

專利權人佩君以其專利權移轉予佩宇，如於完成讓與登記前，復以其專利權移轉予欣誼，並先完成登記，請問誰取得該項專利？若專利權人佩君以其專利權移轉予佩宇，如於完成讓與登記前，該專利被小花侵權，佩宇對小花提起侵權賠償之訴，小花得否主張專利法第62條第1項，自己是受該條保護的第三人拒絕佩宇的請求？

第一受讓人佩宇因未經登記而受有不利益，不得以其先受讓事實對抗欣誼，欣誼在後取得之專利權應具有優先效力，得對抗在先取得專利權之佩宇的權利。

本條規定旨在保護交易行爲之善意相對第三人，而非侵權行爲人。且只有自己雙手清潔者，方得請求法院保護。

因此小花作爲專利侵權人，不得主張專利法第62條第1項，以自己是受該條保護的第三人，拒絕佩宇的侵權賠償請求。

第63條（再授權）

專屬被授權人得將其被授予之權利再授權第三人實施。但契約另有約定者，從其約定。

非專屬被授權人非經發明專利權人或專屬被授權人同意，不得將其被授予之權利再授權第三人實施。

再授權，非經向專利專責機關登記，不得對抗第三人。

解說

再授權（sublicense），指原來之被授權人將其被授予之權利授權第三人實施，而自己仍保留原授權之行爲，與授權之移轉

不同。再授權只能在原來的授權範圍內為之，不能超過原授權範圍。立法選擇上是否允許再授權，涉及公共政策之判斷和授權當事人之利益。完全限制被授權人為再授權，有時可能造成發明之實施無效率的情況，而造成雙方之損失。在權利金一次性付訖之授權，如被授權人因故無法自行實施，又不能再授權他人實施，也有欠公平。被授權人能否再授權，最好當事人能自行約定，如果當事人漏未約定時，始適用法律規定填補。

本條第1項規定專屬被授權人原則上有再授權之權利。基於專屬被授權人在被授權範圍內可排除專利權人自行或授權他人實施，原則上允許其得再授權他人使用，以促進技術之擴散及利用。惟考量授權契約之訂定多係當事人在信任基礎下本於個案情況磋商訂定，如有特約限制專屬被授權人為再授權時，應優先適用特約規定。

第2項明定非專屬被授權人應經專利權人或專屬被授權人同意始能再授權。美國、日本、德國的專利法都沒有規定非專屬被授權人可否再授權，但一般認為非專屬授權只是一種允許實施專利發明之契約承諾，非專屬被授權人不具有再授權的權利。為避免權利關係過於複雜，本法參考著作權法第37條第3項規定，明定非專屬被授權人應經專利權人同意，始得再授權。又非專屬被授權人如係由專屬被授權人處取得授權者，其為再授權時，則應取得授權其實施之專屬被授權人之同意始得為之，以保障專屬被授權人之利益。

第3項明定再授權採取登記對抗主義。鑑於專利權為無體財產權，其權利之變動並無交付之外觀，將法律關係公示，可減少交易資訊蒐集成本，減少交易阻力，尤其法律關係可以對第三人發生效力時，讓第三人知悉即可避免第三人受到不測之損害，故明定再授權未向專利專責機關登記者，不得對抗第三人。

專利權人佩君以其專利權移轉予佩宇，如於完成讓與登記前，復以其專利權移轉予欣誼，並先完成登記，請問誰得享有該項專利授權？

第一受讓人佩宇因未經登記而受有不利益，不得以其先受讓事實對抗欣誼，欣誼在後取得之專利權因已登記轉移應具有優先效力，得否認在先取得專利權之的權利。

第64條（專利權共有之處分）
發明專利權為共有時，除共有人自己實施外，非經共有人全體之同意，不得讓與、信託、授權他人實施、設定質權或拋棄。

解說

專利權爲共有時，任何共有人都可自由實施專利權之全部，不需取得全體共有人的同意，且獨享自己付諸努力所實施的成果。但如果是讓與、信託、設定質權或拋棄專利權時，均涉及共有物之處分，影響到全體共有人之權益，不問屬於分別共有或公同共有，均應得全體共有人的同意。惟原條文僅規定專利權讓與，卻漏未規定信託、設定質權或拋棄之情形，100年修正時爰明定專利權之讓與、信託、設定質權或拋棄，均應得全體共有人之同意，以求明確。

共有人自己實施專利發明固然不需取得共有人全體同意，但涉及專利權之授權實施時，如係爲專屬授權，專利權之全體共有人將不得實施發明，對全體共有人顯然會有重大利害關係；如係爲非專屬授權，被授權人之人數、資力、信用及技術能力如何，對於專利權之經濟價值及各共有人自己實施專利權可得之收益也

有重大影響，故本條明定應得全體共有人同意。因本法為民法之特別法，故在此不適用民法第820條第1項：「共有物之管理，除契約另有約定外，應以共有人過半數及其應有部分合計過半數之同意行之。但其應有部分合計逾三分之二者，其人數不予計算。」之多數決規定。

又本條係參照民法第819條第2項規定訂定，該條所謂「共有人全體之同意」，並非必須由全體共有人分別為同意之明示，更不必限於一定之形式，如有明確之事實，足以證明其他共有人已經為明示或默示之同意者，亦屬之，且不限行為時為之，若於對造事前預示或事後追認者，均不能認為無效。

專利權人佩君與佩宇共有專利權，如佩宇詢問佩君意見，將其專利權授權予欣誼，並收取授權金分給佩君。佩君未表示反對，請問誰得享有該項專利授權？

佩君因佩宇詢問時未表示反對而受授權之利益，不得以其共有權利對抗欣誼，欣誼取得之專利授權應具有效力，得已經過默示同意對抗佩君嗣後任何不同意見。

第65條（專利權應有部分之處分）

發明專利權共有人非經其他共有人之同意，不得以其應有部分讓與、信託他人或設定質權。

發明專利權共有人拋棄其應有部分時，該部分歸屬其他共有人。

解說

第1項規定在於保護，處分自己應有部分之共有人以外之其他共有人的利益，故要求各共有人就其應有部分爲讓與、信託或設定質權時，應得其他共有人之同意。此係爲避免共有關係趨於複雜，防止共有人因其他共有人之處分行爲，致與新共有人意見不合，難以盡量利用其發明。再者，發明專利權之實施與有體物之使用不同，可由多數人同時利用，發明專利權之實施效果伴隨投入資本與實施技術之差異，其效果將有顯著之不同，而會影響其他共有人應有部分之經濟價值。

如果專利權之某一共有人，若故意將權利授權給一強大的廠商，將嚴重損及其他共有人的權利。因此專利權共有人間應具有一定信賴關係，各共有人不得自由處分其專利權之應有部分。

專利權共有人之應有部分，係抽象地存在於專利權全部，並無特定之應有部分，如承認共有人得將應有部分授權他人實施，其結果實與將專利權全部授權他人實施無異，故不宜承認有應有部分授權他人實施之情形存在。凡專利權共有人欲授權他人實施發明者，均應適用第64條規定，由全體共有人同意授權實施專利發明，以具體保障各共有人權利。

第2項規定在於解決專利權之部分共有人，拋棄其應有部分時，該應有部分歸屬之爭議。專利權之共有人拋棄其應有部分時，不影響其他共有人之權益，故不須得到其他共有人之同意，惟民法上對於經拋棄之應有部分是否歸於其他共有人有不同見解。肯定說認爲：該應有部分與所有權同具有物權法上彈力性，即一應有部分消滅，他應有部分所存之限制當然解除，乃隨之擴張。否定說認爲：所有權彈力性旨在說明所有權因其他負擔（用益物權或擔保物權）的消滅，因而回復原有圓滿狀態，不足作爲經拋棄之應有部分依比例歸於其他共有人的依據，他共有人只能

依先占或時效取得該應有部分。

由於專利申請案在實務上，常有申請時爲共有，嗣後拋棄其應有部分的情形，爲解決該應有部分歸屬之爭議，故現明定經拋棄之該應有部分，由其他共有人依其應有部分之比例分配之。

專利權共有人佩君與佩宇，佩君若未經佩宇同意，復以其專利權設定質權予欣誼，並前往智慧財產局登記，請問欣誼是否得享有該項專利質權？

依專利法第65條，專利各共有人就其應有部分爲讓與、信託或設定質權時，應得其他共有人之同意。因此若未補正相關證明期同意的文件，主管機關應不准予該專利質權登記。

第66條（專利權期間之延展）

發明專利權人因中華民國與外國發生戰事受損失者，得申請延展專利權五年至十年，以一次為限。但屬於交戰國人之專利權，不得申請延展。

解說

取得專利權之目的之一，即爲能實施商品化，獲取市場利潤。而專利爲屬地原則，如在本國與他國發生戰爭之情況下，該專利權在本國恐無法有效實施，亦有可能因發生戰事而受有損失（如有專利之醫藥品因戰爭需要而製造）或不能主張權利。爲能補償專利權人此一期間之損失，專利專責機關可據申請人之申請，視當時之情況核准延展其專利權五年至十年，並以一次爲限。而所謂「五年至十年」，係指「五年以上十年以下」，由專利專責機關視申請人所檢附所受損失之事實資料，而為五年以上十年以下期間延展之裁量。至於但書規定「屬於交戰國人之專利權，不得申請延展」，係因本國與交戰國間為敵對關係，對於交戰國國民之專利權，應無給予延展保護之必要，故明文規定屬於交戰國人之專利權，不得申請延展。

第67條（發明專利更正）

發明專利權人申請更正專利說明書、申請專利範圍或圖式，僅得就下列事項為之：

一、請求項之刪除。

二、申請專利範圍之減縮。

三、誤記或誤譯之訂正。

四、不明瞭記載之釋明。

更正，除誤譯之訂正外，不得超出申請時說明書、申請專利範圍或圖式所揭露之範圍。

依第二十五條第三項規定，說明書、申請專利範圍及圖式以外文本提出者，其誤譯之訂正，不得超出申請時外文本所揭露之範圍。

更正，不得實質擴大或變更公告時之申請專利範圍。

解說

本條係專利權人申請更正專利說明書、申請專利範圍或圖式之相關規定。說明書、申請專利範圍或圖式公告後，將溯自申請日生效，說明書中未主張權利的部分，就將因為貢獻原則成為

公知技術的一部分，而爲社會大眾所共享。倘若允許專利權人任意更正說明書、申請專利範圍或圖式，藉以擴大、變更其應享有之專利保護範圍，及於已經爲社會大眾所共享之公知習用技術部分。勢必影響公眾利益，違背專利制度公平、公正之意旨，故欲更正已經公告專利之說明書、申請專利範圍或圖式，應有一定條件之限制。

爲平衡專利權人及社會公眾之利益，並兼顧權利之安定性，我國專利法規定是否准予更正，必須同時符合三要件：

一、更正事項限於請求項之刪除、申請專利範圍之減縮、誤記或誤譯之訂正、不明瞭記載之釋明。

二、不得超出申請時說明書、申請專利範圍或圖式所揭露之範圍（誤譯之訂正者，不得超出申請時外文本所揭露之範圍）。

三、不得實質擴大或變更公告時之申請專利範圍。

違反任一要件者，即不准更正。違反前述第二、三要件者，依專利法第71條第1項第1款規定，得爲舉發事由。

本條各項規定說明如下：

一、第1項規定得申請更正之事項

對於專利權人而言，說明書、申請專利範圍或圖式公告後之更正，除了可消除說明書、申請專利範圍或圖式中的疏失、缺漏外，主要是限縮申請專利範圍，以避免未即時限縮而構成專利權被撤銷之理由。惟經核准之專利權申請更正，涉及第三人與專利權人之利益平衡及經公告之專利權範圍之明確性起見，故其可申請更正之條件較核准前嚴格，專利法修正前原規定限於有「申請專利範圍之減縮」、「誤記事項之訂正」或「不明瞭記載之釋明」等事項，始得申請更正，惟原條文申請專利範圍減縮之意，包含刪除請求項及縮減申請專利範圍，前者屬權利範圍之刪除，後者則屬權利範圍之限縮，兩者狀況完全不同，爲求明確並免爭議，故將「請求項之刪除」獨立列爲第1款，並將原條文第1款移列爲第2款。

又依第25條第3項規定，申請人得先提出外文本，再於指定期間內補正其中文本。實務上依外文本翻譯之中文本，偶有翻譯錯誤之情事，由於中文本是專利專責機關據以審查之版本，如有誤譯情事，宜有補救之機會。在審查中，得依第44條規定予以修正；至於經公告取得專利權後，如仍有誤譯情事，亦宜使專利權人有申請導正之機會，故增訂誤譯之訂正爲得更正之事由。本項各款規定說明如下：

(一) 請求項之刪除：請求項之刪除是指從複數請求項中刪除一項或多項請求項。例如：刪除與先前技術相同的請求項，而保留其餘請求項。

(二) 申請專利範圍之減縮：當申請專利範圍有過廣之情形時，應予減縮，例如說明書已將發明界定於某技術特徵，但申請專利範圍並未配合界定，可將申請專利範圍予以減縮，使得爲說明書所支持。

(三) 誤記或誤譯之訂正：

1. 誤記事項之訂正：所謂誤記事項，指該發明所屬技術領域中具有通常知識者依據其申請時的通常知識，不必依賴外部文件可直接從說明書、申請專利範圍或圖式的整體內容及上下文，立即察覺有明顯錯誤的內容，且不須多加思考即知應予訂正且如何訂正而回復原意，該原意必須是說明書、申請專利範圍或圖式已明顯記載，於解讀時不致影響原來實質內容者。

2. 誤譯之訂正：「誤譯」係指將外文之語詞或語句翻譯成中文之語詞或語句的過程中產生錯誤，亦即外文本有對應之語詞或語句，但中文本未正確完整翻譯者，原因包括：外文文法分析錯

誤、外文語詞看錯、外文語詞多義性所致之理解錯誤等。因誤譯而產生之錯誤，得提出「誤譯之訂正」予以更正。

(四) 不明瞭記載之釋明：所謂不明瞭之記載，指公告專利之說明書、申請專利範圍或圖式所揭露之內容因為敘述不充分導致文意仍不明確，但該發明所屬技術領域中具有通常知識者自說明書、申請專利範圍或圖式所記載之內容中能明顯瞭解其固有的涵義，允許對該不明瞭之記載做釋明，藉更正該不明確的事項，使所意圖意義成為明確的記載，俾能更清楚瞭解原來發明之內容而不生誤解者。

第2項規定更正，除誤譯之訂正外，不得超出申請時說明書、申請專利範圍或圖式所揭露之範圍。得更正事項中，由於本質之不同，通常將「請求項之刪除」、「申請專利範圍之減縮」、「誤記事項之訂正」及「不明瞭記載之釋明」等事項稱之為「一般更正」，以與「誤譯之訂正」區別，一般更正之更正結果不得超出申請時說明書、申請專利範圍或圖式所揭露之範圍：而誤譯之訂正，其訂正結果則不得超出申請時外文本所揭露之範圍。

所謂更正結果不得超出申請時說明書、申請專利範圍或圖式所揭露之範圍，即更正不得增加申請時說明書、申請專利範圍或圖式所未揭露之事項，亦即不得增加新事項。更正後之事項若包括非申請時說明書、申請專利範圍或圖式明確記載之事項（例如相反的或增加的事項），以及該發明所屬技術領域中具有通常知識者不能自申請時說明書、申請專利範圍或圖式記載之事項直接且無歧異得知者，即可判斷為引進新事項，超出了申請時說明書、申請專利範圍或圖式所揭露之範圍。

第3項規定誤譯之訂正，不得超出申請時外文本所揭露之範圍。申請案既得依專利法第25條第3項規定而以外文本提出之日爲申請日，其揭露技術內容之最大範圍即應由該外文本所確定。經公告取得專利權後，專利權人如發現有翻譯錯誤時，應給予誤譯訂正之機會，惟其內容必須爲該外文本之範圍所涵蓋，不得超出該外文本所揭露之範圍。

二、第4項規定更正，不得實質擴大或變更公告時之申請專利範圍

由於專利權一經公告，便產生公示效果，即與公眾利益有關，故不論是一般更正或是誤譯之訂正，其更正皆不得實質擴大或變更公告時之申請專利範圍，否則將影響公眾利益。以誤譯之訂正爲由申請更正，即使更正後內容未超出申請時外文本所揭露之範圍，但若誤譯訂正後之申請專利範圍實質變更公告時之申請專利範圍，仍不准予更正，未因其屬誤譯之訂正而有所例外。

(一) 實質擴大申請專利範圍，通常包括下列情形：1.請求項所記載之技術特徵以較廣的涵義用語取代；2.請求項減少限定條件；3.請求項增加申請標的；4.於說明書中恢復核准專利前已經刪除或聲明放棄的技術內容。

(二) 實質變更申請專利範圍，通常包括下列情形：1.請求項所記載之技術特徵係以相反的涵義用語置換；2.請求項之技術特徵改變爲實質不同意義；3.請求項變更申請標的；4.請求項更正後引進非屬更正前申請專利範圍所載技術特徵之下位概念技術特徵或進一步界定之技術特徵；5.申請專利之發明的產業利用領域或發明所欲解決之問題與更正前不同。

欣誼開發完成A技術，向專利專責機關申請發明專利，試問：欣誼於審定核准專利後，發現其專利申請內容「……單側供

應有一第三氣流……」記載有誤，正確內容應爲「……雙側供應有一第三氣流……」，故欣誼申請更正其專利申請內容，專利專責機關是否可准其更正？

由於申請專利範圍「……單側供應有一第三氣流……」記載有誤，申請更正正確內容應爲「……雙側供應有一第三氣流……」。此時應該可以明顯發現，系爭專利所屬技術領域之技藝人士並非可直接而無歧異的得知，「單側供應一第三氣流」顯爲「雙側供應一第三氣流」之誤繕。二者意涵顯然差異很大，已超出申請時原說明書或圖式所揭露之範圍，且已實質變更原申請專利範圍，非屬申請專利範圍之誤記事項之訂正。故審查機關應以欣誼系爭專利之更正申請，有違專利法第64條第1項第2款、第2項規定，而爲「不准更正」之處分，以維護已公告專利權之公示外觀安定。

第68條（更正審查）

專利專責機關對於更正案之審查，除依第七十七條規定外，應指定專利審查人員審查之，並作成審定書送達申請人。

專利專責機關於核准更正後，應公告其事由。

說明書、申請專利範圍及圖式經更正公告者，溯自申請日生效。

解說

第1項明定更正案應指定審查人員進行審查，並作成審定書送達申請人。惟於舉發案件審查期間，有更正案者，因該更正案爲舉發人與專利權人攻擊防禦方法之一，自應由舉發案之審查人員合併審查，無另行指定審查人員之必要，審定書亦與舉發案合併作成，因此本項僅於該專利權無舉發案繫屬審查中時，始有適用。

第2項規定專利專責機關准予更正應公告其事由。申請更正經核准後，應將准予更正之情事公告，予以公示。

第3項規定說明書、申請專利範圍及圖式經更正公告者，其效力是溯至申請日生效。這將會改變這整份專利中，權利人、被授權人與社會大眾之間的權利義務關係，因此專利專責機關都會審慎審查。

第69條（專利權拋棄、更正之限制）

發明專利權人非經被授權人或質權人之同意，不得拋棄專利權，或就第六十七條第一項第一款或第二款事項為更正之申請。

發明專利權為共有時，非經共有人全體之同意，不得就第六十七條第一項第一款或第二款事項為更正之申請。

解說

第1項規定發明專利權拋棄及更正之限制規定，必須顧及利害相關第三人之的合法權益。所謂「專利權之拋棄」乃依專利權人之意思表示，不以其專利權移轉於他人，而使其專利權絕對歸於消滅之單獨行爲。權利之拋棄，原則上並非要式行爲，權利人一有拋棄之意思，即生拋棄之效力，惟專利權爲無體財產權，有無拋棄在認定上易滋疑義，故依第70條第1項第4款規定，拋棄專利權者，自其書面表示之日當然消滅。所稱書面表示之日，係指向專利專責機關表示拋棄專利權之日。專利權若授權他人實施或爲質權之設定乃在存續中者，專利權人若不經被授權人或質權人的同意，而得任意拋棄專利權，將影響被授權人或質權人之權益，因此，明定專利權人非經被授權人或質權人之同意，不得拋棄專利權。

第67條第1項第1款「請求項之刪除」或第2款「申請專利範圍之減縮」之更正事項，將變動專利權之範圍，重度影響專利的價值。於被授權人或質權人，乃至於其債權人，仍有相當程度之影響，因此在可能影響相關人等權益時，亦應得到被授權人或質權人之同意，始得爲之。

第2項規定專利權人爲第67條第1項第1款「請求項之刪除」或第2款「申請專利範圍之減縮」之更正時，因將變動專利權之範圍，於發明專利權爲共有時，將影響共有人之權益，因此爲求愼重，亦應得到全體共有人之同意始得爲之。

專利權人申請更正有前二項規定之情事者，應附具被授權人、質權人或共有人相關同意之證明文件，未附具者，專利專責機關會通知補正，屆期未補正者，該更正案應處分不受理。

案例

專利權人佩君與佩宇，以其專利權移轉予欣誼，佩君若未經欣誼與佩宇同意，意圖更正專利權，請問該項專利權歸屬爲何？

佩君在提出申請更正時，應附具被授權人、質權人或共有人相關同意之證明文件，未附具者，專利專責機關會通知補正，屆期未補正者，該更正案應處分不受理。

第70條（專利權當然消滅事由）

有下列情事之一者，發明專利權當然消滅：

一、專利權期滿時，自期滿後消滅。

二、專利權人死亡而無繼承人。

三、第二年以後之專利年費未於補繳期限屆滿前繳納者，自原繳費期限屆滿後消滅。

四、專利權人拋棄時，自其書面表示之日消滅。

專利權人非因故意，未於第九十四條第一項所定期限補繳者，得於期限屆滿後一年內，申請回復專利權，並繳納三倍之專利年費後，由專利專責機關公告之。

解說

第1項規定專利權當然消滅之事由。所謂當然消滅是指一旦有本項各款所列事由，即發生權利消滅之效果，不待任何人主張，亦不待專利專責機關通知。專利權當然消滅後，其技術就進入公知領域成爲公共財，任何人均得自由利用，惟當然消滅之效力是往後發生，不影響消滅前有效之專利權效力。本項各款列舉專利權當然消滅之事由分別說明如下：

一、專利權期滿時，自期滿後消滅

專利權是賦予專利權人一定期間排他之權利，並非無限期。專利權期限在發明爲自申請日起算二十年、新型爲十年、設計爲十二年。專利權期限屆滿者，自期滿後當然消滅。

二、專利權人死亡而無繼承人

因爲法人並無死亡、繼承之問題，故本款所指的是專利權人爲自然人之情形。專利權爲私權，得爲繼承之標的，專利權人死亡後，該專利權歸屬其繼承人繼承，如繼承人有多數人時，在未

分割前由所有繼承人公同共有。如無人主張其爲繼承人者，該專利權歸屬公共財，即變成公共技術，任何人均可利用。

三、第二年以後之專利年費未於補繳期限屆滿前繳納者，自原繳費期限屆滿後消滅

專利年費之繳交與否，爲專利權人對於其專利權是否繼續維持之考量，如有繼續維持專利權之必要時，第二年以後之專利年費，應於屆期前繳納之，未於應繳納專利年費之期間內繳費者，依第94條規定，得於期滿後六個月內補繳之。倘未於屆期前繳納，又未於期滿後六個月內補繳，依本款規定，其專利權自原繳費期限屆滿後當然消滅。

四、專利權人拋棄專利權時，系爭專利權自其書面表示之日消滅

本款所稱書面表示之日，係指向專利專責機關以書面表示拋棄專利權之日。

第2項專利權復權制度，爲100年修正新增，說明如下：

(一) 按本法第94條第1項所定六個月補繳專利年費期間之性質，乃屬法定不變期間，不得申請展期，且屆期未繳費，即生不利益之結果。鑑於實務上，往往有申請人非因故意而未依時繳納，如僅因一時疏於繳納，即不准其申請回復，恐有違本法鼓勵研發、創新之用意，且國際立法例上，例如PLT第12條、EPC第122條、PCT施行細則第49條第6項、大陸專利法施行細則第6條皆有相關申請回復之規定，爰於本項明定專利權人如非因故意，未於第94條第1項所定期限補繳者，得於期限屆滿後一年內，申請回復專利權。

(二) 申請人如以非因故意爲由，於繳費期限屆滿後一年內，再提出繳費之申請，雖非故意延誤，但仍有可歸責申請人之

可能，例如實務上常遇申請人生病無法依期為之，即得作為主張非因故意之事由。為與因天災或不可歸責當事人之事由申請回復原狀作區隔，以非因故意之事由，申請再行繳費者，申請人所應繳納之專利年費數額，與補繳期限內繳費者，其除原應繳納之專利年費外，另應按比率加繳專利年費，最高加繳至依規定之專利年費加倍之數額相較，自應繳納較高之數額，爰明定於申請復權時，應同時繳納三倍專利年費。經核准復權者，專利專責機關應將此一事實公告之。

佩君於103年3月3日以「A裝置」（下稱系爭專利）向專利專責機關申請新型專利，經專利專責機關進行形式審查，並獲得准許專利權。嗣後專利專責機關發現系爭申請專利，因佩君屆期未繳年費續行，故以該系爭申請專利權利消滅。此時佩君有什麼辦法可以救回自己的系爭專利權？

佩君因天災或不可歸責當事人之事由申請回復原狀作區隔，以非因故意之事由，申請再行繳費者，申請人所應繳納之第一年專利年費數額，與依限繳費者相較，自應繳納較高之數額，應於申請復權時同時繳納證書費及加倍繳納第一年專利年費後，由專利專責機關公告之。因此佩君得繳交三倍年費後，恢復前案的專利權。

第71條（發明專利舉發事由）

發明專利權有下列情事之一，任何人得向專利專責機關提起舉發：

一、違反第二十一條至第二十四條、第二十六條、第三十一條、第三十二條第一項、第三項、第三十四條第四項、第六項前段、第四十三條第二項、第四十四條第二項、第三項、第六十七條第二項至第四項或第一百零八條第三項規定者。

二、專利權人所屬國家對中華民國國民申請專利不予受理者。

三、違反第十二條第一項規定或發明專利權人為非發明專利申請權人。

以前項第三款情事提起舉發者，限於利害關係人始得為之。

發明專利權得提起舉發之情事，依其核准審定時之規定。但以違反第三十四條第四項、第六項前段、第四十三條第二項、第六十七條第二項、第四項或第一百零八條第三項規定之情事，提起舉發者，依舉發時之規定。

解說

發明、新型、設計專利申請案經核准公告即取得專利權，發生獨占排他之效力。爲調和專利權人與公眾之利益，專利法設立「舉發」之公眾輔助審查制度，以期藉公眾之協助，使專利專責機關就公告的專利案再予審查，提供其於審查期間被漏未審酌之不予專利事由，讓專利權之授予權利狀態更確定。實務上於發生專利侵權糾紛時，被控侵權人常亦可藉由舉發程序，請求撤銷專利權，使之歸於自始不存在，以避免專利侵權。

另須注意，依據112年初修正施行之智慧財產案件審理法第

41條規定，法院於民事侵權訴訟中應就專利有效性抗辯進行審理判斷，然判決確定結果僅對個案具有拘束效力，而經舉發撤銷專利權確定者，其專利權效力視爲自始不存在，屬對世效。

在取得專利權後，利害關係人或任何人得對發明專利權提起舉發之事由，限於本條第1項第1至3款所列情事，屬法定舉發事由。108年本條修正第1項第1款規定，增列發明專利核准審定後所爲分割，如違反修正條文第34條第6項前段規定者，與原申請案間可能造成重複專利，亦應爲舉發事由，以爲周全。

前述「利害關係人」，典型之例爲眞正具有專利申請權之人或共有專利申請權之人。除第三人或共有人冒替申請之情形外，實務上通常亦伴隨委任、僱傭與承攬等各種勞務型給附關係，所衍生專利申請權及專利權法定歸屬之爭議。又舉發人如爲專利民事侵權訴訟之被告，此時因民事侵權訴訟係由系爭專利之專利權人主張舉發人侵害其專利權而生，系爭專利權有無得以舉發撤銷事由存在，關係到民事侵權責任是否成立，故專利民事侵權訴訟之被告爲舉發人，對系爭專利提起舉發，應認其具利害關係。

法定舉發事由中，爭執專利權人爲非專利申請權人、共有專利申請權人或其所屬國家不受理我國國民之專利申請者係有關專利權主體之爭執；其餘事由，例如專利權不符合新穎性、進步性等專利要件，則屬有關專利權客體之爭執。提起舉發之事由非屬法定舉發事由者，應予以舉發駁回。以下就本條各項規定說明如下：

一、第1項規定得提起舉發之人及得提起舉發之事由

舉發爲公眾審查制度，因此舉發之提起，除特定事由應由利害關係人提起外，任何人均得爲之。現行實務做法，惟「任何人」並不包含專利權人自己在內，以免與公眾審查之制度不符，

雖法無明文。以下就各款規定之舉發事由說明如下：

(一) 第1款規定違反專利的要件，分述如下：

1. 違反第21條：不符發明定義，指發明並非利用自然法則之技術思想之創作。
2. 違反第22條：發明不具產業利用性、不具新穎性、不具進步性。
3 違反第23條：發明不具擬制新穎性。
4. 違反第24條：發明爲屬法定不予專利之項目。
5. 違反第26條：發明說明書之記載未明確且充分揭露技術內容，或未載明實施必要之事項，或記載不必要之事項等，使該發明所屬技術領域中具有通常知識者，無法瞭解其內容並可據以實現。
6. 違反第31條：違反先申請原則、禁止重複授予專利權之原則。惟同一人於同日就相同創作分別申請。發明及新型未於申請時分別聲明而取得發明及新型專利權者，與同人同日分別申請並取得發明及／或新型專利的狀況無法區別，若須適用本法102年修正條文第32條且採全案舉發處理，相較於同人同日分別申請並取得發明及／或新型專利之舉發，係適用第31條且採逐項舉發處理而言，顯失公允。因此，對於同人同日就相同創作分別申請發明及新型專利，未分別聲明（包括二案皆未聲明及其中一案未聲明）而取得發明及新型專利權者，應適用第31條提起舉發。
7. 違反第32條第1、3項：同人同日就相同創作分別申請發明及新型專利，而未依期擇一，或其新型專利於發明專利審定前已當然消滅或撤銷確定者。
8. 違反第34條第4、6項：分割後之申請案超出原申請案申請時說明書、申請專利範圍或圖式所揭露之範圍。發明專利核准審定後所為分割，如違反修正條文第34條第6項前段規定者，與原申請案間可能造成重複專利，亦為舉發事由，故108年修正第1項第1款規定。

9. 違反第43條第2項：申請人所為之修正，超出申請時說明書、申請專利範圍或圖式所揭露之範圍。
10. 違反第44條第2、3項：補正之中文本超出申請時外文本所揭露之範圍、誤譯之訂正超出申請時外文本所揭露之範圍。
11. 違反第67條第2至4項：更正超出申請時所揭露之範圍、更正時誤譯之訂正超出申請時外文本所揭露之範圍、更正實質擴大或變更公告時之申請專利範圍。
12. 違反第108條第3項：改請後之發明申請案超出原申請案申請時說明書、申請專利範圍或圖式所揭露之範圍。

(二) 第2款規定專利權人所屬國家對中華民國國民申請專利不予受理者，該國家之國民所提出之專利申請如已取得專利權者，應撤銷其專利權。

(三) 第3款規定專利申請案未由專利申請權共有人全體提出申請之情形或發明專利權人為非發明專利申請權人者，為得舉發之事由。

專利申請案未由專利申請權共有人全體提出申請之情形，其與非專利申請權人提出之專利申請案，性質上同屬申請人適格有欠缺之情形，故於本款合併規定。此外，現行條文第35條有關非專利申請權人請准之發明專利權，於真正申請權人提起舉發撤銷該專利權確定後，得援用原案申請日申請專利之規定，並未適用依第12條第1項規定提起舉發而撤銷專利權之情形。專利申請權為共有者，若未由全體共有人提出申請者，經提起舉發撤銷該專利權確定後，亦應由全體共有人重新提出申請。

申請專利須由具有專利申請權之人始得為之。至於何人具有專利申請權，本法第5、7及8條均有規定，如發明專利權人不具專利申請權者，即得依本款規定舉發之。

二、第2項為可提起舉發之人的限制

爭執專利申請案未由專利申請權共有人全體提出申請，或發明專利權人為非發明專利申請權人之舉發案，並未涉及到專利要件，只是權利歸屬之爭執，因僅屬當事人間的私益紛爭，故限於利害關係人始得提起舉發。

三、第3項規定舉發事由於專利法修正變動後之適用準據

核准發明專利權係依核准審定時之規定辦理，基於實體從舊的法理，專利權有無違反法定舉發事由，原則上應依核准審定時之專利法規及相關審查基準規定判斷之，以避免專利法規之修正，使專利權處於不確定狀態。惟舉發事由係有關分割、改請或更正超出申請時所揭露之範圍，或更正實質擴大或變更公告時之專利權範圍者，該等事由均屬違反先申請原則下取得專利權之本質規定及擴大或變更專利權範圍，故於本法修正施行後，就該等事項提起舉發者，縱使專利案件係於本法修正施行前即已核准審定者，仍應依「舉發時」當時之規定辦理。

如違反發明專利核准審定後所為分割，可能造成與原申請案間重複專利，此舉發事由應屬本質事項違反，故應依舉發時規定，108年亦一併修正本條第3項規定。

佩君在專利公報上發現有一件已獲准公告專利的技術特徵，為一種磨豆漿的方法，與自己研發、在該案申請日前就販售已久

的豆漿機運作方式很像，她應該如何救濟？

佩君可以檢具系爭專利案申請日前已公開的相關前案資料，根據專利法第71條第1項規定，對系爭專利案以不具新穎性或進步性提起舉發，以保障自己的權利。

第72條（專利已消滅之舉發）
利害關係人對於專利權之撤銷，有可回復之法律上利益者，得於專利權當然消滅後，提起舉發。

解說

專利權期滿後原則上不得爲舉發之標的，惟專利權期間所形成之法律效果不因其期滿而當然消滅，利害關係人因該專利權之撤銷而有可回復之法律上利益時，仍應准其提起舉發或續行舉發程序（釋213）。

於專利權當然消滅後，由於相關專利技術已歸予公眾領域，得爲公眾自由利用而不生侵害專利權之問題，對之提起舉發，已無實益，故不宜使任何人均得提起舉發，以避免無益之爭議發生。但因專利權當然消滅前，專利權曾經有效存續過，於該有效存續之期間內，仍有發生侵權等專利權益爭訟之可能，因此，本條特別規定，在利害關係人對專利權之撤銷有可回復之法律上利益的情況下，亦例外允許其對已當然消滅之專利權提起舉發，請求撤銷專利權，使其視爲自始不存在。

可回復之法律上利益，最典型之例爲專利權存續期間內曾受侵權訴訟不利判決，而專利權之撤銷對於舉發人有可回復之法律上利益者。至於專利權當然消滅後，專利民事侵權訴訟尚在進行中者，依智慧財產案件審理法第41條規定，專利民事侵權被告可於訴訟中進行無效抗辯，爭執專利權之有效性，故專利民事侵權訴訟中之被告於專利權當然消滅後對系爭專利提起舉發，亦應認其具有可回復之法律上利益。是否有可回復之法律上利益之認定，依舉發人所提證明文件形式上之主張認定，而不論其爭訟之結果對其有利或不利。

利害關係人於專利權當然消滅後提起舉發，應提出其對於專利權之撤銷有可回復之法律上利益之相關證明文件，以資證明。例如於專利權當然消滅後提起舉發，舉發人主張其為專利侵權民事訴訟不利判決之被告，而為利害關係人且有可回復之法律上利益者，即應檢附民事侵權訴訟相關判決等文件證明之。惟提起舉發後，專利權始消滅者，則無此限制，且因舉發係於消滅前之專利權存續期間內，對仍有效之專利權合法提出，故該舉發案仍應續行審查。

佩君在專利公報上發現有一件已獲准公告專利的技術特徵，為一種磨豆漿的方法，與自己研發販售已久的豆漿機運作方式很像，後來她賣的豆漿機還被該專利所有人控告侵權。在訴訟開始沒多久，這項專利就過期了，請問佩君應該如何救濟？

佩君可以檢具相關前案資料根據專利法第72條，以被相關專利控告侵權的利害關係人，對已經時效消滅的系爭專利案以不具新穎性或進步性提起舉發。

第73條（舉發之申請）

舉發，應備具申請書，載明舉發聲明、理由，並檢附證據。

專利權有二以上之請求項者，得就部分請求項提起舉發。

舉發聲明，提起後不得變更或追加，但得減縮。

舉發人補提理由或證據，應於舉發後三個月內為之，逾期提出者，不予審酌。

解說

本條於100年修正時導入逐項舉發、逐項審定相關規定。主要將以往舉發制度主軸係將專利權利視爲一個整體權利改爲採行各請求項均得單獨主張權利的方式。

爲了有利於雙方攻擊防禦的穩定，本條規定了應聲明撤銷請求項之舉發聲明，作爲審查之界限範疇。於舉發申請後，舉發聲明即不得變動或追加，惟舉發審定前提出之舉發理由仍可受理，與日本無效審判請求旨趣（包含應撤銷請求項、無效事由、請求主旨等事項），提起後即受限制不同，我國舉發制度對於舉發人請求事項之限制相對較具彈性。舉發聲明應載明請求撤銷專利權之請求項次，其目的在於明確界定舉發審查之範圍，以集中雙方當事人之攻防，並利於程序之進行，以利雙方紛爭一次解決。

第1項明定舉發申請書應載明之事項，包括舉發聲明、舉發理由，並檢附舉發證據。其中舉發聲明應表明請求撤銷專利權之請求項次，以確定其舉發範圍。舉發理由應敘明舉發人所主張之法條及具體事實，並敘明各具體事實與證據間之關係。具體來說，舉發理由應配合舉發聲明中所主張應撤銷專利權之請求項次，逐項論述請求項中所載之技術特徵與各證據中所載之技術內容的對應關係及比對結果，並敘明所依據之法條及其內容。

第2項明定申請專利範圍有複數請求項時，舉發人得就部分請求項提起舉發。

100年修正前舉發案之審查範圍爲專利權全案，審理結果爲全案成立或全案不成立；修正後，舉發人得就部分請求項提起舉發，專利專責機關進行舉發審查時，亦就該部分請求項逐項進行審查。因此，舉發聲明，於發明或新型專利有複數請求項者，得請求撤銷全部或部分請求項。但設計專利因一設計一申請且並非以請求項界定其專利權範圍，故無法適用上述規定，僅得請求撤銷設計專利權之整體。

一、舉發事由爲共有專利申請權非由全體共有人提出申請者或專利權人爲非專利申請權人者，因所爭執的爲專利權利整體之歸屬，基於專利權不得分割，以及共有權利係抽象地存在於權利整體之中，故其舉發聲明僅得請求撤銷全部之請求項；至於以專利權人所屬國家對中華民國國民申請專利不予受理爲舉發事由者，因所爭執者爲系爭專利之專利申請違反互惠原則，應不予受理的問題，亦係爭執專利權之整體，其舉發聲明亦僅得請求撤銷全部之請求項。

二、舉發事由爲同一人於同日就相同創作分別申請，已於申請時分別聲明並取得發明及新型專利權者，或發明專利核准審定前新型專利權已當然消滅或撤銷確定者，基於102年修正條文第32條明定一案兩請改採權利接續，乃爲全案概念。故舉發聲明亦僅得請求撤銷全部之請求項。

三、除上述舉發事由外，其餘舉發事由，則視所對應之請求項範圍，選擇對專利權之全部請求項或特定之部分請求項提起舉發，分別於舉發聲明中記載欲請求撤銷專利權之全部或是部分的請求項次。

第3項明定提起舉發後，不得爲舉發聲明之變更或追加，以確定舉發範圍，俾使雙方攻擊防禦爭點集中，並利於審查程序之進行。至於減縮舉發聲明者，因不違背前述不得變更或追加之意旨，不在此限。惟應予特別說明的，對於更正例外允許增加項次之請求項，例如多項附屬項改寫爲獨立項，致使原舉發聲明中所載之請求項次無法直接對應到更正後之公告本者，由於原舉發聲明已包含該多項附屬項，原則上及於改寫後增加之請求項次。

108年修正第4項，明確且硬性規定爲補提舉發理由及證據之期限。舉發人提起舉發後，應儘快提出理由及證據，以避免延宕審查，俾使舉發人，權利人與社會大眾的權利早日確定。

因此在108年修正本條第4項之前，本法的舉發提出證據時間相對寬鬆。給予當事人較大的補提理由及證據時間。明文規定補提理由及證據，應自舉發後一個月內爲之。過去此期間並非法定不變期間，逾越一個月期間補提之理由及證據，即使有明確延滯程序的意圖，本項但書規定「但在舉發審定前提出者，仍應審酌之」。

但這將會使舉發人一直不斷補提理由或證據，尤其當渠等感覺舉發結果可能會對自己不利時，以避免程序終結。既然在舉發審定前提出者，均應受理審酌之，使得原本一個月期間的規定形同具文。108年修正本條第4項，爲避免舉發案件審查時程，因舉發人濫行補提理由或證據，導致程序拖延，爰修正第4項規定，將舉發人補提理由或證據限於提起舉發後三個月法定期間內爲之。明確要求舉發人補提理由或證據，應於舉發後三個月內爲之，逾期提出者，給予舉發事件中逾相當期間提出新事實證據理由者，類似於民事訴訟法上失權效的制裁。逾期提出者，如無極特殊理由，審查委員可不予審酌。

佩君在專利公報上發現有一件已獲准公告專利的技術特徵，爲一種磨豆漿的方法，與自己研發販售已久的豆漿機運作方式很像，後來她賣的豆漿機還被該專利所有人老王控告侵權。在出庭應訴之外，在專利行政程序中，請問佩君應該如何救濟？

佩君可以檢具相關前案資料根據專利法第72條，以被相關專利控告侵權的利害關係人，對已經時效消滅的系爭專利案以不具新穎性或進步性提起舉發。

第74條（舉發審查程序）

專利專責機關接到前條申請書後，應將其副本送達專利權人。

專利權人應於副本送達後一個月內答辯；除先行申明理由，准予展期者外，屆期未答辯者，逕予審查。

舉發案件審查期間，專利權人僅得於通知答辯、補充答辯或申復期間申請更正。但發明專利權有訴訟案件繫屬中，不在此限。

專利專責機關認有必要，通知舉發人陳述意見、專利權人補充答辯或申復時，舉發人或專利權人應於通知送達後一個月內為之。除准予展期者外，逾期提出者，不予審酌。

依前項規定所提陳述意見或補充答辯有遲滯審查之，或其事證已臻明確者，專利專責機關得逕予審查。

解說

本條係規定舉發人提送舉發申請書或補送舉發理由、證據後，專利專責機關後續處理之程序；另爲避免雙方當事人一再補提理由、證據等資料，藉由變更爭執的內容意圖來拖延審查程序，或補提之理由都是重複強調舉發理由書已存在之爭點，100年修正時增訂得逕予審查之規定。

第1項爲專利專責機關受理舉發案件後，應將舉發申請書副本送達專利權人，如專利權人已委任代理人時，應送達代理人。前述所稱舉發申請書副本，包括理由、證據等舉發人所提送之資料。其送達之目的是要使被舉發人（即專利權人）知道舉發內容來進行防禦，並給予陳述意見之機會。

第2項爲被舉發人（即專利權人）接獲舉發申請書副本應遵守行爲之規定。舉發審定前，舉發人所提理由或證據，原則上，應交付專利權人答辯，而專利權人之答辯理由，亦得轉知舉發人，以利雙方攻防。被舉發人（即專利權人）應於副本送達後一個月內答辯，如無法於一個月內答辯者，得敘明理由於屆期前申請展期，如屆期未答辯者，專利專責機關得依卷存所有資料，逕予審查。

爲確實掌控舉發案件審查期程，避免延宕審查而損及兩造權益，舉發期間之更正有限制之必要，爰參考日本特許法第134條之2規定限制提起更正時點。另修正條文第73條第4項規定已限制舉發人得補提證據及理由爲舉發後三個月內，故依現行專利審查基準所列舉之申請更正態樣，108年修法本條增訂第3項規定，限制專利權人申請更正僅得於專利專責機關通知答辯、或對舉發人補提證據理由之補充答辯、或通知專利權人不准更正之申復期間爲之。

又發明專利於民事或行政訴訟案件繫屬中，有更正之必要時，亦得於舉發案件審理期間申請更正，不受前述三種期間限制，爲本項但書規定。

實務上我國專利舉發案件審查時程，目前常有需時一、兩年

者，外界對此頗有煩言。為縮短舉發案件審查時程，舉發人收受專利專責機關通知就專利權人所提更正本內容表示意見，抑或專利專責機關為證據調查或行使闡明權而通知舉發人表示意見時，舉發人得補提理由或證據，但應於專利專責機關通知後一個月內為之；相對地，如專利專責機關通知專利權人補充答辯，例如：不准更正之申復或補充答辯時，基於同一考量，專利權人亦應於接獲通知後一個月內為之。又針對逾前述期間所提出之理由事證，除舉發人或專利權人檢附理由申請展期，並經准許者外，專利專責機關不予審酌。亦即同第73條第4項之修正理由，給無正當理由遲誤提出陳述意見或補充答辯或申復法定期間者，108年修法增訂第4項規定，給予失權效之效果。至本項已就遲誤期間之效果為特別規定，尚無第17條第1項但書規定之適用。

為阻止當事人故意延滯程序，108年修法將本條原第3項條文移列為第5項。為專利專責機關得不交付答辯，逕予審查之規定。避免兩造不斷補提理由、證據或藉由多次更正申請或更正撤回等方式導致程序拖延，108年修正明定專利專責機關經審酌兩造所提之理由是否為適當之攻擊防禦方法，若有遲滯審查之虞，或對於事證已明確者，專利專責機關得逕予審查。

為讓雙方當事人得以充分陳述意見，舉發案以不限制提出理由或證據為原則，對於舉發人所提之理由或證據並應交付被舉發人（即專利權人）答辯。

舉發人舉發時提出之理由、證據及嗣後再補充之理由、證據，原則上在審定前，審查委員均應在不過度延滯程序的情況下審酌，並應交付專利權人答辯。避免舉發人必須另行舉發，以利紛爭一次解決。

但如審查人員認為事證已臻明確而無礙審查結果或舉發人有遲滯審查之虞者，為避免程序延宕，對於舉發人補提之理由或證據，得不交付答辯，逕予審查，惟應於審定書中敘明理由。例如：補提之理由與先前已提出之理由諸多重覆而未具新理由；或雖有新理由或新證據，但該理由與證據明顯與待證事實無關或超出舉發聲明者；或依本法施行細則第76條規定，就舉發審查定有審查計畫而未依審查計畫時程，逾時補提理由或證據等。

佩君在專利公報上發現有一件已獲准公告專利的技術特徵，爲一種磨豆漿的方法，與自己研發販售已久的豆漿機運作方式很像，後來她賣的豆漿機還被該專利所有人老王控告侵權。佩君向智慧財產局提起舉發後，老王有何權利可以主張？

老王可以檢具相關證據資料根據專利法第74條，對該案之舉發提出答辯證明自己專利有效，逾期未提出的話，專利專責機關得逕予審定。

第75條（職權探知主義）

專利專責機關於舉發審查時，在舉發聲明範圍內，得依職權審酌舉發人未提出之理由及證據，並應通知專利權人限期答辯；屆期未答辯者，逕予審查。

解說

舉發案一經提起，爲求紛爭一次解決並避免權利不安定或影響第三人對專利信任的公益，要盡可能使用同一程序解決更多的爭點。因此專利專責機關有必要依職權介入，於適當範圍內審查專利之有效性，審酌舉發人所未提出之理由或證據，不受舉發人主張之拘束。舉發審查時，審查人員於舉發案仍繫屬時，於舉發聲明範圍內，在舉發人爭點以外，有明顯知悉有相關之證據或理由時，例如因舉發聲明範圍內之請求項間之依附關係或審查順序上之邏輯關係，不發動職權審查會導致審查結果矛盾者、或者已有相關的之民事侵權訴訟判決內容敘及系爭專利之有效性問題，或者通常知識與舉發證據、舉發證據與其他案件證據之組合係屬明顯等，得於舉發聲明範圍內發動職權審查。審查人員發動職權審查進而引入舉發人所未提出之證據或理由，爲避免造成突襲，應檢附相關證據並就職權審查部分敘明理由，給予專利權人答辯之機會。

佩君在專利公報上發現有一件專利的技術特徵爲一種磨豆漿的方法，與自己研發販售已久的豆漿機運作方式很像，後來她賣的豆漿機還被該專利所有人老王控告侵權。佩君向智慧財產局以不具進步性提起舉發後，智慧財產局用心盡責的審查委員，又找出三件專利前案證明老王的豆漿機不具進步性。此時老王有何權利可以主張？

老王可以檢具相關證據資料根據專利法第74條，對該案之舉發聲明與全部證據提出答辯證明自己專利有效，逾期未提出相關能使該專利無效證據的話，專利專責機關得逕予審定。

第76條（舉發案之面詢及勘驗）

專利專責機關於舉發審查時，得依申請或依職權通知專利權人限期為下列各款之行為：

一、至專利專責機關面詢。
二、為必要之實驗、補送模型或樣品。
前項第二款之實驗、補送模型或樣品，專利專責機關認有必要時，得至現場或指定地點勘驗。

解說

本條係參照第42條規定，明定專利專責機關於舉發案審查時，得依申請或依職權辦理面詢、實驗、補送模型或樣品及進行勘驗等行爲之規定。

第1項爲專利專責機關於審查舉發案時，得依申請或依職權辦理面詢、實驗、補送模型或樣品。辦理前述行爲後，舉發人如進一步補充理由或證據，專利專責機關仍應依本法第74條第2項規定，交付答辯，以利被舉發人（即專利權人）答辯。辦理面詢、實驗或實施勘驗等，應給予雙方當事人充分說明之機會，審查人員得詢問案情內容或適度公開心證，但不宜表示最後的審查結果或意見；面詢時應記錄審查人員之提問及雙方當事人之答覆、所提出之理由或證據、所整理之爭點、舉發聲明之減縮等內容及結果。辦理面詢時，如一方當事人未出席，經出席之他方同意者，仍得進行通知之事項。但經通知面詢後，當事人逾期未辦理或未依通知內容辦理者，得依現有資料續行審查。專利專責機關辦理面詢時，應遵循「經濟部智慧財產局專利案面詢作業要點」之規定，並應於審定書中敘明辦理面詢之理由、日期、地點及事實等。

第2項規定進行實驗、補送模型或樣品時，專利專責機關如認有必要，得至現場或指定地點勘驗。可參考本法第42條第2項之說明。

第77條（舉發更正合併審查）

舉發案件審查期間，有更正案者，應合併審查及合併審定。

前項更正案經專利專責機關審查認應准予更正時，應將更正說明書、申請專利範圍或圖式之副本送達舉發人。但更正僅刪除請求項者，不在此限。

同一舉發案審查期間，有二以上之更正案者，申請在先之更正案，視為撤回。

解說

本條規定於舉發案審查期間有更正案之處理方式，以及同一舉發案審查期間有多件更正案之法律效果。100年修正施行前，專利權人於舉發案提出前已申請更正時，往往須待該更正案之審查結果，方能進行舉發案之審查。如專利權人對更正之審查結果不服而提起行政救濟，將造成舉發案審查標的無法確定之情形，無益於紛爭之解決。此種情形，100年修正後配合逐項舉發並避免以往常因更正案之提起，即延緩所有舉發案件審查的狀況，改以舉發案件之審查作爲核心，規範審查期間，有更正案者，應合併審查及合併審定。對於同一舉發案中有多件更正案，因更正會造成舉發審查標的變動，可能影響審查結果，爲確立審查之標的，故明定申請在先之更正，將視爲撤回。以下就本條各項規定說明如下：

一、第1項規定合併審查時之處理方式，以及更正之審查結果應與舉發案合併審定之相關規定

(一) 專利權人提出更正案者，無論係於舉發前或舉發繫屬後提出，亦不論該更正案係單獨提出或併於舉發答辯時所提出之更正，爲平衡舉發人與專利權人攻擊防禦方法之行使，

只要有舉發案經受理而合法繫屬時，應將更正案與舉發案合併審查及合併審定，並將獨立更正案併入舉發案審理之情事通知專利權人，以利紛爭一次解決。因此，發明、設計之更正案未審定或新型更正案未處分前有舉發案繫屬，或者於舉發審查中因應攻擊防禦而提出更正者，均須將更正案與舉發案合併審查及合併審定。

(二) 更正案與舉發案應合併審查及合併審定之規定，雖然包括獨立更正案與舉發案伴隨更正之情況，但更正之提出往往與舉發理由有關。舉發案有經合併或伴隨之更正申請者，審查時，應先審查更正，以確認舉發案之審查標的。舉發案伴隨之更正，如經審查認爲將准予更正者，則舉發審查之標的已有變動，故應將更正說明書、申請專利範圍或圖式送交舉發人，使其有陳述意見之機會，舉發人表示之任何理由或證據亦應送交專利權人答辯。更正經審查將不准予更正者，應通知專利權人申復；屆期未克服前述理由，應於舉發審定書中敘明不准更正之理由。

(三) 舉發案伴隨之更正，如審查結果准予更正，更正內容經公告後，系爭專利之權利範圍已有變動，且核准更正之效力溯自申請日生效，自應載明於審定書主文，以表彰其權利範圍之變動結果，故舉發審定書主文應分別載明舉發案及更正之審定結果。如更正之審查結果爲不准更正，因系爭專利之權利範圍並未變動，無對外公告之必要，故僅敘明於審定理由中，無須記載於審定書主文。另外，對於更正申請有「請求項之刪除」或「申請專利範圍之減縮」等事項時，因會變動專利權範圍，依本法第69條規定，須經被授權人、質權人或全體共有人之同意，始得受理，該申請更正未附具相關同意之證明文件者，應通知專利權人限期

補正，屆期未補正者，該更正申請應予不受理之處分。

二、第2項爲一舉發案中有二以上更正案之規定

108年修正第2項本文，由原第1項後段有關專利專責機關審查認應准予更正之處理程序之規定移列。又舉發案件審查期間，專利權人所提更正准予更正時，將影響舉發成立與否，故應將更正說明書、申請專利範圍或圖式之副本送達舉發人，惟專利權人所提更正如僅主張「刪除請求項」，屬符合第67條應准予更正之情形，刪除之請求項經更正公告後，將溯自申請日生效，意即專利權人刪除請求項之權利範圍將視爲自始不存在，而該刪除請求項亦致舉發聲明範圍已無對應之舉發標的，未損及舉發人之利益，且有利於舉發案件之審查，專利專責機關可逕行審查，無須再交付舉發人表示意見，108年修正參考日本特許法規定，增訂但書規定。

爲使舉發案審理集中，不應同時在同一件舉發案中有多數更正案，專利權人如於同一件舉發案提出多次更正申請者，爲免各更正之內容間相互矛盾，將以最後提出之更正案進行審查，申請在先之更正案，均視爲撤回。

(一) 專利權人於舉發期間因應舉發案提出更正申請，因係對抗舉發之防禦方法，故專利權人可於更正申請書載明伴隨一件或多件舉發案號，以確定後續舉發審查之爭點範圍。專利專責機關爲確認舉發案審查標的，應先審查更正。

(二) 二件舉發案分別提出之更正案，並無本項規定申請在先之更正案視爲撤回之適用。專利專責機關對於更正之審查係就專利案整體爲之，不得就部分更正事項准予更正。當同一專利權有多件舉發案伴隨更正者，各更正內容不同時，將使各舉發案之審查標的不一致，此時將通知專利權人整併各更正內容爲相同。

(三) 整併後之更正申請得載明伴隨之多個舉發案號，原則上該多件舉發案應同時進行審查程序，以利匯集各舉發人對於更正內容之意見，據以審定是否准予更正。更正經整併為相同者，如准予更正，各舉發案審定書均應記載准予更正審定事項，因整併後更正內容均相同，公告一次即生效力，其他舉發案僅敘明已於何一舉發案公告之事實，無須重複辦理公告。

老王檢查對被舉發的豆漿機專利，若認為限縮申請專利範圍就可以和舉發證據區分，他有何解套的辦法？

老王可以在答辯期間內，對該專利案之請求範圍依專利法第77條提起合法且能避開引證案的更正，審查人員應合併舉發案一起審理。

第78條（數舉發案合併審查）

同一專利權有多件舉發案者，專利專責機關認有必要時，得合併審查。

依前項規定合併審查之舉發案，得合併審定。

解說

同一專利權，本即得提起多件舉發案，就如用同一個專利權可以抓很多個侵權人在不同時間地點的侵權行為。此時實務上常見這多個侵權人，就使用不同證據或理由對同一專利權，向專責機關提起多個舉發案。100年修正專利法導入逐項舉發制度之後，此種情形將更形多見，然而各舉發案通常舉發事由不同，或

者更正案依附之舉發案有別，各有不同之使用證據或其他攻擊防禦方法，為避免後續行政救濟程序之複雜化，各舉發案應依各自舉發聲明內之爭點及程序進行審查；惟各舉發案間有舉發爭點相同或相關聯者，若合併審查相關舉發案可避免重複審查程序、前後審查矛盾及提高審查時效時，得例外採行合併審查。再者為尊重當事人的程序處分權，合併審查僅屬各舉發案程序的合併，原則上仍就各舉發案的爭點分別審查，審查人員不得因合併而逕自將各舉發案的證據互相組合或援引，在合併審查多件舉發案時，應將各舉發案提出之理由及證據通知各舉發人及專利權人，各舉發人及專利權人得於指定期限內就各舉發案提出之理由及證據陳述意見或答辯。

本條第2項規定合併審查者，得合併審定。合併審定之多件舉發案，審定書主文應就各舉發案所聲明請求項，逐項載明審定結果，惟合併審查多個舉發案亦得各別審定。由於導入逐項舉發、逐項審定制度之後，後續行政救濟之複雜程度隨之增高，因此若合併審定會增加行政救濟之複雜程度時，仍以各別審定為宜。

老王申請了一件專利「眞實世界之網路遊戲」發明專利，詳載了使用於攜帶式電腦，如後來問世的智慧型手機和平板，如何透過GPS系統回傳使用者在眞實世界的地理位置，並且結合遊戲商業模式運作。未料竟使「寶可夢」相關遊戲的外國廠商，因為擔心可能會遭遇老王提起侵權訴訟，因此決定在台灣暫不上市。一群想玩寶可夢想到瘋的民眾，對此感到十分為難。隨即檢附各種證據，對系爭專利蜂擁而上提起多件舉發案。面對這些舉發案，專利專責機關應如何處理？

專利專責機關此時依專利法第78條規定，得把這些舉發案，合併審查作成決定。

第79條（舉發案審查人員之指定）
專利專責機關於舉發審查時，應指定專利審查人員審查，並作成審定書，送達專利權人及舉發人。
舉發之審定，應就各請求項分別為之。

解說

由於申請案與舉發案之審查內容及適用程序並不相同，原申請案審查人員於舉發審查時並無迴避之必要。因此專利專責機關於舉發審查時，應指定專利審查人員審查，並作成審定書，送達專利權人及舉發人。使得兩造利害關係相反者均知悉審定結果，以利受到不利處分的一方迅即提起救濟。

舉發應逐項審定，舉發審定是就舉發人所提舉發聲明範圍內的全部或部分請求項予以逐項審查之結果，各請求項審查結果可能爲舉發成立、舉發不成立或舉發駁回，舉發審定書主文，是載明各請求項之審定結果，在發明、新型就舉發聲明範圍請求撤銷的請求項載明審定結果；於沒有所謂請求項的設計專利，就全案載明審定結果。

第80條（舉發案撤回之限制）
舉發人得於審定前撤回舉發申請。但專利權人已提出答辯者，應經專利權人同意。

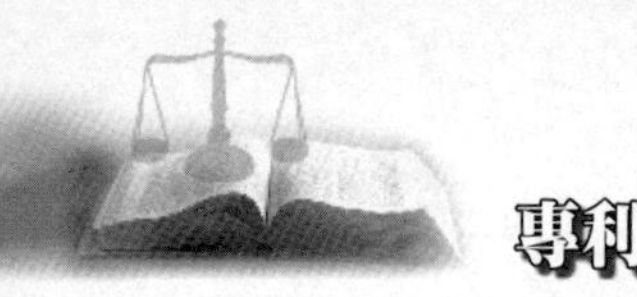

專利專責機關應將撤回舉發之事實通知專利權人；自通知送達後十日內，專利權人未為反對之表示者，視為同意撤回。

解說

考慮到專利權人程序利益之保障，當舉發案經專利權人答辯後，舉發人始主張撤回者，明定應經專利權人同意。

本條第1項爲舉發審定前得撤回舉發申請及專利權人有答辯者應經其同意之規定。舉發人本得於審定前撤回舉發申請，但該舉發案如已經專利權人答辯，爲保障專利權人之程序利益，規定應經專利權人同意。如舉發人減縮舉發聲明（實質相當於撤回部分請求項之舉發），專利權人已就原舉發聲明答辯者，因未損及專利權人之利益，爲利於程序之進行，原則上無須通知專利權人表示意見。當舉發人減縮舉發聲明至未請求撤銷任何請求項，等同撤回舉發申請，則應經專利權人同意。至於撤回舉發後同一舉發人得否再提舉發一事，由於任何人均可提起舉發，即使條文中限制原舉發人不得再提起，其仍可由第三人再行提起，則限制原撤回舉發之人不得再提出舉發，並無實益，併予說明。

本條第2項爲專利權人受撤回通知後逾期未表示意見時擬制同意撤回之法律效果。因爲前項規定專利權人已答辯者，應經專利權人同意，專利專責機關收到該撤回舉發申請時，應將撤回舉發之事實通知專利權人知悉，但爲避免專利權人同意與否遲遲未答覆，造成舉發案是否續行無法確定，所以參考民事訴訟法第262條第4項及行政訴訟法第113條第4項規定，明定專利權人於收受撤回通知後一定期間內不爲反對之表示者，視爲同意撤回。

佩君對老王的專利案提起舉發後又決定撤回，此時智慧局請老王表示意見，請問老王最妥當的反應爲何，結果如何最有利？

此時老王應審慎評估，本案舉發成立的可能性。如果根據雙方聲明與答辯資料上的攻防判斷，佩君舉發不成立的機率很高。此時老王利益的最大化在於，應該根據雙方程序與實體利益的權衡，可以考慮讓程序走完，不讓佩君撤回。一旦舉發不成立，這同一批事實證據就不能作爲相關舉發理由再次提起之用，而有舉發不成立一事不再理的適用。而如果系爭專利被舉發成立機率高的話，通常舉發人不會考慮撤回，若此時願意舉發人仍願意撤回，自屬權利人求之不得，老王應該會答應。

第81條（一事不再理）

有下列情事之一，任何人對同一專利權，不得就同一事實以同一證據再為舉發：

一、他舉發案曾就同一事實以同一證據提起舉發，經審查不成立者。

二、依智慧財產案件審理法第三十三條規定向智慧財產法院提出之新證據，經審理認無理由者。

解說

本條爲一事不再理之規定。100年修正時擴大適用範圍，且因該次修正導入逐項舉發、逐項審定後，同一專利權是以請求項來認定，故應就同一請求項判斷是否有一事不再理之適用。以下就本條、項各款規定說明如下：

第1款爲凡舉發案經審查不成立者，不論是否審查確定，任何人不得以同一事實及同一證據，再爲舉發。其目的在避免他人反覆利用舉發制度，妨害專利權之行使及拖延程序或訴訟。

第2款爲100年修正時所增訂，當時智慧財產案件審理法第33條規定。依112年初修正後爲現行智慧財產案件審理法第70條第1項規定，當事人於行政訴訟言詞辯論終結前，就同一撤銷或廢止理由提出之新證據，智慧財產法院仍應審酌之。同條第2項規定，智慧財產專責機關就前項新證據應提出答辯書狀，表明他造關於該證據之主張有無理由。

故舉發人在行政訴訟中依智慧財產案件審理法第33條規定提出新證據，並經智慧財產法院判決該新證據不足以撤銷系爭專利權時，因當事人已就該證據充分表示意見，雙方進行有效攻防過，並經智慧財產法院審理，就會產生類似民事訴訟法上的爭點效。故智慧財產法院既已判決該新證據不足以撤銷系爭專利權，自應對嗣後回到專利主管機關的舉發程序有拘束效力，該新證據及此同一事實亦有一事不再理之適用，以防止紛爭之再燃。但如果在前訴訟中呈庭的舉發證據，其證據適格有問題；比如無法證明該證據公開時間早於系爭專利案的申請日，因此爲法院所不採，經審理認無理由者。若後舉發案中所列證據組合對此提出補強，證明該證據公開時間早於系爭專利案的申請日，則不在本款所指同一事實及同一證據內。此時判斷證據適格與內容，已與前審言詞辯論終結期日前狀態不同，自可據此再爲舉發。

惟此「一事不再理」規定之適用，有利有弊，一方面雖然防止舉發、重複審查；另一方面卻限制了舉發之再提起。爲了要平衡當事人與公眾的利益，避免一事不再理造成爭議，100年修正後舉發審查基準對於一事不再理做了一些相關之規定，例如同一事實同一證據嚴格認定、限縮一事不再理之適用時機，以後舉發案提起時，前舉發案是否審定爲斷。及以請求項來認定是否有一事不再理之適用等，由這樣的調整使一事不再理之適用較爲嚴謹，以避免不合理地限制第三人再次提起舉發，並緩和一事不再理擴大適用範圍所造成之爭議。

第82條（舉發之審定）
發明專利權經舉發審查成立者，應撤銷其專利權；其撤銷得就各請求項分別為之。
發明專利權經撤銷後，有下列情事之一，即為撤銷確定：
一、未依法提起行政救濟者。
二、提起行政救濟經駁回確定者。
發明專利權經撤銷確定者，專利權之效力，視為自始不存在。

解說

發明專利權在舉發審查時得就每一請求項審定是否撤銷，本條明定撤銷後之法律效果。

同本法第73條規定，舉發得就部分請求項提起，因此依本法第79條第2項，舉發之審定當然也應就各請求項分別爲之，由於各請求項分別審定之結果，形成專利權可分項撤銷之效果。

第2項第1款規定發明專利權經撤銷確定之情形。是否撤銷確定，應俟未有其他行政救濟程序，包含訴願與行政訴訟，或已提起行政救濟經駁回確定者，方爲撤銷確定。本條所稱之撤銷，係依本法第71條舉發撤銷之情形。

第2項第2款規定發明專利權經撤銷確定後之效力。經撤銷之專利權，自始即有不應核准之情事，不應取得專利權，既自始無

法取得專利權，則其專利權應溯及既往消滅，因此明定專利權效力視爲自始不存在。

在專利權有效期間，權利人可能已經將該專利權如專利法第62條第1項之規範，在收取授權金後授權他人實施。此時專利權已不復存在，在我國現行實務上被授權人不能以主張民法上的權利瑕疵擔保或不當得利，要求權利人返還授權金。

但依智慧財產案件審理法第41條第1項，在專利訴訟中法院所爲有效性判斷。現行實務上如果法院對某特定專利所爲至少一次判斷爲無效，基本上會對該專利權嗣後的其他系爭專利訴訟，起到民事訴訟法上的爭點效。雖然後訴訟中原被告可能並不完全相同，可謂修正式的爭點效。該專利權也都會被後續判決，引用相同證據組合與事由判斷爲無效。

佩君有四件專利，均被舉發爲智慧財產局審定撤銷。A專利佩君之後未再做任何動作，B專利提起訴願被駁回，C專利起訴後被智慧財產法院判決敗訴，D專利上訴最高行政法院判決維持原審判決。請問哪幾件專利的撤銷已經確定？

A、D專利基本上都已經沒有救濟可能而宣告確定，B、C專利在相關救濟法制所規定時限內仍有以司法管道提起救濟，如起訴或上訴的可能，因此這兩件專利則仍未確定。

第83條（延長發明專利舉發程序準用規定）

第五十七條第一項延長發明專利權期間舉發之處理，準用本法有關發明專利權舉發之規定。

解說

依本法第57條第1項延長發明專利權期間舉發之處理，準用有關發明專利權舉發之規定。延長發明專利權期間本質上是產生一個新的權利延長，因此對於有不應延長而獲得延長的情況，也適用本法有關發明專利權舉發之規定。具體所準用發明專利權舉發之各項規定包含：

一、準用第72條：利害關係人對於延長專利權期間之撤銷，有可回復之法律上利益者，得於延長專利權當然消滅後，提起舉發。

二、準用第73條第1項：延長專利權期間之舉發，應備具申請書，載明舉發聲明、理由，並檢附證據。惟延長案之舉發，舉發聲明並非撤銷請求項之專利權，而係就「核准延長期間」或「超過發明無法實施之期間」聲明撤銷該期間之部分延長專利權。

三、準用第73條第3項：舉發聲明，提起後不得變更或追加，但得減縮。因此，延長案之舉發聲明所記載之期日，如有變更者，不得延長原聲明之期間。舉發人如變更期日記載，導致延長原聲明期間者，應通知舉發人不得變更聲明，並限期修正，逾期未爲修正，該舉發案應不予受理。

四、準用第73條第4項：舉發人補提理由或證據，應於舉發後三個月內爲之，逾期提出者，不予審酌。

五、準用第74條：專利專責機關認有必要，通知舉發人陳述意見、專利權人補充答辯或申復時，舉發人或專利權人應於通知送達後一個月內爲之。除准予展期者外，逾期提出者，不予審酌。

六、準用第75條：專利專責機關於延長專利權期間舉發審查時，在舉發聲明範圍內，得依職權審酌舉發人未提出之理由

及證據，並應通知專利權人限期答辯；屆期未答辯者，審查人員逕予續行審查。惟所述「舉發人未提出之理由及證據」係指專利專責機關所知悉可證明核准延長期間不當，或核准延長期間超過發明無法實施期間之理由及證據。

七、準用第76條：於延長專利權期間舉發審查時，得依申請或依職權通知專利權人限期至專利專責機關面詢。

八、準用第77條：延長專利權期間舉發案件審查期間，有更正案者，應合併審查及合併審定。前項更正案經專利專責機關審查認應准予更正時，應將更正說明書、申請專利範圍或圖式之副本送達舉發人。但更正僅刪除請求讀者，不在此限。同一舉發案審查期間，有二個以上之更正案者，申請在先之更正案，視爲撤回。

九、準用第78條：同一專利權有多件延長專利權期間舉發案者，專利專責機關認有必要時，得合併審查，並得合併審定。

十、準用第79條第1項：專利專責機關於延長專利權期間舉發審查時，應指定專利審查人員審查，並作成審定書，送達專利權人及舉發人。

十一、準用第80條：舉發人得於審定前撤回舉發申請。但專利權人已提出答辯者，應經專利權人同意。

十二、準用第81條：適用「一事不再理」之規定，舉發聲明所載撤銷專利權延長期間之事實及證據所構成之爭點經審查不成立者，不論是否審查確定，任何人復以同一事實以同一證據再爲舉發，均無再爲審查之必要，應審定舉發駁回。前述「同一事實以同一證據」亦擴大適用於依智慧財產案件審理法第70條規定，向智慧財產法院及商業法院提出之新證據，經審理認無理由者。

第84條（刊登專利公報）
發明專利權之核准、變更、延長、延展、讓與、信託、授權、強制授權、撤銷、消滅、設定質權、舉發審定及其他應公告事項，應於專利公報公告之。

解說

本條規定主管機關應將社會大眾所須知悉之專利權公告事項，刊載於專利公報。為鼓勵、保護、利用創作，以促進產業發展，技術提升，以及達到公示之目的。因為專利權畢竟是無體財產權，不像房地產或車輛有一望即知的外觀界線，此種無體財產權的權限，必須依靠相關刊物的揭示與登記。

各國立法例均有明定將專利權有關事項刊載公報予以公告之制度，至於公報名稱則有專利公報、政府公報、公告公報、公開公報等。發明專利權之核准、變更、延長、延展、讓與、信託、授權、強制授權、撤銷、消滅、設定質權、舉發審定等種種權利的得喪變更事項，涉及公眾權益，因此明定應刊載專利公報。所稱其他應公告事項，是指除本條所列之事項外，依本法其他條文規定必須刊載公報或應公告之事項者，例如第39條第2項規定，應將請求審查之事實刊載於專利公報、第68條第2項規定，核准更正說明書或圖式者，應刊載專利公報公告之。

第85條（專利權簿）
專利專責機關應備置專利權簿，記載核准專利、專利權異動及法令所定之一切事項。

前項專利權簿，得以電子方式為之，並供人民閱覽、抄錄、攝影或影印。

解說

本條規定專利權簿之備置、專利權簿應記載之事項及得以電子方式爲之。

本法第47、68、84條等規定，經核准之專利，應將其申請專利範圍及圖式公告，核准更正或專利權異動時亦同，因此，專利專責機關亦應備置專利權簿並登載核准之專利相關內容，以供人民參閱專利權之狀態。這是將無法一望即知的無體專利財產權，比照無法一眼看盡的不動產，必須通過登記的方式確定其權利範圍，且向社會大眾公告之。

本條第1項明定專利專責機關應備置專利權簿之義務。92年修正專利法時，爲期更簡潔明瞭，僅規定應記載核准專利及專利權異動及法令所定之一切事項，而將專利權簿上應登載何等事項移至專利法施行細則第82條規定，也使得主管機關可以更靈通機動的規範專利權簿上應登載何等事項。

第2項則係基於資訊公開之精神，明定任何人均得查閱專利權簿，又爲因應網路科技環境快速發展，明定專利權簿也得以電子方式爲之。使得社會大眾要查閱相關情資不需要大老遠跑到智慧財產局，在家上網就可以知道了。

第86條（以電子方式公開資料）

專利專責機關依本法應公開、公告之事項，得以電子方式為之；其實施日期，由專利專責機關定之。

解說

為配合推廣政府資訊處理標準，健全電子化政府環境，依本法應公開、公告之事項，如得以電子方式為之將更有效率，節省政府與人民的勞費，有利於減少砍伐樹木保育環境。因此法源明定於此，並授權由專利專責機關另定實施日期。專利專責機關智慧財產局於101年11月21日公告，自102年1月1日起停止發行紙本專利公報及發明公開公報，改以電子式（光碟版）及網路化（網路公報）服務型態取代。

第五節　強制授權

第87條（強制授權事由）

為因應國家緊急危難或其他重大緊急情況，專利專責機關應依緊急命令或中央目的事業主管機關之通知，強制授權所需專利權，並儘速通知專利權人。

有下列情事之一，而有強制授權之必要者，專利專責機關得依申請強制授權：

一、增進公益之非營利實施。

二、發明或新型專利權之實施，將不可避免侵害在前之發明或新型專利權，且較該在前之發明或新型專利權具相當經濟意義之重要技術改良。

三、專利權人有限制競爭或不公平競爭之情事，經法院判決或行政院公平交易委員會處分。

就半導體技術專利申請強制授權者，以有前項第一款或第三款之情事者為限。

專利權經依第二項第一款或第二款規定申請強制授權者，以申請人曾以合理之商業條件在相當期間內仍不能協議授權者為限。
專利權經依第二項第二款規定申請強制授權者，其專利權人得提出合理條件，請求就申請人之專利權強制授權。

解說

強制授權是指非出於專利權人自由之意願，由專利專責機關基於法律規定，強制專利權人將其專利授權他人實施。100年專利法修正前將此制度稱爲「特許實施」；惟因「特許」之用語與條文所規範之概念尙屬有間，爲免誤解，因此將「特許實施」之用語修正爲「強制授權」。2020年初新冠肺炎大流行後，醫藥品相關專利被「強制授權」的可性能大增，本條重要性大爲增加。

專利權之授予使專利權人擁有排他效力之權利，授予專利權之目的是爲鼓勵發明創造，讓有利於產業發展之新技術公諸於世，避免重複研究，也促進技術之推廣應用。專利權之實施，不僅涉及專利權人本人，同時也關係到公眾的利益。專利權人擁有的，並不是絕對性之權利。因此，多數國家在賦予專利權之同時，均有強制授權之規定，以防制專利權人濫用權利或公益目的無法達成，在全球現今面對新型傳染病疫情嚴重威脅的此刻，這更爲重要。

強制授權之立法目的係爲了衡平專利權排他權的特性，而透過政府公權力介入方式，暫時中斷該專利權對於強制授權所允許之實施的排他權能，俾使該技術利用或其對價回歸合理狀態的一種機制。但由於強制授權是對於專利權作例外之限制，各國對於強制授權的適用均趨謹慎，故自1995年WTO成立以來，於實務上作成強制授權個案相當有限，且多限於與公共衛生及生命健康息息相關之醫藥品專利。

強制授權之本質以公權力干預人民原本得以私法自治處分之財產權，其事由應具體明確方符合正當法律原則與法律保留原則，因此於本條第1項與第2項明確規定。

一、第1項規定因國家緊急危難或其他重大緊急情況而為強制授權之情形

當國家處於緊急情況之非常時期，例如遭遇戰爭、天然災害時，當然應以國家利益為優先；此時如有實施專利權之必要時，自得不待專利權人同意，強制其授權實施。專利法100年修正前，對於此強制授權事由，僅規定為因應國家緊急情況，專利專責機關得依申請為強制授權。100年修正專利法時，參照憲法增修條文第2條第3項規定，將原條文「緊急情況」之用語，並參考TRIPS第31條第(b)款，增列「其他重大緊急情況」之規定。

另一方面，如果對於強制授權須一律依申請程序為之，對於相關行政主管機關因國家緊急危難或其他重大緊急情況，而判斷需強制授權之情況，恐有導致處理時效延宕之虞。因此為求即時速效，100年修正專利法時，將本項強制授權之事由與其他事由區隔規定。遇此等情況時，專利專責機關應依緊急命令或需用專利權之中央目的事業主管機關之通知而強制授權所需用之專利權，毋庸再經申請，專利專責機關對於「國家緊急危難或其他重大緊急情況」之要件亦不再作實質之認定，俾使此種情況下可以儘速進行強制授權，達成行政目的，並使權責劃分明確。專利專責機關並應於強制授權後，儘速通知專利權人。

二、第2項規定依申請而爲強制授權之情形

包括下述三款情事，惟各該申請案仍須經專利專責機關認定有強制授權之必要時，始得准其強制授權之申請。

(一) 增進公益之非營利實施。此主要是指基於公共利益之目的，例如公共衛生、人民健康、環境保護等事由，爲增進公眾福祉，有實施專利權之必要。

(二) 發明或新型專利權之實施，將不可避免侵害在前之發明或新型專利權，且較該在前之發明或新型專利權具相當經濟意義之重要技術改良：

本款是在後發明或新型實施在先發明或新型而爲強制授權之規定。所謂在後發明或在後新型，係指利用前一個發明或新型之主要技術內容之發明，其本質上爲獨立之創作；而利用他人發明或新型之主要技術內容，係指利用原申請案之申請專利範圍之任何一項請求項中的主要技術內容及特點。在判斷上須比對其與先申請案之說明書及圖式，經由比對發明或新型申請案中有關先前技術、發明目的、技術內容、特點及功效，以決定是否有利用他人發明或新型之主要技術內容。構成在後發明或在後新型之技術既然係利用到他人發明或新型之主要技術內容所完成，其於實施時，不可避免一定會運用到原發明或新型之技術內容，如未經同意而實施，仍然構成侵權。因此在爲商業上之實施時，原發明專利權人或新型專利權人欲使用在後發明或在後新型，亦須得到同意。

在後發明或在後新型之權利人應取得原發明專利權人或新型專利權人之授權方得實施，此原爲私法自治事項，然而，爲了促進技術流通，避免不合理的阻止實施，爰參照TRIPS第31條第(1)款第1、2目明定在後發明或在後新型之權利人得申請強制授權，但須該在後發明或新型所表現之技術，較原發明或新型，具相當經濟意義之重要技術改良者始得爲之。

(三) 專利權人有限制競爭或不公平競爭之情事，經法院判決或行政院公平交易委員會處分。

本款是爲了避免專利權人濫用其權利。100年專利法修正後，因專利權人有限制競爭或不公平競爭之情事申請強制授權者，於經法院判決或行政院公平交易委員會處分後，即得提出申請，無須待該判決或處分確定才提出。此修正係TRIPS第31條第(k)款之規定，以強制授權作爲救濟反競爭之情況，僅須經司法或行政程序認定具反競爭性即爲已足，並不以待此等程序終局確定爲必要；此外，依據我國法制現況，法院判決得經三級三審，行政處分亦須經訴願、高等行政法院及最高行政法院審理後，才終局確定。若須待處分確定才能申請強制授權，反競爭行爲之情況，可能已因時勢之變遷而有不同，無法達到以強制授權適時糾正專利權人反競爭行爲之目的。此外畢竟是對專利權人的財產權以重大干預，公平會處分或法院判決若有日後撤銷或廢棄的情況，可向專利專責機關申請廢止強制授權；若是有因強制授權而致有難以回復之情況者，權利人於提起行政救濟時，可依訴願法及行政訴訟法同時申請停止執行，現行法制已有相關制度可爲因應。

三、第3項規定係參照TRIPS第31條第(c)款，明定就半導體技術專利申請強制授權者，以有第2項第1、3款情事者爲限。

四、第4項規定係將「申請人曾以合理之商業條件在相當期間內仍不能協議授權」，明定爲依本條第2項第1款或第2款申請強制授權之前提要件

「申請人曾以合理之商業條件在相當期間內仍不能協議授

權」原為100年修正前第76條第1項所定得作為強制授權之事由之一，惟衡量我國實務運作之情況，該規定於適用上，易與反競爭之強制授權產生解釋及適用上之重疊。經再研析TRIPS第31條之內容、學界意見並參考日本特許法第92、93條、德國專利法第24條等規定，將其修正為現行條文，以免有弱化專利法所賦予專利權人排他專屬權之疑義。而所謂合理之商業條件及相當期間之判斷，應於具體個案認定之。一般而言，協議之條件應包括授權權利金金額、授權期間、權利金支付方式、授權實施之技術範圍及地域等。

五、第5項規定在先之發明或新型專利權，經在後發明或新型專利權人依第2項第2款規定申請強制授權者，該在先之專利權人得申請強制授權之規定

此係依照TRIPS第31條第(l)款第2目之規定，允許強制交互授權之意。

如果楊醫師判斷新品種肺炎病毒NERS即將在台灣大流行，擔心藥品儲備不足，因此要對羅姆公司所有唯一可快速治癒〈科流康〉藥品在我國取得的專利進行強制授權，應如何辦理？

楊醫師如果直接向專利專責機關申請強制授權，一方面曠日費時，另一方面因為楊醫師本人不具備實施的條件，沒有開藥廠，也無生產能力，通過的可能性不高。因此最好的方式是楊醫師向衛生主管機關建議此案，由衛生主管機關出面向專利專責機關申請，依據專利法第87條第1項對羅姆公司所有唯一可快速治癒〈科流康〉藥品在我國取得的專利進行強制授權，這樣才會妥當。

第88條（強制授權審查程序）

專利專責機關於接到前條第二項及第九十條之強制授權申請後，應通知專利權人，並限期答辯；屆期未答辯者，得逕予審查。

強制授權之實施應以供應國內市場需要為主。但依前條第二項第三款規定強制授權者，不在此限。

強制授權之審定應以書面為之，並載明其授權之理由、範圍、期間及應支付之補償金。

強制授權不妨礙原專利權人實施其專利權。

強制授權不得讓與、信託、繼承、授權或設定質權。但有下列情事之一者，不在此限：

一、依前條第二項第一款或第三款規定之強制授權與實施該專利有關之營業，一併讓與、信託、繼承、授權或設定質權。

二、依前條第二項第二款或第五項規定之強制授權與被授權人之專利權，一併讓與、信託、繼承、授權或設定質權。

解說

強制授權因爲對於人民的財產權構成重大的干預，必須符合法律保留原則，因此本條就其程序要件以及限制有明確規定。第87條區分依緊急命令或中央目的事業主管機關之通知而爲強制授權，以及依申請而爲強制授權。

一、本條第1項即對於依申請而爲強制授權之程序爲進一步規範，以兼顧公共利益與專利權人權益的平衡

因強制授權對專利權人權益將有實質重大影響，爲落實程序保障，應給予專利權人有陳述意見之機會，因此明定應交付答

辯；並且強制授權申請人所提出之申請書，以及檢附之實施計畫書與相關證明文件，應一併交付專利權人答辯，以免構成突襲事由。專利權人收到本項之通知後，應於專利專責機關所限定之期間內答辯。惟此期間性質並非法定期間，專利權人如逾越此一期間，但在審定前答辯者，專利專責機關仍應依第17條規定予以受理。又為避免程序延宕，專利權人屆期未答辯者，專利專責機關得逕予審查而做決定。

二、第2項規定強制授權實施範圍之限制

強制授權是對專利權人行使權利之限制，因此縱然准予強制授權，其得實施之範圍不宜漫無限制，以免逾越憲法上之比例原則，因此明文規定以供應國內市場需要為主。惟基於專利權人有限制競爭或不公平競爭情事而為強制授權者，參考TRIPS第31條第(k)款之規定，如為了矯治該等情事而有必要，則得不受此限制。此外限制競爭之不利益與整體經濟利益之衡量，須考量國內外多元複雜之因素，與市場之劃定是否侷限於國內市場，亦需視個別產業之情況而為認定，上開判斷既屬行政院公平交易委員會及法院之權責，則就是否以供應國內市場需要為主，理亦應依公平會處分及法院之判決認定之。

三、第3項規定強制授權審定書作成之方式及其應載明之事項

包括理由、範圍、期間及補償金。強制授權雖使得申請人得在非專利權人自由意願下實施其專利，但並非無償實施，仍須支付專利權人適當之金額，因為此種實施已經專利專責機關核准，不會有侵權過失責任的成立，因此不稱賠償金，而稱補償金。100年修法前，就強制授權之被授權人應給與專利權人適當補償金之規定，操作上是採二階段之方式，亦即於第一階段係立基於尊重雙方之補償金協議權，若雙方無法達成協議或有爭執時，則

進入第二階段，由專利專責機關介入核定。惟此協議先行之方式耗時費日，使專利權人無法適時得到補償，爰明定由專利專責機關於准予強制授權時即一併核定適當之補償金。

四、第4項係參照TRIPS第31條第(d)款「無專屬性」規定之內涵，明定強制授權應屬非專屬性質，從而不妨礙原專利權人實施其專利權。

五、第5項係參照TRIPS第31條第(e)款規定，明定強制授權應與有關之營業一併轉讓、信託、繼承、授權或設定質權，以利後續技術相關轉移，免法律關係複雜化。

如果楊醫師判斷新品種病毒NERS即將在台灣大流行，擔心藥品儲備不足，因此要對羅姆公司所有唯一可快速治癒〈科流康〉藥品在我國取得的專利進行強制授權，衛生主管機關出面向專利專責機關申請，依據專利法第87條第1項對羅姆公司所有唯一可快速治癒〈科流康〉藥品在我國取得的專利進行強制授權，此時羅姆公司接到通知後有何權利可以主張？

專利專責機關於接到之強制授權申請後，應依專利法第88條第1項通知專利權人羅姆公司，並限期答辯；屆期未答辯者，得逕予審查。羅姆公司的答辯內容可以考慮在此與官方達成和解，簽訂行政契約。允諾若羅姆公司可以提供數量上足供預防此一疫情的藥品時，政府即不對該專利實施強制授權。

第89條（強制授權之廢止）

依第八十七條第一項規定強制授權者，經中央目的事業主管

機關認無強制授權之必要時，專利專責機關應依其通知廢止強制授權。

有下列各款情事之一者，專利專責機關得依申請廢止強制授權：

一、作成強制授權之事實變更，致無強制授權之必要。

二、被授權人未依授權之內容適當實施。

三、被授權人未依專利專責機關之審定支付補償金。

解說

本條係參照TRIPS第31條第(g)款，規定關於廢止強制授權之事由。強制授權爲對專利權人行使權利之限制，如該限制之原因已消滅，自應終止。配合強制授權區分爲依緊急命令或其他機關之通知而爲強制授權，以及依申請而爲之強制授權，本條第1、2項亦分別規定終止之程序。

一、依緊急命令或中央目的事業主管機關之通知而爲之強制授權，則是否因情事變更認已無強制授權之必要而應廢止者，亦應以需用專利權之中央目的事業主管機關之通知爲據。

二、依申請而爲之強制授權，100年修正前專利法規定經授予強制授權之人違反強制授權之目的時，專利專責機關得廢止其強制授權；惟所謂如違反特許實施之目的，所指爲何，實務之審查及判斷上易生爭議，100年修法時明定得申請廢止強制授權之事由。又強制授權之法律性質，係藉由強制授權之處分，強制雙方締結授權契約，因此在作成強制授權之處分後，即擬制雙方成立授權合約之狀態。強制授權後有無廢止該授權之必要，自應交由利害關係人加以主張，屬於當事人私法自治的範圍，主管機關實無必要介入，故刪除「依職權廢止」之規定。

強制授權之適用本質上相當於行政法上的徵收徵用，是主管機關對於當事人財產權的蠻橫干預。在我國實務上有價值被強制授權的專利，又往往是外國權利人所有。因此究之於過往實務經驗，強制授權往往會引起劇烈的國際糾紛，現在主管機關已經輕易不敢這樣做了。

第90條（醫藥品強制授權：事由及程序）

為協助無製藥能力或製藥能力不足之國家，取得治療愛滋病、肺結核、瘧疾或其他傳染病所需醫藥品，專利專責機關得依申請，強制授權申請人實施專利權，以供應該國家進口所需醫藥品。

依前項規定申請強制授權者，以申請人曾以合理之商業條件在相當期間內仍不能協議授權者為限。但所需醫藥品在進口國已核准強制授權者，不在此限。

進口國如為世界貿易組織會員，申請人於依第一項申請時，應檢附進口國已履行下列事項之證明文件：

一、已通知與貿易有關之智慧財產權理事會該國所需醫藥品之名稱及數量。

二、已通知與貿易有關之智慧財產權理事會該國無製藥能力或製藥能力不足，而有作為進口國之意願。但為低度開發國家者，申請人毋庸檢附證明文件。

三、所需醫藥品在該國無專利權，或有專利權但已核准強制授權或即將核准強制授權。

前項所稱低度開發國家，為聯合國所發布之低度開發國家。

進口國如非世界貿易組織會員，而為低度開發國家或無製藥能力或製藥能力不足之國家，申請人於依第一項申請時，應檢附進口國已履行下列事項之證明文件：

一、以書面向中華民國外交機關提出所需醫藥品之名稱及數量。

二、同意防止所需醫藥品轉出口。

解說

本條係爲了協助無製藥能力或製藥能力不足之國家解決其公共衛生問題，透過強制授權醫藥品專利之制度，使製成之醫藥品得以出口至該國家。

長期以來，開發中國家及低度開發國家遭受愛滋病、肺結核、瘧疾及各種其他傳染病肆虐所苦，這些藥品需用國家因經濟發展低落，無力負擔治療前揭疾病所需之專利醫藥品。TRIPS第31條雖規定，WTO會員國得因國家緊急危難或其他緊急情況或爲增進公益之非營利使用，強制授權生產所需之醫藥品。然而開發中國家及低度開發國家縱依該規定強制授權，仍因國內無製藥能力或製藥能力不足，而無法取得所需醫藥品。爲解決前述問題，WTO杜哈部長會議於2001年11月14日，通過「TRIPS協定和公共衛生宣言」（*Declaration on The TRIPS Agreement and Public Health*，簡稱杜哈部長宣言），揭示公共衛生問題與TRIPS間之關聯性，並責成TRIPS理事會應提出解決方案。2003年8月30日，WTO總理事會依據杜哈部長宣言，作成執行杜哈部長宣言第6段之決議（Implementation of Paragraph 6 of the Doha Declaration on the TRIPS Agreement and Public Health，簡稱總理事會決議）。總理事會決議對TRIPS第31條第(f)款「強制授權以供應國內市場爲主」之條件，在特定條件下予以豁免；並對TRIPS第31條第(h)款補償金之衡量標準配合調整，以及防止雙重補償之機制。在TRIPS未完成修法前，各會員並得依據本決議執行。WTO總理事會嗣於2005年12月6日通過TRIPS理事會所提出之TRIPS修正議定書（Protocolamending the TRIPS Agreement）。依據相關WTO協定第10條第3項規定，須在三分之二的WTO會員接受該修正議定書後，TRIPS增修部分始予生效。因爲此項送交各會員同意之工作進度尚難預期，且總理事會決議與TRIPS協定修正案之實體內容均屬相同，而其在TRIPS協定尚未修正通過前，對會員有同樣之效力。

爲遵循總理事會決定並協助無製藥能力或製藥能力不足之國家取得醫藥品，我國於100年修法時亦引進總理事會決議內容之機制，並參考加拿大、挪威之規定，對於非WTO會員，亦本於人道精神，規定在其符合一定要件並同意遵守防止強制授權醫藥品轉出口之相關規定時，亦有向我國進口強制授權專利醫藥品之資格。本條係規定發動之事由及程序，以符合法律保留事由。

第91條（醫藥品強制授權：出口及補償金）

依前條規定強制授權製造之醫藥品應全部輸往進口國，且授權製造之數量不得超過進口國通知與貿易有關之智慧財產權理事會或中華民國外交機關所需醫藥品之數量。

依前條規定強制授權製造之醫藥品，應於其外包裝依專利專責機關指定之內容標示其授權依據；其包裝及顏色或形狀，應與專利權人或其被授權人所製造之醫藥品足以區別。

強制授權之被授權人應支付專利權人適當之補償金；補償金之數額，由專利專責機關就與所需醫藥品相關之醫藥品專利權於進口國之經濟價值，並參考聯合國所發布之人力發展指標核定之。
強制授權被授權人於出口該醫藥品前，應於網站公開該醫藥品之數量、名稱、目的地及可資區別之特徵。
依前條規定強制授權製造出口之醫藥品，其查驗登記，不受藥事法第四十條之二第二項規定之限制。

解說

本條第1、2項係參考總理事會決議第2條第b項，規範強制授權被授權人所應遵守之要件，以避免授權製造之醫藥品數量超過進口國所需造成外流，並避免依強制授權製造之醫藥品與專利權人或其被授權人之產品混淆，包括：

一、強制授權製造之醫藥品數量必須符合合格進口國所需之數量，並且全部出口至該國。

二、授權製造之醫藥品必須清楚標示其係依照本決議所設置之制度而製造，並與專利權人或其被授權人所製造之醫藥品在顏色或形狀上有足以區別之顯著不同。

三、被授權人應在運送該醫藥品前，應於網站公開出口醫藥品之數量、名稱、目的地及可資區別之特徵於該網站。

第3項係參考總理事會決議第3條，規定補償金之計算標準，應衡量該專利權於進口國之經濟價值；又該專利權於進口國之經濟價值，因該專利於該國或未申請專利、或未上市，有時甚難判斷，故參考加拿大之立法例，規定專利專責機關得參考進口國之聯合國人力發展指標，作為客觀之補償金輔助計算標準。

總理事會決議第2條第b項第3款有關於被授權人公開相關資訊之義務，因尚非得否取得強制授權之要件，而係取得強制授權後之管理措施，第4項明定之。

按藥事法第40條之2第2項規定：「新成分新藥許可證自核發之日起三年內，其他藥商非經許可證所有人同意，不得引據其申請資料申請查驗登記。」該規定即一般所稱之資料專屬權。因如申請人已獲得專利權之強制授權，如仍受資料專屬權限制，致無法製造出口，顯與杜哈部長宣言所揭櫫之意旨不符。爰參考加拿大及歐盟之立法例，於第5項規定申請人如依第90條規定取得強制授權，其查驗登記即不受藥事法第40條之2第2項資料專屬權之限制。

第六節　納　費

第92條（規費）
關於發明專利之各項申請，申請人於申請時，應繳納申請費。核准專利者，發明專利權人應繳納證書費及專利年費；請准延長、延展專利權期間者，在延長、延展期間內，仍應繳納專利年費。

解說

本條係有關繳納專利申請相關規費之規定。對於專利之申請，如符合專利法之規定而給予專利權者，擁有排他效力之權利，即受國家法律特予保護。基於「使用者、受益者付費」之公平原則考量下，申請專利應繳納規費，核准專利者應繳納證書費

及專利年費，世界各國皆然。

第1項規定申請人於申請時，應繳納申請費之義務。專利之各項申請，均運用行政機關人力及物力資源，依規費法之規定，各機關爲特定對象之權益辦理各項申請事項時，應徵收規費，以落實使用者付費之公平原則。

第2項規定專利權人應繳納證書費及專利年費之義務。專利權存續期間，如欲維持其專利權者，仍應繳納專利年費，以符合使用者付費之原則。此外，如有依本法第53條規定核准專利權延長或依本法第66條規定得予延展專利權之情形時，於該項延長或延展期間內仍應繳納延長或延展期間之專利年費。

第93條（專利年費之繳納期限）

發明專利年費自公告之日起算，第一年年費，應依第五十二條第一項規定繳納；第二年以後年費，應於屆期前繳納之。

前項專利年費，得一次繳納數年；遇有年費調整時，毋庸補繳其差額。

解說

本條規定專利年費繳納之期限。繳納專利年費是維持專利有效必須負擔之義務，本條各項規定說明如下：

一、第1項規定專利年費之起算日及各年專利年費之繳納期限

所稱公告之日起算，即指公告當日起算專利年費，例如：取得專利權之公告日爲102年1月1日，其所繳之專利年費即自102年1日1日當日起算，第一年年費將維持專利權自102年1月1日至102年12月31日有效，第二年年費將維持專利權自103年1月1日

至103年12月31日有效，餘類推。

有關各年專利年費之繳納期限，依本法第52條第1項規定，申請人應於核准審定書送達後三個月內，繳納證書費及第一年專利年費後，始予公告；屆期未繳費者，不予公告，第一年專利年費爲取得專利權之前提要件。至於第二年以後之專利年費，則可逐年繳納或一次繳納數年。繳納專利年費無待通知，專利權人應自行負擔繳納之義務及承擔未納費之效果。由於專利年費之繳交與否，涉及專利權人對於其專利權是否繼續維持之考量，倘其專利權於市場上已無利用價値，或因其他事由認爲並無維持之必要，專利權人得不繼續繳交專利年費而任專利權當然消滅；如有繼續維持專利權之必要時，第二年以後之專利年費即應於屆期前繳納之，所稱「屆期前」，係指當年期開始前，例如：取得專利權之公告日爲102年1月1日，其專利權第二年爲自103年1月1日開始，則第二年年費，應於102年12月31日以前繳納，餘類推。倘未於屆期前繳納，又未於期滿後六個月內補繳，其專利權自原繳費期限屆滿後當然消滅。

二、第2項規定專利年費得逐年繳納，亦得一次繳納數年，遇有專利年費金額調漲時，毋庸補繳其調整後之差額

依據專利規費收費辦法之規定，如繳納數年後，中途有拋棄專利權或專利權被撤銷者，得申請退還未屆期部分之年費。

第94條（專利年費之加繳）

發明專利第二年以後之專利年費，未於應繳納專利年費之期間內繳費者，得於期滿後六個月內補繳之。但其專利年費之繳納，除原應繳納之專利年費外，應以比率方式加繳專利年費。

前項以比率方式加繳專利年費，指依逾越應繳納專利年費之期間，按月加繳，每逾一個月加繳百分之二十，最高加繳至依規定之專利年費加倍之數額；其逾繳期間在一日以上一個月以內者，以一個月論。

解說

本條爲專利年費之繳納及逾期補繳之規定。專利年費除第一年專利年費爲取得專利權之條件外，第二年以後之專利年費亦應持續依限繳納，始得維持專利權。專利年費原則上以專利權人爲繳納義務人，並應承擔未繳專利年費所生之失權效果。第三人並非繳納義務人，惟如由第三人繳納，亦不會發生失權之效果。專利年費有未依限繳納之事實者，即當然生失權之效果，不待專利專責機關進一步爲行政處分，惟因專利權期限分別長達二十年（發明）、十年（新型）及十二年（設計），難免有因疏失而延誤繳納之情事，爲避免屆期未繳納專利年費，致專利權立即發生當然消滅之效果，爰明定得於期滿六個月的緩衝期內補繳之。本條各項規定說明如下：

第1項規定專利年費應於期滿前爲之，此爲原則，於六個月緩衝期（補繳期）繳納爲例外。爲避免例外變成原則，造成變相延長專利年費繳納期限，乃參照多數外國立法例，明定於六個月緩衝期內繳納之年費，除原應繳納之專利年費外，應以比率方式加繳專利年費。於補繳期限內繳納者，即不生失權之效果。但是過了補繳期限仍未繳納者，依第70條第1項第3款規定，溯自原繳費期限屆滿後消滅。

100年修正前，六個月補繳期內應繳納之費用爲加倍補繳。逾越一日與逾越五個月同樣必須加倍補繳，有失平衡，不符比例原則，另爲促請專利權人儘早繳費，爰修正但書規定，視逾越繳納之月數，按月以比例方式加繳專利年費。

茲有疑義者，在專利年費期滿到補繳期限六個月期間，他人並不知道專利權人最後會不會在六個月內繳納，於此期間如果實施專利權，應否負侵權責任，即有疑義。關於此問題，有認爲專利權未繳費者，原則上即生失權之效果，如果他人有實施專利權情事，應認並無侵權之故意，第三人對專利權已消滅之信賴應予保護。因此，除非專利權人能夠證明該他人有故意或過失情事，原則上利用人應不負侵權責任。

第2項規定依比例加繳專利年費之計算方式。逾繳納期限者，依逾期之月數加繳一定數額，每逾一個月加繳20%，最高加繳至依規定之專利年費加倍之數額；其逾繳期間在一日以上一個月以內者，以一個月論。

佩君的專利如果逾期1個月又15日繳交年費，應加繳40%年費；沛羽的專利逾期5個月又26天者，加繳100%年費。

第95條（專利年費減免）

發明專利權人為自然人、學校或中小企業者，得向專利專責機關申請減免專利年費。

解說

本條係關於專利權人繳納專利年費時，其專利年費得申請減免之規定。按自然人、學校或中小企業，在經濟競爭環境中較爲

弱勢。另其投入研發而擁有專利權後，要尋找合作廠商到商品化過程多須花費較高時間，故減免專利年費，鼓勵其研究、創新，以符本法鼓勵、保護、利用創作，以促進產業發展之立法精神。

依據專利年費減免辦法之規定，所稱之「自然人」指我國及外國自然人、「我國學校」指公立或立案之私立學校、「外國學校」指經教育部承認之國外學校、「中小企業」指符合中小企業認定標準所定之事業；其爲外國企業者，應符合中小企業認定標準第2條第1項規定之標準。

第七節　損害賠償及訴訟

第96條（侵害專利權之請求權）

發明專利權人對於侵害其專利權者，得請求除去之。有侵害之虞者，得請求防止之。

發明專利權人對於因故意或過失侵害其專利權者，得請求損害賠償。

發明專利權人為第一項之請求時，對於侵害專利權之物或從事侵害行為之原料或器具，得請求銷毀或為其他必要之處置。

專屬被授權人在被授權範圍內，得為前三項之請求。但契約另有約定者，從其約定。

發明人之姓名表示權受侵害時，得請求表示發明人之姓名或為其他回復名譽之必要處分。

第二項及前項所定之請求權，自請求權人知有損害及賠償義務人時起，二年間不行使而消滅；自行為時起，逾十年者，亦同。

解說

一、第1、2項分別規定請求民事救濟之要件，分爲兩個部分。權利人行使侵害制止及防止請求權，以行爲人不以故意、過失爲必要；侵權損害賠償請求權，則以故意或過失爲必要

專利侵權之民事救濟方式，依其性質可分爲二大類型，一者爲「損害賠償」類型；另一者是「除去、防止侵害」類型。原條文第1項明定發明專利權受侵害時，得請求賠償損害，但對於構成專利侵權行爲之主觀要件未爲規定，致其究爲民法一般侵權行爲之特別法，而採無過失責任？或仍應輔以民法第184條第1項規定，而採過失責任原則？易生疑義，司法實務上見解亦甚爲分歧。爲避免適用上之疑義，爰將侵害除去與防止請求之類型於第1項明定，其性質上類似物上請求權之妨害除去與防止請求，故客觀上以有侵害事實或侵害之虞爲已足，其主張不以行爲人主觀上有故意或過失爲必要；另於第2項明定關於損害賠償之請求，應以行爲人主觀上有故意或過失爲必要，以茲釐清。

二、第3項明定請求銷毀侵權物或從事侵權行爲之原料或器具，爲實現排除、防止侵害請求權之方式之一

爲有效遏阻侵害智慧財產權之情事，TRIPS第46條規定各會員之司法機關對於經其認定爲侵害智慧財產權之物品，以及主要用於製造侵害物品之原料與器具，應有權令銷毀，司法機關在判斷是否應下令銷毀時，應具體考量侵害行爲之嚴重性，所命之救濟方式及第三人利益間之比例原則。有關銷毀請求之規定，在大陸法系國家均爲行使專利排除或防止侵害請求權之方式。如有專利侵害排除或防止之事實，則該原料及器具之持有人或所有人即爲本案被告，與是否爲專利侵權行爲人無涉。

三、第4項規定專屬被授權人在被授權範圍內，享有損害賠償及侵害排除或防止請求權

(一) 專屬被授權人僅得於被授權範圍內實施發明，其對第三人請求損害賠償或排除及防止侵害，自亦限於被授權範圍內始能為之。本法規定允許專屬被授權人得獨立起訴，且不須專利權人經通知後不為請求時始得提起，與德、日規定相近。

(二) 至於專利權人為專屬授權後，得否行使損害賠償請求權以及侵害排除或防止請求權，經查各國（美、英、日、德、澳洲）立法例，並無此限制，且於專屬授權關係存續中，授權契約可能約定以被授權人之銷售數量或金額作為專利權人計收權利金之標準，於專屬授權關係消滅後，專利權人則仍得自行或授權他人實施發明，是以專利權人於專屬授權後，仍有保護其專利權不受侵害之法律上利益，不當然喪失其損害賠償請求權以及侵害排除或防止請求權。

四、第5項規範發明人之人格法益，即姓名表示權受侵害時，另得請求回復其名譽之處置方式

依本法第7條第4項規定，發明人、新型創作人或設計人享有姓名表示權，此為其專屬之權利，如有被侵害時，僅依第1、2項之規定請求救濟，仍無法彌補其名譽上因此所受之損害，因此，於本項明定發明人得請求表示其姓名或為其他回復名譽之必要處分。因姓名表示權為發明人專屬之權利。因此，得依本項規定請求者，限於發明人，專利權人如非發明人，不得為本項之請求。

五、第6項規範請求權消滅時效之

期間依民法上之消滅時效，係指長期間不行使權利而使請求

權行使之效力有所減損而言。消滅時效完成後，專利權人之請求權並不消滅，但侵權人得拒絕給付。民法關於消滅時效之規定，一般請求權爲十五年，至於侵權行爲損害賠償請求權之消滅時效，民法第197條第1項規定：「因侵權行爲所生之損害賠償請求權，自請求權人知有損害及賠償義務人時起，二年間不行使而消滅，自有侵權行爲時起，逾十年者亦同。」，由於專利侵權之性質同於民事侵權行爲，因此，本法乃採與民法前述條文相同之消滅時效年限。即第2、5項有適用短期請求權消滅時效，至於第1項侵害排除或防止請求權之消滅時效，應適用民法第125條規定之一般消滅時效期間。

設若佩君於99年3月間以國昌公司製造、銷售之a產品侵害其A專利權爲由，擬對國昌公司提起侵權訴訟，有何權利主張？

國昌公司被訴侵害佩君專利權，佩君依專利法第96條得請求所生損害賠償、被控侵權物a產品之製造母機銷燬，以及不得再行製造、銷售被控侵權物a產品。

第97條（損害賠償之計算）

依前條請求損害賠償時，得就下列各款擇一計算其損害：

一、依民法第二百十六條之規定。但不能提供證據方法以證明其損害時，發明專利權人得就其實施專利權通常所可獲得之利益，減除受害後實施同一專利權所得之利益，以其差額為所受損害。

二、依侵害人因侵害行為所得之利益。

三、依授權實施該發明專利所得收取之合理權利金為基礎計算損害。

依前項規定，侵害行為如屬故意，法院得因被害人之請求，依侵害情節，酌定損害額以上之賠償。但不得超過已證明損害額之三倍。

解說

本條規定專利侵權之民事損害賠償金額之計算。第1項規定三種計算方式。第2項規定三倍懲罰性損害賠償。損害賠償是認定侵權行爲成立並造成權利人損害時，侵權行爲人應負擔的責任。如何確定賠償金額，理論上有兩種原則，即損害塡補原則及懲罰性原則。第1項基於損害塡補原則規定計算賠償金額，第2項則基於懲罰性原則，針對故意侵權行爲，酌定損害額以上之賠償。本條各項規定說明如下：

一、第1項規定損害賠償金額之計算方式

按專利侵權性質上亦屬民法上之侵權行爲，損害賠償旨在回復或塡補他人所受之損害，使被害人回復至未受損害前之原狀。依民法第213條規定：「負損害賠償責任者，除法律另有規定或契約另有訂定外，應回復他方損害發生前之原狀。因回復原狀而應給付金錢者，自損害發生時起，加給利息。第一項情形，債權人得請求支付回復原狀所必要之費用，以代回復原狀。」專利權受侵害時，難以回復原狀，應以金錢賠償，專利法第97條之規定，可認即屬民法第213條所稱之特別規定。專利權人對於因侵權所造成之損害金額，固應負舉證之責任，惟因專利權爲無體財產權，究因侵權而造成多少損害之判定實屬不易，在確定損害賠償金額上，常發生困難，因此，有規定計算損害賠償額之必要，至於損害賠償額之計算方式，由專利權人依個案事實，自行選定以何種方式計算其損害較爲有利，三款規定簡要說明如下：

(一) 依民法第216條（關於損害賠償範圍）之規定：「損害賠償，除法律另有規定或契約另有訂定外，應以塡補債權人所受損害及所失利益爲限。依通常情形，或依已定之計劃、設備或其他特別情事，可得預期之利益，視爲所失利益。」本款規定是以專利權人所受之損失爲出發點加以計算，指專利權人之專利產品或方法專利製造之產品，因侵權之發生，導致市場銷售量下降，因此而減少之獲利數額。此爲一般民事損害賠償計算之基本算法。但權利人不能舉證證明其損害時，得就其實施專利權通常所可獲得之利益，減除受害後實施同一專利權所得之利益，以其差額作爲所受損害金額。

(二) 依侵害人因侵害行爲所得之利益：指侵權人爲侵權行爲所獲得之利益。本款於92年修正時於後段明定，於侵害人不能就其成本或必要費用舉證時，以銷售該項物品全部收入爲所得利益。惟依此方式計算損害賠償額，顯然將系爭之專利產品視爲獨占該產品市場。然一方面專利並非必然是產品市場之獨占，侵權人之所得利益，亦有可能是來自第三者之競爭產品與市場利益，非皆屬權利人應得之利益。另一方面如果侵權行爲人原有之通路或市場能力相當強大時，因爲侵權而將該產品全部收益歸於權利人，其所得之賠償顯有過當之嫌。因此，100年修正刪除該款後段，於請求損害賠償時，依實際個案情況衡量計算之。

(三) 依授權實施該發明專利所得收取之合理權利金爲基礎計算損害。

由於專利權之無體性，侵害人未得專利權人同意而實施專利

之同時，專利權人仍得向其他第三人授權，並取得授權金而持續使用該專利。因此，依傳統民法上損害賠償之概念，專利權人於訴訟中須舉證證明，倘無侵權行為人之行為，專利權人得在市場上取得更高額之授權金，或舉證證明專利權人確因侵權行為而致專利權人無法於市場上將其專利授權予第三人，如此專利權人該部分之損失始得依民法損害賠償之法理被當作專利權人所失利益之一部。因此，專利權人依第1款規定請求損害賠償額時，常遭遇舉證上之困難。爰參照美國專利法第284條、日本特許法第102條及大陸專利法第65條之規定，明定以合理權利金作為基礎以計算損害賠償額，就專利權人之損害，設立一個法律上合理之補償方式，以適度免除權利人舉證責任之負擔。因此，100年修正增訂以合理權利金作為損害賠償方法之規定。惟該款文字表達造成不同解釋，故102年立委提案修正文字改為依授權實施該發明專利所得收取之合理權利金為基礎計算損害。

二、第2項為懲罰性損害賠償之規定

懲罰性賠償金係英美普通法之損害賠償制度，其特點在於賠償之數額超過實際損害之程度。惟我國關於民事損害賠償之規定，採取德國法上之回復原狀為原則，損害賠償請求權之機能，基本上在於填補損害。況民事訴訟法第222條第2項已明定：「當事人已證明受有損害而不能證明其數額或證明顯有重大困難者，法院應審酌一切情況，依所得心證定其數額。」已足適度衡平權利人舉證責任。故100年修正刪除三倍懲罰金之規定，以符我國一般民事損害賠償之體制。惟102年立委提案修正，鑑於智慧財產權乃無體財產權特性，損害賠償計算本有其困難，考量我國其他法規及國外立法例，修正回復懲罰性損害賠償之規定。

佩君開發蛋糕狀毛巾，獲得經濟部智慧財產局准予「蛋糕毛巾包裝型式」新型專利權在案，且經「技術報告」之審核認定具有新穎性、進步性。詎老王仿製與佩君專利品幾乎相同產品，每月8,000個銷售丙公司，丙公司隨同其咖啡產品一併，再經由丁便利商店全國2,000個店銷售，迄今三個月，每個成本20元，每個售價30元。經佩君通知後，老王仍繼續生產，行銷市面。倘若佩君向智慧財產法院請求老王損害賠償，其賠償金額可能之計算方式爲何？

如以本案的情況佩君得請求者，爲老王從本筆侵權行為所獲得的利益，也就是三個月每月8,000個銷售丙公司，其銷售總量所得的利益，每個侵權品單價扣除成本所得的利潤是10元，總額爲8,000個侵權品共8萬元。加上最多三倍懲罰性賠償金24萬元，共新台幣32萬元整。

第97條之1（向海關申請查扣）

專利權人對進口之物有侵害其專利權之虞者，得申請海關先予查扣。

前項申請，應以書面為之，並釋明侵害之事實，及提供相當於海關核估該進口物完稅價格之保證金或相當之擔保。

海關受理查扣之申請，應即通知申請人；如認符合前項規定而實施查扣時，應以書面通知申請人及被查扣人。

被查扣人得提供第二項保證金二倍之保證金或相當之擔保，請求海關廢止查扣，並依有關進口貨物通關規定辦理。

海關在不損及查扣物機密資料保護之情形下，得依申請人或被查扣人之申請，同意其檢視查扣物。
查扣物經申請人取得法院確定判決，屬侵害專利權者，被查扣人應負擔查扣物之貨櫃延滯費、倉租、裝卸費等有關費用。

解說

為強化對專利權之保護，加強執行專利權邊境管制措施，立法委員參考國際立法例、商標法及著作權法，提案於專利法中增訂「申請查扣」，即專利權人得提供保證金或相當之擔保向海關申請查扣有侵害其專利權之虞之進口物；被查扣人得提供反擔保以廢止查扣之相關規定。增訂之條文有第97條之1至第97條之4，於103年1月22日經總統令修正公布，行政院核定自103年3月24日施行。

第1項明定專利權人有正當理由懷疑有侵害其專利權之物進口，為防止造成損害，得申請海關查扣該侵權物。限於「進口」是為配合本法第58條第2項「物之發明之實施，指製造……或為上述目的而進口該物之行為。」規定，其保護範圍亦限於進口，不及於其他貿易行為。

第2項明定申請查扣之程序及應提供保證金或擔保，以顧及申請人與被查扣人雙方權益之衡平。

第3項明定海關受理申請人申請及實施查扣之通知義務。

第4項明定被查扣人提供保證金或相當之擔保請求廢止查扣等相關事項。海關依申請所為查扣，著重專利權人行使侵害防止請求權之急迫性，並未對其實體關係作判斷，即查扣物是否為侵害物，尚不得而知，爰參酌民事訴訟法第527條規定，許債務人供擔保後撤銷假扣押，同法第536條第1、2項規定有特別情形，亦得許債務人供擔保後撤銷假處分之精神，規定被查扣人亦得提供與第2項保證金二倍之保證金或相當之擔保，向海關請求廢止查扣。所定之二倍保證金，係作爲被查扣人敗訴時之擔保，因被查扣人敗訴時，專利權人得依第96條之規定請求賠償，而賠償數額依第97條之規定，超過查扣物價值甚多。是以，若被查扣人未提供相當之擔保，隨即放行，則日後求償將因被查扣人業已脫產或逃匿而無法獲償，爰斟酌被查扣人應提供之保證金額度，及查扣人權利之衡平，予以明定保證金爲二倍。

第5項明定海關在不損及查扣物機密資料保護之情形下，得依申請同意其檢視查扣物，以利申請人與被查扣人雙方瞭解查扣物之狀況，繼而就該查扣物主張權利。

第6項明定查扣物經確定判決認屬侵害專利權之物者，被查扣人應負擔查扣物之貨櫃延滯費、倉租、裝卸費等有關費用。

第97條之2（海關廢止查扣）

有下列情形之一，海關應廢止查扣：

一、申請人於海關通知受理查扣之翌日起十二日內，未依第九十六條規定就查扣物為侵害物提起訴訟，並通知海關者。

二、申請人就查扣物為侵害物所提訴訟經法院裁判駁回確定者。

三、查扣物經法院確定判決，不屬侵害專利權之物者。

四、申請人申請廢止查扣者。

五、符合前條第四項規定者。

前項第一款規定之期限，海關得視需要延長十二日。

海關依第一項規定廢止查扣者，應依有關進口貨物通關規定辦理。

查扣因第一項第一款至第四款之事由廢止者，申請人應負擔查扣物之貨櫃延滯費、倉租、裝卸費等有關費用。

解說

本條係103年增訂之條文，主要規定海關廢止查扣之法定事由，分述如下：

依當事人間主張權利之行爲態樣，於第1項明定海關應廢止查扣之法定事由：

一、第1至3款均屬對當事人兩造權益造成影響之訴訟程序進行可能之結果態樣，款次依訴訟程序先後排列。

二、申請人提出申請查扣後，如其申請廢止查扣，自無續行查扣之必要，因此訂定第4款。

三、被查扣人依第97條之1第4項規定提出反擔保者，對申請人權益之保護已屬周延，爲衡平被查扣人權益，自應廢止查扣，爰訂定第5款。

第2項明定第1項第1款規定之期限，海關得視需要延長。爲求實務上執行明確，乃不區分工作日或例假日，明定其延長期限爲十二日。

第3項明定廢止查扣後應續行通關程序。

第4項明定申請人應負擔因實施查扣所支出之有關費用，因第1項第1至4款廢止查扣事由，均屬可歸責於申請人之情形。但是本條未規定法院任何情況下有權力主動廢止查扣，因此迭有爭議。

佩君的進口貨品如果遭到老王指控侵權，而依專利法第97條之1至第97條之4聲請海關邊境保護措施，老王對佩君有何義務？

依專利法第97條之1，老王於海關通知受理查扣之翌日起十二日內，應依專利法第96條規定就查扣物爲侵害物提起訴訟，並通知海關。

第97條之3（保證金之返還）

查扣物經法院確定判決不屬侵害專利權之物者，申請人應賠償被查扣人因查扣或提供第九十七條之一第四項規定保證金所受之損害。

申請人就第九十七條之一第四項規定之保證金，被查扣人就第九十七條之一第二項規定之保證金，與質權人有同一權利。但前條第四項及第九十七條之一第六項規定之貨櫃延滯費、倉租、裝卸費等有關費用，優先於申請人或被查扣人之損害受償。

有下列情形之一者，海關應依申請人之申請，返還第九十七條之一第二項規定之保證金：

一、申請人取得勝訴之確定判決，或與被查扣人達成和解，已無繼續提供保證金之必要者。

二、因前條第一項第一款至第四款規定之事由廢止查扣，致被查扣人受有損害後，或被查扣人取得勝訴之確定判決後，申請人證明已定二十日以上之期間，催告被查扣人行使權利而未行使者。

三、被查扣人同意返還者。
有下列情形之一者，海關應依被查扣人之申請，返還第九十七條之一第四項規定之保證金：
一、因前條第一項第一款至第四款規定之事由廢止查扣，或被查扣人與申請人達成和解，已無繼續提供保證金之必要者。
二、申請人取得勝訴之確定判決後，被查扣人證明已定二十日以上之期間，催告申請人行使權利而未行使者。
三、申請人同意返還者。

解說

本條係103年增訂之條文，規範查扣所生之保證金及損害賠償責任，其返還請求權之事由及受償之責任範圍，以平衡兩造之權益。

一、查扣物經法院確定判決不屬侵害專利權之物者，申請人理應賠償被查扣人因查扣所受之損害；又參酌民事訴訟法第531條第1項規定，於第1項明定申請人賠償之範圍應及於被查扣人因提供第97條之1第4項保證金所受之損害。
二、第97條之1第2項保證金之提供，在擔保被查扣人因查扣或提供反擔保所受之損害；而第97條之1第4項保證金之提供，在擔保申請人因被查扣人提供反擔保而廢止查扣後所受之損害，參酌民事訴訟法第103條第1項規定意旨，於第2項明定申請人就第97條之1第4項之保證金；被查扣人就第97條之1第2項之保證金，與質權人有同一之權利。
三、第97條之2第4項及第97條之1第6項規定之貨櫃延滯費、倉租、裝卸費等有關費用，屬實施查扣及維護查扣物所支出之必要費用，爲法定程序主張權利所應支出之有益費用，因此於第2項後段明定應優先於申請人或被查扣人之損害受償。

四、第3項參酌民事訴訟法第104條第1項規定意旨，明定申請人得申請返還第97條之1第2項所定保證金之事由。

五、第4項明定被查扣人得申請返還第97條之1第4所定保證金之事由，避免成爲專利權人故意騷擾或加損害於他人的工具。

佩君的進口貨品如果遭到老王指控侵權，而依專利法第97條之1至第97條之4聲請海關邊境保護措施，經老王起訴後判決不構成侵權定讞。此時老王對佩君因海關邊境保護措施，所發生之損害有何義務？

依專利法第97條之3，老王所聲請查扣物經法院確定判決不屬侵害專利權之物者，老王應賠償佩君因查扣或提供第97條之1第4項規定保證金所受之損害。

第97條之4（授權訂定相關辦法）

前三條規定之申請查扣、廢止查扣、檢視查扣物、保證金或擔保之繳納、提供、返還之程序、應備文件及其他應遵行事項之辦法，由主管機關會同財政部定之。

解說

本條係103年增訂之條文，明定第97條之1至第97條之4關於申請查扣、廢止查扣及返還保證金規定之具體實施內容，授權由經濟部會同財政部定之。經濟部及財政部已於103年3月24日會銜發布「海關查扣侵害專利權物實施辦法」，總計12條，其要點如下：

一、明定申請查扣疑似侵權物之受理機關、申請方式及應檢附之資料，包括專利權證明文件、身分證明文件、侵權分析報告及足以提供海關辨認查扣標的物之說明，以利執行。又新型係採形式審查，並未經過實體審查，故另規定應檢附新型專利技術報告，以作為權利有效性之客觀判斷資料。（§2）

二、提供相當擔保之種類。（§3）

三、海關於實施查扣前，得請申請人協助。（§4）

四、海關實施查扣應以書面通知申請人及被查扣人，並以書面通知查扣之翌日起計算申請人就疑似侵權物應提起訴訟之12日期限。（§5、§7）

五、申請檢視被查扣物之程序及其實施方式。（§6）被查扣人提供反擔保請求廢止查扣，及當事人因裁判確定未侵權申請廢止查扣應備之文件。（§8、§9）

六、被查扣人提供反擔保請求廢止查扣，海關得取具代表性貨樣後，再依進口貨物通關規定辦理。（§10）

七、申請返還保證金或擔保應檢附之文件。（§11）

但本條之執行實務上，由於不像商標或著作權的侵權方式多在外觀即能區別。如果侵害的部分是在物品的內部結構或作動機能，專利除了設計專利以外的被控侵權品，無法一望即知。海關又欠缺能有效及時判斷侵權的技術人力，因此以上各條在海關要及時檢視查扣物，經常十分吃力。所以實務上往往要等有人檢舉時，海關才會啓動查扣程序。

第98條（專利證書號標示）

專利物上應標示專利證書號數；不能於專利物上標示者，得於標籤、包裝或以其他足以引起他人認識之顯著方式標示之；其未附加標示者，於請求損害賠償時，應舉證證明侵害人明知或可得而知為專利物。

解說

本條規定專利證書號數之標示。目的在促使專利權人告知大眾專利權存在之事實，以避免侵權發生。

一、專利證書號數之標示方式，有其技術上不可行之處

因部分類型之專利物因體積過小、散裝出售或性質特殊，不適宜於專利物本身或其包裝爲標示，例如晶片專利，要求其在專利物或其包裝上標示專利證書號數，顯有窒礙難行之處；又技術方法之專利，如施工方法專利，實際上無法在物或其包裝上標示。經參考美國專利法第287條及英國專利法第62條第1項規定，100年修正後，專利證書號數以於專利物品上標示爲原則，不能於物品上標示時，得於標籤、包裝或其他足以引起他人認識之顯著方式標示之。

二、專利物未標示專利證書號數之法律效果

我國判決實務上就專利權人未於專利物品或其包裝上標示專利證書號數之法律效果，有不同見解：

(一) 有認爲專利權人於專利物品或其包裝上標示專利證書號數，爲侵權行爲人是否具有故意過失之主觀要件之重要攻擊防禦方法，如最高法院97年度台上字第754號及台北地方法院95年度智字第29號等判決。

(二) 也有認定專利權人於專利物品或其包裝上標示專利證書號數，為提起專利侵權損害賠償之前提要件或特別要件，如最高法院97年度台上字第365號及台北地方法院96年智字第89號等判決。

(三) 部分判決僅重申原條文第79條之規定，惟對於其性質，則未明示其見解，如最高法院97年度台上字第2609號、智慧財產法院97年度民專上易字第4號、智慧財產法院97年度民專上易字第3號等判決。

三、部分判決有認定專利權人於專利物品或其包裝上標示專利證書號數，為提起專利侵權損害賠償之前提要件或特別要件，實質上形同加重專利權人行使權利之負擔

惟揆諸修正前第79條之立法本意，無非係為鼓勵專利權人告知公眾該物品享有專利保護，且協助公眾辨識該物品享有專利保護，但應無藉此限縮專利權人請求損害賠償權利或加重其負擔之意。又在現行專利公示制度已屬健全之情形下，專利權檢索較無困難，且專利權人於請求侵權行為損害賠償時，亦負有舉證證明相對人有因故意或過失侵害專利權之舉證責任，故將專利標示之規定明定為非專利權人請求損害賠償之前提或特別要件，對於第三人保護而言，亦無任何失衡之情形。為免法律適用上之疑義，刪除原條文所定「不得請求損害賠償」之規定，並回歸至民事侵權行為體系，明定對於「未附加標示者，於請求損害賠償時，應舉證證明侵害人明知或有事實足證其可得而知為專利物品」。

第99條（製造方法之推定）

製造方法專利所製成之物在該製造方法申請專利前，為國內外未見者，他人製造相同之物，推定為以該專利方法所製造。

前項推定得提出反證推翻之。被告證明其製造該相同物之方法與專利方法不同者，為已提出反證。被告舉證所揭示製造及營業秘密之合法權益，應予充分保障。

解說

本條是75年專利法修正時，配合開放化學品及醫藥品專利時所增訂，以確認製造方法專利舉證責任分配原則之規定。專利法在我國的體系立法例中是很特別的，既有規範要件的實體法，也有程序法與組織法。本條則是連民事訴訟法中，連特殊性質專利遭侵權時的，進入訴訟後雙方舉證責任的分配規範都明定。

因爲在侵權訴訟中的鐵律，原告要勝訴，原則上負有絕對的舉證責任，必須使法官產生高度傾向的優勢心證。但被告要勝訴，則只要使事實陷於眞僞不明即可，在案件訴訟的言詞辯論階段到最後，法官對待證事實仍有無法克服的疑慮時，判決結果將會因此對被告有利。

如果專利技術特徵中有物品請求項，權利人或專屬授權人作爲原告，可以通過商業市場取得侵權物品作爲庭呈證據，但方法專利在訴訟上的舉證較爲困難，因此應適用特殊的責任分配原則，對權利人或專屬授權人作爲原告才公平。

第1項規定舉證責任轉換之原則。按專利之發明係製造方法，尤其化學品、醫藥品等之製造方法，如受侵害時，依一般之舉證責任分配原則，當事人主張有利於己之事實，就其事實有舉證之責任，要告他人侵害製造方法專利權，必須先證明自己所有

之製造方法專利，其次證明侵權人是利用專利的製造方法所產製，在製造方法之專利侵權糾紛，由於製造方法只有在產品製造過程中使用，之後可能就已結束。要求專利權人舉證，實有一定的困難，也許已經為被告湮滅一切痕跡。為能更有效保護製造方法專利，乃參照日、韓、德等各國立法例及TRIPS第34條第1項規定，明定於一定之要件下，亦即「為所製之物為國內外未見」及「所製之物與製造方法專利所製造之物相同」，兩要件推定該物為該製法所製造。涉嫌侵權人如主張並非使用該方法，則應以反證證明。

方法專利侵權之舉證責任倒置，以該方法所製成之物為「國內外未見」為前提要件。按當事人主張有利於己之事實者，就該事實本負有舉證責任，訴訟法例如前所述。惟於專利權所保護之技術為物品之製造方法時，因方法之使用係於物品之製造過程中進行，專利權人很難即時進入製造現場查證取證他人是否正在實施其專利方法，責令其負舉證責任確有現實困難。

因此，TRIPS第34條規定：「1.在方法專利之民事侵權訴訟中，司法機關應有權要求被告舉證其係以不同製法取得與系爭方法專利所製相同之物品。會員應規定，在有下列情事之一時，其未獲專利權人同意所製造之物品，在無反證時，視為係以該方法專利製造：(a)如以該方法專利所製成的產品為新的（new product）。(b)如被告物品有相當的可能係以該方法專利製成，且原告已盡合理努力而仍無法證明被告確實使用之方法。2.會員得規定，僅在符合(a)款條件或僅在符合(b)款條件下，被指為侵權人之一方，始應負擔第一項所示之舉證責任。」

第2項為反證推翻之規定及相關營業秘密保密之規定。本法83年修正，鑑於被告因據證責任轉換之規定，致須在訴訟上負舉證責任時，被告製造及營業上秘密之合法權益，亦應予以保障，乃增訂第2項：「前項推定得提出反證推翻之。如能舉證證明以其他方法亦可製造相同物品者，視爲反證。反證所揭示製造及營業秘密之合法權益，應予充分保障。」此與TRIPS第34條第1項規定：「……司法機關有權要求被告舉證其係以不同製法取得與系爭方法專利所製相同之物品。……」被告必須舉證係以不同製法取得與專利方法所製相同之物品，方能免除被推定爲係以專利製造方法製程該物之責任，顯有不符。因爲，縱然被告可證出以其他方法亦可製造相同物品，並不表示被告未使用專利權人之方法，修正前之規定容易造成被告以他方法規避其眞正之製造方法。因此86年修正將本項修正爲：「前項推定得提出反證推翻之。被告證明其製造該相同物品之方法與專利方法不同者，爲已提出反證。被告舉證所揭示製造及營業秘密之合法權益，應予充分保障。」被告必須證明其製造方法與專利方法不同，才可以視爲已提出反證。而且物也必須是未見之物，故原告仍必須負有一定程度之舉證門檻。

在112年初修正通過，同年8月底開始施行的智慧財產案件審理新法中，另外對相關較難舉證侵權專利種類設置了「查證人」的特別制度。未來對於方法專利侵權訴訟，司法實務實踐如何演變，請拭目以待。

佩君係A方法發明專利權人，甲於94年10月11日，即向經濟部智慧財產局提出發明專利申請，嗣於97年3月3日核准公告。佩君主張老王未經其授權、同意下，製造、販賣利用A生產之專利產品，但經老王否認。試問佩君應如何舉證證明老王侵害其專利權？

專利法第99條第1項規定，明定於一定之要件下，亦即「為所製之物為國內外未見」及「所製之物與製造方法專利所製造之物相同」，兩要件推定該物為該製法所製造。佩君此時應證明老王所製造的利用A生產之專利產品，僅能使用A方法製造。且此方法與其製造產品均為國內外所未見，此時涉嫌侵權人如主張並非使用該方法，則應以反證證明並非該法所製得產品。

第100條（判決書應送專利專責機關）

發明專利訴訟案件，法院應以判決書正本一份送專利專責機關。

解說

發明專利如有涉訟案件繫屬於法院時，如法院做出判決，應以判決書正本一份送專利專責機關，使專利專責機關將判決書附入相關案卷中，供未來查詢使用，並使專利專責機關，進一步瞭解法院認事用法的實務構想，作為爾後做出相類似行政處分時精進審查能力的參考。

目前智慧財產法律實務中，發明專利如有涉訟案件繫屬於法院時，如法院最後做出判決，其判決書對專利專責機關來說，最常見的拘束效力是在，智慧財產案件審理法舊法第16條，現行法第41條規定專利權有應撤銷、廢止原因。而在兩造各自為自己的權利奮戰，全力爭執權利有效性之攻擊防禦方法時，被控侵權行為人通常會抗辯專利權自始有應撤銷原因，並積極提供相關證據。判決書中法院對此表示心證與見解，使專利專責機關在審議該專利是否具有應撤銷原因的後續行政程序時，可為參考。

第101條（舉發案優先審查）
舉發案涉及侵權訴訟案件之審理者，專利專責機關得優先審查。

解說

專利權人提起侵權訴訟，被告除了於訴訟上提起系爭專利無效抗辯外，對等之武器為亦得向專利專責機關提起舉發，直接請求撤銷系爭專利。

由於判斷專利案侵權成立與否，其前提必須有合法存續的專利權，該專利權一經撤銷，則因無權可侵，侵權責任不解自決。現行專利專責機關審查一件舉發案時，目前雖經許多法令與行政程序之改革，作業時程仍可能要耗時一年以上，致使兩造當事人的權利在此期間均懸於未決。如該專利權舉發案已涉及侵權訴訟，因此為適時保護當事人權利計，則專利專責機關得對舉發案優先審查，確定其權利效力存在與否，以利後續訴訟不致遲延。

第102條（未經認許之外國法人或團體）
未經認許之外國法人或團體，就本法規定事項得提起民事訴訟。

解說

本條為TRIPS第42條規定，會員應賦予權利人行使本協定所涵蓋之智慧財產權之民事訴訟程序之權利，故我國成為WTO會員後，WTO會員所屬國民均有本條之適用。

我國公司法在107年大修正，刪除管制外國公司認許制度後，本條已失其實際意義，淪爲應刪修未刪修的盲腸條款。

依107年7月6日三讀通過公司法第4條規定：「本法所稱外國公司，謂以營利爲目的，依照外國法律組織登記之公司。外國公司，於法令限制內，與中華民國公司有同一之權利能力。」並於107年11月1日生效，其主要修法理由明白表示：「在國際化之趨勢下，國內外交流頻繁，依外國法設立之外國公司既於其本國取得法人格，我國對此既存事實宜予尊重。且爲強化國內外公司之交流可能性，配合實際貿易需要及國際立法潮流趨勢，爰廢除外國公司認許制度。」

於此次修正公司法後，外國公司於法令限制內已與中華民國公司有同一之權利能力。既然外國公司無須經過認許即具有法人格，就可依民事訴訟法相關規定，直接以「外國公司自己的名義」以原告地位提出訴訟，本條文至此已成贅文。

第103條（專利侵害鑑定）
法院為處理發明專利訴訟案件，得設立專業法庭或指定專人辦理。
司法院得指定侵害專利鑑定專業機構。
法院受理發明專利訴訟案件，得囑託前項機構為鑑定。

解說

第1項規定法院得設專業法庭處理發明專利訴訟案件。鑑於專利訴訟案件涉及技術與法律，非單純法律養成教育出身的法官所能勝任，因此有必要設立專業法庭。97年7月1日我國智慧財產法院組織法及智慧財產案件審理法開始施行，智慧財產案件司法審理制度進入另一里程碑。雖然我國已有智慧財產法院（現爲智慧財產及商業法院）之設置，但專利訴訟案件並非由該法院專屬管轄，當事人一審仍可合意由其他法院管轄，以尋求兩造最便利之法庭地，有利維護其程序利益。

當事人依民事訴訟法第24、25條，如合意或經擬制合意由第一審普通法院管轄，由該法院獨任法官裁判，不服其裁判，應向第二審智慧財產及商業法院上訴或抗告。

第2項規定司法院得指定侵害鑑定專業機構，以補法官本身背景知識之不足。因侵害專利者負民事損害賠償責任，本項主要於民事訴訟中適用。另按法院辦理民事訴訟，如有選任鑑定人或囑託機關鑑定之必要，原得依訴訟法相關條文如民事訴訟法第289、326、339、340條等規定辦理，並不以第1項指定之侵害鑑定專業機構爲限，惟因專利侵權訴訟涉及各種特別知識經驗，法院常有選任鑑定人或囑託相關機關（構）鑑定之必要，規定司法院得指定侵害鑑定專業機構，係爲便於法院審理專利訴訟時可迅速覓得較具公信力之專業機構協助鑑定。

第3項規定法院受理發明專利訴訟案件，得囑託前項機構爲鑑定。因侵害專利者仍應負民事損害賠償責任，而在民事訴訟的普通法制上，本來就有囑託鑑定人的設置。專利侵權訴訟涉及各種特別知識經驗，法院常有選任鑑定人或囑託相關機關（構）鑑定之必要，因第2項已明文規定司法院得指定鑑定機構，本項則另規定法院受理發明專利訴訟案件，得囑託前項機構爲鑑定。由於目前智財法院置有技術審查官室，配有技術審查官予以技術協助，提供法官專利技術意見，因此現行實務上，法院已較少爲囑託鑑定。

112年初爲提升產業之國際競爭優勢，建構更具專業、效能

及符合國際潮流的智慧財產訴訟制度，同時回應各界對於專業、妥適及迅速審理智慧財產案件要求。作爲專利商標與營業秘密法制修法的配套，我國全面檢討修正智慧財產案件審理法，並進行劃時代制度性變革。

本次修法基於智慧財產案件具高度技術與法律專業特性，針對智慧財產民事事件審理程序，增訂「審理計畫」、「律師強制代理」、「查證」、「專家證人」、「法院徵求第三人意見」，並修訂舉證便利化、強化營業秘密訴訟資料保護等制度。本次修正全法增爲77條，分爲第一章總則、第二章智慧財產民事事件程序、第三章智慧財產刑事案件程序、第四章智慧財產行政事件程序、第五章罰則、第六章附則。

未來我國智慧財產案件審理法制，將大幅趨向民事訴訟法，筆者盼於112年修法施行後另行出書講釋。

第三章
新型專利

第104條（新型之定義）
新型，指利用自然法則之技術思想，對物品之形狀、構造或組合之創作。

解說

新型之定義性規定。所謂「新型」係指利用自然法則之技術思想，且具體地表現於物品之空間型態上，即「新型」係占據有一定空間的物品實體，爲其形狀、構造或組合上具體的創作，並非僅屬抽象的技術思想或觀念，因此申請專利之新型必須要先符合：一、利用自然法則之技術思想；二、標的爲物品；且三、具體表現於形狀、構造或組合。此與發明之技術可包括方法在內有所不同。

一、利用自然法則之技術思想

因內容與本法第21條相關，請參閱該條之說明。

二、物品

所謂「物品」係指具有確定形狀且占據一定空間者，排除各種物質、組成物、生物材料、方法及用途。

三、形狀

指物品具有可從外觀觀察到確定之空間輪廓或形態者。新型

物品須具有確定之形狀，例如十字型螺絲起子等，因此如氣態、液態、粉末狀、顆粒狀等不具確定形狀之物質或組成物，因不具確定形狀，均不符合形狀的規定。

四、構造

指物品內部或其整體之構成，實質表現上大多為各組成元件間之安排、配置及相互關係，且此構造之各組成元件並非以其本身原有之機能獨立運作稱之。

物品之構造得為機械構造，亦得為電路構造。此外，物品之層狀結構亦屬構造的技術特徵，例如物品之氧化層等亦符合構造的規定。

至於技術特徵為物質之分子結構或組成物之組成，則不屬於新型專利所稱物品之構造，例如藥品或食品之創作，或是物質材料。僅涉及其化學成分或含量之變化而不涉及物品之結構，非屬構造的技術特徵，不符合構造的規定。

五、組合

新型之標的除物品之形狀、構造外，尚包含為達到某一特定目的，將原具有單獨使用機能之多數獨立物品予以組合裝設者，如裝置、設備及器具等，非僅限於「裝置」，為求文義精確，參酌日本實用新案法第1條、韓國新型法第4條及大陸專利法第2條規定，100年將原條文之「裝置」修正為「組合」。所以，為達到某一特定目的，將二個以上具有單獨使用機能之物品予以結合裝設，於使用時彼此在機能上互相關聯而能產生使用功效者，稱之為物品的「組合」，例如由螺栓與螺帽組合的組合件。非前述「物品之形狀、構造或組合」而申請新型專利者，應依本法第112條第1款為不予專利之處分。

老王想用軟體申請新型專利，其技術特徵如下：

〔申請專利範圍〕

一種多媒體運算系統，係運作於一電腦主機內，包括下列模組：

一輸入模組，接收外界輸入資料，包含文字、圖片或影音資料。

一記憶模組，連接該輸入模組，以作爲暫存該輸入模組之資料。

一運算模組，雙向連接該記憶模組，將存放在記憶模組中之資料取出進行運算，並將結果存回該記憶模組。

一輸出模組，連接該記憶模組，將存放在記憶模組中之運算結果輸出。

一控制模組，分別連接該輸入模組、記憶模組、運算模組以及輸出模組，控制該輸入模組擷取資料、記憶模組與運算模組間的存取，以及由輸出模組將運算結果輸出。

主管機關是否會讓其通過？他以此技術方案申請新型專利，結果將會如何？

由於此案請求項之前言部分已記載一物品，主體部分亦描述形狀、構造或組合之技術特徵。其請求項中包含多個軟（硬）體模組及提供該些軟（硬）體模組運作環境的電腦主機硬體，該請求項說明各模組間之連結關係與相互運作方式，非單純之電腦軟體創作，亦符合物品之形狀、構造或組合的規定。

因此依現行專利的審查實務，本案應已符合新型專利之定義，可通過形式審查取得新型專利權。

這也是現在有很多我國軟體創作，可以利用必須在電磁機構系統上操作的技術特徵，順利取得新型專利的原因。

第105條（不予新型專利事由）

新型有妨害公共秩序或善良風俗者，不予新型專利。

解說

本條爲法定不予新型專利事由之規定。因內容與本法第24條第3款相同，請參閱該條之說明。

案例

老王創作了一款專爲吸食海洛因用的，小型追龍式吸食器，可折疊方便攜帶，方便癮君子隨身攜行，任何時地均可過癮。他以此申請新型專利，結果將會如何？

該新型有妨害公共秩序或善良風俗者，不予新型專利。

老王申請之新型專利案，而該創作僅專用於吸毒，只能作爲犯罪工具使用。此項創作顯有妨害公共秩序或善良風俗，故專利主管機關將以第105條事由，處分不予新型專利。

第106條（申請日）

申請新型專利，由專利申請權人備具申請書、說明書、申請專利範圍、摘要及圖式，向專利專責機關申請之。

申請新型專利，以申請書、說明書、申請專利範圍及圖式齊備之日為申請日。

說明書、申請專利範圍及圖式未於申請時提出中文本，而以外文本提出，且於專利專責機關指定期間內補正中文本者，以外文本提出之日為申請日。

未於前項指定期間內補正中文本者，其申請案不予受理。但在處分前補正者，以補正之日為申請日，外文本視為未提出。

解說

本條爲申請新型專利應備文件及申請日之相關規定，因內容與本法第25條相關，請參閱該條之說明，但是新型之規定與發明不同之處，係在於圖式之部分，其差異說明如下：

申請新型專利應檢附之文件，100年本法修正前係準用發明之規定，但因申請發明專利可爲方法，未必一定要檢附圖式，惟申請新型專利一定是對物品的形狀、構造或組合的創作，必須要檢附圖式，導致準用發明專利之規定時，易造成新型是否必須檢附圖式之爭議，所以，於本條獨立規定，不再準用發明專利之規定。申請新型專利時，如未檢附圖式，即認定申請文件未齊備，之後補正圖式者，將以補正之日爲申請日；未補正圖式者，申請案將不受理。

第107條（申請案之分割）

申請專利之新型，實質上為二個以上之新型時，經專利專責機關通知，或據申請人申請，得為分割之申請。

分割申請應於下列各款之期間內為之：

一、原申請案處分前。

二、原申請案核准處分書送達後三個月內。

解說

本條是關於實質上爲二個以上新型創作，申請分割爲二個以上專利之規定。與本法第34條對發明的分割規範類似，但是新型專利因爲採形式審查，若干規定與發明不同之處：

100年本法修正前申請分割之期限，係準用發明之規定：「於原申請案再審查審定前爲之」，但新型專利採形式審查，並無再審查制度之適用，所以原準用發明條文的規定並不適合。又100年本法修正增訂發明得於核准審定後申請分割之制度，該等事項亦非採形式審查之新型所得準用，所以在本條2項，先增訂新型申請分割之期限應於原申請案處分前爲之。108年修法時增訂本條第2項第2款，考量新型專利申請人可能於核准處分後，發現其創作內容有分割之必要，故參考修正條文第34條第2項規定，修正本條第2項，將原申請分割時點列爲第1款，另增訂第2款，放寬新型專利申請案得於核准處分書送達後三個月內申請分割。

經由專利專責機關通知後提出分割的申請，表示該申請案經形式審查已有不具單一性的事由，所以申請人常藉由申請分割以保有最大權利。至於單一性的判斷，雖然是準用發明單一性之規定，但新型形式審查並不進行先前技術檢索，因此判斷新型是否具有單一性時，與發明審查單一性不同，僅須判斷獨立項與獨立項之間於技術特徵上是否明顯相互關聯，只要各獨立項之間在形式上具有相同或相對應的技術特徵，原則上判斷爲具有單一性，而不論究其是否有別於先前技術。

本條規定新型專利無須實質審查的概念，是因爲新型專利因爲很小且生命週期短，因此不必比照發明專利必須經過實體審查，以節省權利人取得權利的時間。

第108條（申請案之改請）

申請發明或設計專利後改請新型專利者，或申請新型專利後改請發明專利者，以原申請案之申請日為改請案之申請日。

改請之申請，有下列情事之一者，不得為之：

一、原申請案准予專利之審定書、處分書送達後。

二、原申請案為發明或設計，於不予專利之審定書送達後逾二個月。

三、原申請案為新型，於不予專利之處分書送達後逾三十日。

改請後之申請案，不得超出原申請案申請時說明書、申請專利範圍或圖式所揭露之範圍。

解說

依本法第132條規定不同類型專利申請案間的改請態樣，包括：一、發明改請新型；二、發明改請設計；三、新型改請發明；四、新型改請設計；五、設計改請新型。至於設計改請發明並非專利法所允許的態樣。

改請之意義，主要是讓已經提出之專利申請案，仍能在一定之期間內，給予申請人一次考慮變更其專利類型的機會。經由改請制度而改爲合法及合於申請人權益之其他類型之專利申請案，如果符合一定條件，可以承認其改請前原申請案之申請日，作爲改請後新案之申請日，以避免影響到專利要件實體審查之判斷。原則上提出專利申請後未審定或處分前，申請人提出改請之申請者，都可援用原申請日，但原申請案如已審定或處分，則須視其何時申請改請，以判斷得否援用改請前之申請日。分別說明如下：

一、第1項明定改請案可以援用原申請案之申請日。

二、第2項分款明定得改請之法定期間

超過法定期間後才提出申請者，即不得改請。改請必須在申請案尚繫屬於專利專責機關審查中始得爲之，如原申請案已經核准，即不能申請改請（第1款）。原申請案如爲發明或設計，於不予專利時，依第48條規定，申請再審查之期間爲審定書送達後二個月內；如爲新型，其提起訴願之期間爲處分書送達後三十日內，逾越此期間，不予專利已告確定，自不得申請改請（第2、3款）。

三、第3項爲改請後之申請案不得超出之範圍規定

改請涉及說明書、申請專利範圍或圖式之變動，由於改請案得援用原申請案之申請日，變動後之記載內容如增加新事項，將影響他人之權益，所以，明定改請後之申請案不得超出原申請案申請時說明書、申請專利範圍或圖式所揭露之範圍。

設計案改請爲新型案時，其改請案所揭露事項，僅限於原申請案說明書及圖式所揭露之內容，諸型態之改請皆不得有實質變更之情事。新型改請爲發明案後，如有申請實體審查之必要時，應自原申請案申請日後三年內爲之，如改請發明已逾前述三年期間者，得於改請發明之日後三十日內，申請實體審查。

由於改請案得以原申請案之申請日爲其申請日，改請案說明書、申請專利範圍或圖式不得超出原申請案申請時之原說明書、申請專利範圍或圖式所揭露之範圍；若發明案或設計案改請爲新型案時，超出原申請案申請時說明書、申請專利範圍或圖式所揭露之範圍，雖然不是新型專利形式審查的範疇，但得作爲日後新型專利權舉發的事由；若新型案改請發明案之說明書、申請專利範圍或圖式超出申請時的說明書、申請專利範圍或圖式所揭露之範圍者，應通知申請人申復、另案申請或修正改請案之說明書、申請專利範圍或圖式。屆期未申復、未另案申請或未修正者，或

申復無理由者，改請之發明案，應審定不予專利。

原申請案一旦經改請，若該原申請案業經實體審查，基於「事涉重複審查，不能使審查程序順利進行」或「禁止重複審查」之法理，則不得將該改請案再改請爲原申請案之種類。換言之不可以一下子改回來又改回去，造成審查資源的浪費。

申請改請之申請案，如改請前已主張優先權者，於改請後亦得保留其優先權主張，並應於改請申請時之申請書中聲明之，但不須再提出優先權證明文件。如其優先權主張業經處分不予受理，不得於改請申請時再行主張。

第109條（申請案之修正）

專利專責機關於形式審查新型專利時，得依申請或依職權通知申請人限期修正說明書、申請專利範圍或圖式。

解說

修正之目的係爲使說明書、申請專利範圍及圖式內容更爲完整，而有助於審查。有關修正之限制，於本法增訂準用發明規定，請參閱本法第43條第2項的說明。

第110條（外文本）

說明書、申請專利範圍及圖式，依第一百零六條第三項規定，以外文本提出者，其外文本不得修正。

依第一百零六條第三項規定補正之中文本，不得超出申請時外文本所揭露之範圍。

解說

本條爲先以外文本申請新型專利之相關規定，請參閱本法第44條。

第111條（處分書）

新型專利申請案經形式審查後，應作成處分書送達申請人。
經形式審查不予專利者，處分書應備具理由。

解說

本條第1項規定，新型專利申請案無論是否核准專利，均應作成處分書（核准處分書或核駁處分書）送達申請人，又因新型專利採形式審查，不需指定審查人員審查，審查人員亦不須具名，爲與發明、設計經實體審查所作之審定書有所區隔，故將形式審查之結果以「處分書」稱之。

第2項規定，如形式審查結果爲不予專利，則處分書應記載不予專利之理由，此一行政處分之要式規定，請參閱本法第45條第1項之說明。另因新型無再審查制度之適用，如新型經形式審查處分不予專利者，得逕依訴願法規定，自處分送達之次日起三十日內提起訴願。

第112條（形式審查）

新型專利申請案，經形式審查認有下列各款情事之一，應為不予專利之處分：

一、新型非屬物品形狀、構造或組合者。
二、違反第一百零五條規定者。
三、違反第一百二十條準用第二十六條第四項規定之揭露方式者。
四、違反第一百二十條準用第三十三條規定者。
五、說明書、申請專利範圍或圖式未揭露必要事項，或其揭露明顯不清楚者。
六、修正，明顯超出申請時說明書、申請專利範圍或圖式所揭露之範圍者。

解說

本條爲新型形式審查事項之規定。所謂「形式審查」，係指專利專責機關對於新型專利申請案之審查，根據說明書、申請專利範圍、摘要及圖式判斷是否符合形式要件，而不進行須耗費大量時間之前案檢索以及是否符合專利要件之實體審查。其與發明申請案必須實體審查說明書、圖式、申請專利範圍等內容，判斷是否符合產業利用性、新穎性、進步性等專利要件，並不相同；亦與程序審查是審查申請專利之文件是否齊備以及呈現之書表格式是否符合法定程式，並不相同。有關本法新型專利準用發明專利之規定，如涉及實體內容之判斷，均不屬於形式審查的範疇，而是指新型專利於舉發階段所應審查的實體要件。以下簡要介紹本條形式審查範圍之各款規定：

一、第1款：不符新型之定義。非屬物品之形狀、構造或組合。關於本款相關內容說明，請參閱本法第104條說明。至於是否爲「利用自然法則之技術思想」，因爲不在本條列舉範圍，因此形式審查不作判斷，但可作爲舉發的事由，於舉發

實體審查時判斷。

二、第2款：違反妨害公共秩序或善良風俗。相關內容說明，請參閱本法第105條說明。

三、第3款：違反揭露方式者。新型專利說明書、申請專利範圍、摘要及圖式之揭露方式，應載明之事項規定於本法施行細則第45條準用第17至23條。在形式審查時，只要說明書、申請專利範圍、摘要及圖式記載之事項符合本法及細則之規定即可，不必審查其他實質性內容。另摘要經通知修正屆期未修正者，專利專責機關得依職權修正後通知申請人。

四、第4款：違反單一性。單一性的判斷，雖然是準用發明單一性之規定，但新型形式審查並不進行先前技術檢索，因此判斷新型是否具有單一性時，與發明審查單一性不同，僅須判斷獨立項與獨立項之間於技術特徵上是否明顯相互關聯，只要各獨立項之間在形式上具有相同或相對應的技術特徵，原則上判斷爲具有單一性，而不論究其是否有別於先前技術。

五、第5款：未揭露必要事項或揭露明顯不清楚。形式審查時，僅須判斷說明書、申請專利範圍或圖式之揭露事項是否有明顯瑕疵，此與審查發明專利申請案必須經檢索、審查說明書及申請專利範圍揭露之實體內容，並不相同。對於說明書中所載明之新型技術特徵，毋須判斷該新型是否明確且充分，亦無須判斷該新型能否實現。說明書、申請專利範圍或圖式是否揭露必要事項或其揭露是否明顯不清楚，主要依據申請專利範圍各獨立項判斷之。

六、第6款：修正明顯超出申請時之揭露範圍。100年本法修正前未將「修正超出」列爲形式審查事由，惟如果修正明顯超出，將影響公眾及第三人之權利，爲平衡申請人及社會公眾之利益，所以，100年本法修正增訂爲形式審查不予專利之項目。例如：增加申請時未揭露之技術特徵的請求項、變更請求項之標的名稱及內容等。但若請求項中增加技術特徵，對請求項作進一步限定，而該技術特徵已爲申請時說明書及圖式所支持者，則無明顯超出。

第113條（核准與公告）

申請專利之新型，經形式審查認無不予專利之情事者，應予專利，並應將申請專利範圍及圖式公告之。

解說

本條爲新型專利核准公告之規定，其意旨是因爲申請專利之新型，其技術門檻相對較低。

第114條（新型專利權期限）

新型專利權期限，自申請日起算十年屆滿。

解說

本條爲新型專利權期限及其計算始點的規定。本條規定意旨與本法第52條第3項發明專利之規定相同，請參閱該條之說明。

第115條（申請專利技術報告）

申請專利之新型經公告後，任何人得向專利專責機關申請新型專利技術報告。

專利專責機關應將申請新型專利技術報告之事實，刊載於專利公報。

專利專責機關應指定專利審查人員作成新型專利技術報告，並由專利審查人員具名。

專利專責機關對於第一項之申請，應就第一百二十條準用第二十二條第一項第一款、第二項、第一百二十條準用第二十三條、第一百二十條準用第三十一條規定之情事，作成新型專利技術報告。

依第一項規定申請新型專利技術報告，如敘明有非專利權人為商業上之實施，並檢附有關證明文件者，專利專責機關應於六個月內完成新型專利技術報告。

新型專利技術報告之申請，於新型專利權當然消滅後，仍得為之。

依第一項所為之申請，不得撤回。

解說

本條爲申請新型專利技術報告的相關規定。由於新型專利採形式審查制度，對於是否合於產業利用性、新穎性、進步性等專利要件並不進行實體審查，爲避免新型專利權的權利內容處於不安定或不確定之狀態，而使專利權人行使此一不確定的權利，進而產生權利濫用之情形，對第三人的技術利用及研發造成危害，乃參照日本實用新案法第12、13條，引進技術報告制度。技術報告具有公眾審查之功能，從而對於申請技術報告之資格，不應限制，而應使任何人皆得向專利專責機關申請，以釐清該新型專利是否符合專利要件之疑義。本條規範技術報告之相關規定，其內容包括申請對象、於公報刊載申請之事實、審查人員具名、商業實施得優先審查及申請後不得撤回等相關規定，本條也是技術報告規定之重心所在：

一、第1項明定任何人均得申請新型專利技術報告

(一) 得申請新型專利技術報告之人：首先要說明的是，公眾有瞭解該新型專利權是否符合專利要件之必要，以判斷可否加以利用或避免侵害他人權利，因此在立法上對於申請技術報告之人，不應予以限制，而應使任何人皆得申請，以釐清該新型專利權是否符合專利要件，所以任何人均得申請。

(二) 新型專利技術報告之性質：技術報告之設計係因新型未經實體審查，其是否合於專利要件，宜有客觀之資料，以供權利行使及技術利用之參酌。惟評估之結果縱然認爲新型專利不具實體要件，因該權利並未被撤銷，未發生失權效果，故性質上並非行政處分，所以名稱定爲「新型專利技術報告」，而不是「技術審定書」、「技術處分書」。總言之，專利專責機關所作之技術報告僅係提供有關該新型專利權是否合於專利要件之客觀判斷資訊，不論該技術報告所載比對結果爲何，該專利權並不因評價內容，即認已有確認或核駁之效果。任何人認該新型專利有不符合新型專利要件之事由，應依法提起舉發，因此，專利專責機關於製作技術報告時，固應愼重，以昭公信，惟因技術報告與舉發審查不同，並無互爲拘束之效力。

(三) 得申請新型專利技術報告之時間點：技術報告評價之對象

爲新型專利權，故必須新型專利申請案經公告取得權利後，始能申請。但是新型專利經核准處分，並由申請人繳交證書費及第一年專利年費後，雖然尙未公告，該專利案已明確處於可公告取得專利權的狀態，如果有提出技術報告之申請者，爲便利民眾及考量行政經濟，專利專責機關得予受理，只是必須等到新型專利案公告後才會辦理比對製作。

二、第2項規定有人申請新型專利技術報告後，專利專責機關應將申請之事實，刊載於專利公報，以使社會大眾知悉

一旦有人申請，專利專責機關即應作成技術報告，他人即可透過閱覽或影印取得此份技術報告，透過公示周知，可使他人免於重複申請。原則上這份技術報告如果不是專利權人所申請，專利專責機關不會另行通知專利權人。

若技術報告之內容爲全部請求項（或經舉發審查確定未被撤銷之全部請求項）違反新穎性（含擬制喪失新穎性）或進步性專利要件時，則會於技術報告製作前先通知專利權人提出說明。

三、第3項規定專利專責機關應指定專利審查人員作成新型專利技術報告，並由專利審查人員具名，以示負責

技術報告之作成，涉及專利要件之判斷，且其報告內容爲權利人行使權利及利用人是否利用該新型技術之重要參考資料，應由具審查資格之審查人員作成。

四、第4項爲作成新型專利技術報告所應審酌之事項

(一) 專利專責機關本應就本項規定之所有事由作成技術報告，而不受申請人指定條款之拘束。原條文第1項文義未能充分反映上開立法意旨，爲期明確，將原條文第1項規定有關技術報告所應審酌之事項移列本項。

(二) 技術報告須針對新型專利權是否符合專利實體要件進行審酌，所稱實體要件係指：1.新穎性；2.進步性；3.擬制喪失新穎性；4.先申請原則。應說明者，申請技術報告，不須檢附理由及證據，亦不須指明針對那些條文，專利專責機關將會針對前述四種實體要件全部予以評估，並就檢索結果選取適用之先前技術，影印相關部分附卷，並標示可列入技術報告之段落，採逐項比較進行評估，亦不會僅列出由申請人所提出的條文。

(三) 有關前述實體要件中之新穎性的評估，100年修正刪除申請前「已公開使用」及「已爲公眾所知悉」二事項，乃參諸日本、韓國及中國大陸專利專責機關，僅係依其資料庫之資料作成技術報告，亦即技術報告比對事項僅爲是否爲申請前已見於刊物者，不包括申請前已公開使用或已爲公眾所知悉之情形。

(四) 專利專責機關是否會製作二份以上技術報告：針對同一新型專利權，如已有技術報告之申請，則因該申請之事實已公開周知，且不可撤回，他人本毋庸再行申請，逕透過申請閱覽或影印即可取得該技術報告。惟專利專責機關作成第一份技術報告之後，他人如繳納規費再申請製作技術報告，專利專責機關仍會受理而製作第二份以上技術報告。因評估之對象爲同一專利權，原則上第二份以後之技術報告不會與第一份技術報告做不同之認定。惟因技術報告申請人已主張相關專利前案資料或新型專利權人有更正之情事（更正說明書或申請專利範圍並經確定者），專利專責機關須再爲比對，致評估之基礎與第一次不同時，會就技術報告申請人主張之相關專利前案資料或更正後的申請專利範圍爲評估基礎進行比對，製作第二份技術報告。若再製作第二份技術報告，且其比對結果與先前作成之技術報告內容不同時，會將前述技術報告之比對結果，通知所有先前申請技術報告之申請人。

五、第5項為優先製作技術報告之規定

其立法目的主要在於保護新型專利權人之權益，因新型專利權人行使新型專利權時，必須要提示技術報告，所以新型專利權人如欲進行警告而向專利專責機關申請技術報告時，在敘明有他人為商業上實施之事實且檢具有關證明文件者，專利專責機關即應儘速完成該技術報告，至遲應於六個月內完成。

六、第6項規定專利權當然消滅後，亦得申請新型專利技術報告

(一) 鑑於新型專利權當然消滅後，與其權利相關之損害賠償請求權、不當得利請求權等，仍有可能發生或存在，因而行使此等權利時，亦有必要參考技術報告為之，乃明定新型專利權當然消滅後，亦得申請技術報告。

(二) 新型專利經公告後，就可以申請技術報告；另新型專利權當然消滅後，仍然可以申請技術報告。簡言之，新型專利權有效或曾經有效的情況下，均可以受理技術報告的申請。

(三) 至於新型專利權若因舉發成立而撤銷確定者，其效果視為自始不存在，已無標的，所以，將不受理技術報告的申請。若新型專利之全部請求項雖經審定舉發成立，尚繫屬行政救濟階段者，於撤銷確定前，仍受理其技術報告的申請；若受理後，新型專利之全部請求項始被撤銷確定者，將終止製作技術報告並退還申請規費。

(四) 本法102年修正施行前，發明與新型專利一案兩請，因未採

行「權利接續」而採行「權利自始不存在」，所以，若申請人選擇發明專利，則新型專利權已自始不存在，將不受理技術報告的申請；修正施行後的新型專利，因採行「權利接續」，所以，若申請人選擇發明專利，則新型專利權於發明專利公告之日起消滅，由於其符合曾經有效的情形，可以受理技術報告的申請。

七、第7項規定申請技術報告後，不得撤回

有人申請新型專利技術報告之事實必須刊載專利公報，使社會大眾知悉，若允許恣意撤回技術報告之申請，將使其他人無從得知技術報告是否續行。

老王看到佩君的新型專利公告過以後不確定是否具備可專利性，他自己是否可以實施，他可以做什麼動作？

依專利法第115條申請專利之新型經公告後，任何人得向專利專責機關申請新型專利技術報告。故老王可以向智慧財產局申請技術報告，以確定該新型專利可專利性。

第116條（提示新型專利技術報告）

新型專利權人行使新型專利權時，如未提示新型專利技術報告，不得進行警告。

解說

本條為權利人行使新型專利權時，應先提示新型專利技術報告的訓示規定。由於新型專利未經實體審查即取得權利，該專利

究竟是否符合專利要件，尚不確定，爲防止專利權人不當行使、濫發警告函或濫用權利，造成他人之損害，影響第三人對技術之利用及開發，其行使權利時，應有客觀之判斷資料。爲彰顯技術報告在行使新型專利權時之重要性，本法102年修正時，乃明定行使權利如未提示技術報告，不得進行警告，以資明確。惟其並非提起訴訟之前提要件，並非謂未提示技術報告進行警告，即不得請求損害賠償。而是之後新型專利權人之專利權遭撤銷時，權利人應依第117條規定，向受有損害者負損害賠償責任。

佩君看到老王在販售的產品技術特徵與她所有的新型專利公告過的權利請求範圍相同，他想要制止此一販售行爲，他可以做什麼動作？

依專利法第116條新型專利權人行使新型專利權時，如未提示新型專利技術報告，不得進行警告。故佩君可以向智慧財產局申請技術報告，以確定其可專利性。在收到代碼爲6具備可專利性的技術報告以後，佩君可以對老王發出侵權警告信，制止其侵害佩君新型專利權的行爲。

第117條（損害賠償責任及免責）

新型專利權人之專利權遭撤銷時，就其於撤銷前，因行使專利權所致他人之損害，應負賠償責任。但其係基於新型專利技術報告之內容，且已盡相當之注意者，不在此限。

解說

本條爲新型專利權人於其專利權遭撤銷時，對於撤銷前行使新型專利權造成他人損害之賠償及其免責的相關規定。說明如下：

一、新型專利權人於其專利權遭撤銷前，因行使專利權造成他人損害，原則上應負賠償責任

在發明專利權及設計專利權，因有經過主管機關進行實體審查，權利人對該專利權利之授與，有一定之信賴，權利人認爲權利遭受侵害而對他人行使權利，乃基於信賴其權利有效，爲維護其權利所採取之措施，縱然其專利權嗣後遭撤銷，此乃行使權利後所發生之事實，除有事實足認專利權人係以損害他人爲目的而行使權利外，難責令專利權人須對該他人負損害賠償責任。惟新型專利因採形式審查，並未進行實體審查，該權利是否符合專利要件並不確定，此爲新型專利權人所認知，因此，新型專利權人行使權利造成他人損害時，原則上不可推說其係基於信賴專利權有效而行使權利，此與發明及設計專利權有所不同。

二、但書規定新型專利權人免責之條件

新型專利權人應舉證其行使權利係基於新型專利技術報告之內容，且已盡相當之注意，嗣後專利被撤銷時始能免責。目前我國法律實務傾向認定，權利人必須至少要有專利主管機關出具之新型專利技術報告，且比對結果爲「代碼6：無法發現足以否定其新穎性等要件之先前技術文獻。」這時權利人才算已盡相當之注意，因取得專利主管機關出具之新型專利技術報告，其門檻並不高。故權利人如使用其他機構出具之侵權證明報告，事實上難昭公信，不可用以替代專利主管機關出具之新型專利技術報告，而極可能被法院評價未盡相當之注意，而必須承擔賠償責任。

因新型專利技術報告比對結果即使為「代碼6：無法發現足以否定其新穎性等要件之先前技術文獻。」仍無法排除新型專利權人以未見諸文獻但為業界所習知之技術申請新型專利之可能性，考量新型專利權人對其新型來源較專利專責機關更為熟悉，除要求其行使權利應基於新型專利技術報告之內容外，並應要求其盡相當之額外注意義務。必須本於己身權利遭到侵害之眞實確信，方可行使專利權，以免第三人無故遭遇自始並不成立之侵權指控。

第118條（新型專利之更正）

新型專利權人除有依第一百二十條準用第七十四條第三項規定之情形外，僅得於下列期間申請更正：

一、新型專利權有新型專利技術報告申請案件受理中。

二、新型專利權有訴訟案件繫屬中。

解說

新型專利之更正，100年修法時，因新型專利申請案符合形式要件者，即可准予專利。故其邏輯前後應屬一致，新型專利更正案，除非併有舉發案件繫屬，須因應舉發案指明之問題就新型專利實體審查其專利要件，其更正自應一併為實體審查外，原則上採「形式審查」應已足夠，審查範圍包含上述形式要件第一至五，以及是否明顯超出公告時申請專利範圍或圖式所揭露之範圍。

由於新型專利申請案採「形式審查」時，不會進行前案檢索及是否符合專利要件之實體審查，其是否符合專利要件，尚有不確定性，因此，108年修法時，基於維持專利權內容穩定性，避免因權利內容之變動衍生問題，除非就該新型專利權是否合於專利要件之實體問題已產生爭議，例如經他人提起舉發，認有更正限縮專利權範圍之必要、申請技術報告發現有前案、於訴訟中發現有前案等，此時審查更正案應爲實體審查，始能有效解決爭議，不宜僅爲形式審查，因此將新型專利之更正改採「實體審查」，並修正本條新型專利得申請更正之時點的規定，限於專利權人爲申請新型專利技術報告，或爲因應舉發、民事或行政爭訟事專利權人爲申請新型專利技術報告，或爲因應舉發、民事或行政爭訟事件之需要，藉申請更正以完善其專利權範圍或作爲避免專利權無效之防件之需要，藉申請更正以完善其專利權範圍或作爲避免專利權無效之防禦手段，禦手段，始得提出更正申請始得提出更正申請。相關說明如下：說明如下：

一、新型專利得申請更正之時間點，視新型專利有無舉發案件之繫屬而不同

(一) 於舉發案審查期間提出之更正：

1. 新型專利舉發案件審查期間，專利權人僅得於專利法第120條準用第74條第3項規定之情形，亦即專利專責機關通知答辯、補充答辯，或通知專利權人不准更正之申復等三個期間內申請更正，並於通知送達後一個月內提出，除准予展期者外，逾期提出者，即不受理其更正申請。另外，如新型專利另有民事訴訟案件或相關舉發案之行政訴訟案件繫屬中，專利權人得提出更正申請，不受前述期間之限制，但須檢附經法院受理之訴訟案件證明文件。
2. 新型專利舉發案提起後，專利權人即使以新型專利技術報告受理中爲由申請更正，仍僅限於前述專利專責機關通知答辯、補充答辯，或通知專利權人不准更正之申復等三個期間內提出。

(二) 非於舉發案審查期間提出之更正：

1. 新型專利權在未有舉發案繫屬的情況下，若有新型專利技術報告申請案受理中，由於新型專利技術報告之作成涉及部分專利要件之審查，包含新穎性（僅限「已見於刊物」）、進步性、擬制喪失新穎性、先申請原則等，專利權人得申請更正。

2. 新型專利權於民事訴訟或行政訴訟繫屬中，專利權人有訴訟防禦之需要時，得向專利專責機關申請更正，但須檢附經法院受理訴訟案件之證明文件。

二、新型專利更正之審查

(一) 新型專利得申請更正之事項，依第120條準用第67條之規定，與發明專利相同，限於「請求項之刪除、申請專利範圍之減縮、誤記或誤譯之訂正、不明瞭記載之釋明」。若更正內容非屬上開事項，應不准更正。

(二) 新型專利之更正，108年修法後，所有新型專利更正申請案，均改採「實體審查」；其與108年修法前採取之形式審查，審查內容並不相同：

1. 108年修法前，新型專利更正採形式審查，更正後之說明書、申請專利範圍或圖式不得有(1)非屬於物品之形狀、構造或組合者；(2)妨害公共秩序或善良風俗者；(3)說明書、申請專利範圍及圖式之揭露方式不符合專利法及施行細則之規定；(4)不具有單一性；(5)說明書、申請專利範圍或圖式未揭露必要事項，或其揭露有無明顯不清楚之情事；(6)明顯超出公告時申請專利範圍或圖式所揭露之範圍等情形，違者即不准更正。

2. 108年修法後，新型專利更正採實體審查，依第120條準用第67條之規定，更正後之說明書、申請專利範圍或圖式須符合「不得超出申請時說明書、申請專利範圍或圖式所揭露之範圍」、「以外文本提出者，其誤譯之訂正，不得超出申請時外文本所揭露之範圍」、「不得實質擴大或變更公告時之申請專利範圍」等規定，違者即不准更正。

第119條（新型專利舉發事由）

新型專利權有下列情事之一，任何人得向專利專責機關提起舉發：

一、違反第一百零四條、第一百零五條、第一百零八條第三項、第一百十條第二項、第一百二十條準用第二十二條、第一百二十條準用第二十三條、第一百二十條準用第二十六條、第一百二十條準用第三十一條、第一百二十條準用第三十四條第四項、第六項前段、第一百二十條準用第四十三條第二項、第一百二十條準用第四十四條第三項、第一百二十條準用第六十七條第二項至第四項規定者。

二、專利權人所屬國家對中華民國國民申請專利不予受理者。

三、違反第十二條第一項規定或新型專利權人為非新型專利申請權人者。

以前項第三款情事提起舉發者，限於利害關係人始得為之。

新型專利權得提起舉發之情事，依其核准處分時之規定。但以違反第一百零八條第三項、第一百二十條準用第三十四條第四項、第六項前段、第一百二十條準用第四十三條第二項或第一百二十條準用第六十七條第二項、第四項規定之情事，提起舉發者，依舉發時之規定。

舉發審定書，應由專利審查人員具名。

解說

本條為專利專責機關依舉發撤銷新型專利權之規定。揆諸各國規定，對於僅經形式審查取得之新型專利權，均無由專利專責機關依職權審查之例，故新型專利權只有依舉發而撤銷，並無依職權撤銷。

專利權經舉發成立撤銷者，專利權人得提起行政救濟，如未提起行政救濟或行政救濟維持原處分確定者，即為撤銷確定，該專利權視為自始不存在。以下就本條各項規定說明如下：

一、第1項為提起舉發之法定事由

(一) 第1款規定新型專利權得提起舉發的事由：

1. 違反第104條新型之定義：指新型並非利用自然法則之技術思想，對物品之形狀、構造或組合之創作而言。
2. 違反第105條公序良俗：為法定不予專利之事由。
3. 違反第108條第3項改請規定：改請後之申請案超出原申請案申請時所揭露之範圍。
4. 違反第110條第2項外文本規定：補正之中文本超出申請時外文本所揭露之範圍。
5. 違反第120條準用第22條專利要件：新型不具備產業利用性、不具備新穎性、不具備進步性。
6. 違反第120條準用第23條擬制喪失新穎性：指新型有擬制喪失新穎性之事由。
7. 違反第120條準用第26條揭露要件：新型說明書、申請專利範圍或圖式未明確且充分揭露技術內容，或未載明實施必要之事項，或記載不必要之事項，使實施為不可能或困難，或說明書之記載非發明之眞實方法者。
8. 違反第120條準用第31條先申請原則：新型違反先申請原則、禁止重複授予專利之原則。

9. 違反第120條準用第34條第4項分割規定：分割後之申請案超出原申請案申請時所揭露之範圍。
10. 違反第120條準用第43條第2項修正規定：申請人所爲之修正，超出申請時原說明書或圖式所揭露之範圍。
11. 違反第120條準用第44條第3項誤譯訂正規定：誤譯之訂正超出申請時外文本所揭露之範圍。
12. 違反第120條準用第67條第2至4項更正規定：更正超出申請時所揭露之範圍、更正時誤譯之訂正超出申請時外文本所揭露之範圍、更正實質擴大或變更公告時之申請專利範圍。

(二) 第2款規定專利權人所屬國家對中華民國國民申請專利不予受理者，爲得舉發之事由。請參閱本法第71條第1項說明。

(三) 第3款規定違反本法共有規定或新型專利權人爲非新型專利申請權人者。請參閱本法第71條第1項說明。

二、第2項明定以前項第3款事由提起舉發者，可提起舉發之人限於利害關係人。本項規定請參閱本法第71條第2項說明。

三、第3項爲舉發事由法律適用之基準時點，請參閱本法第71條第3項說明。

四、第4項爲審查人員具名之規定

審查人員進行舉發審查之審定，該審查人員應具名於審定書上，請參閱本法第79條第1項說明。

108年修正因放寬就新型專利申請案亦得於核准處分後申請分割，故配合修正條文第34條第6項，新型專利核准處分後所爲分割，如違反第120條準用第34條第6項前段之規定者，亦應爲舉發事由，修正本條第1項第1款。

因違反第120條準用第34條第6項前段規定之分割案，與原申請案間可能造成重複專利，此舉發事由應屬本質事項，故應依舉發時之規定，108年修正本條第3項規定。

第120條（新型專利準用條文）

第二十二條、第二十三條、第二十六條、第二十八條至第三十一條、第三十三條、第三十四條第三項至第七項、第三十五條、第四十三條第二項、第三項、第四十四條第三項、第四十六條第二項、第四十七條第二項、第五十一條、第五十二條第一項、第二項、第四項、第五十八條第一項、第二項、第四項、第五項、第五十九條、第六十二條至第六十五條、第六十七條、第六十八條、第六十九條、第七十條、第七十二條至第八十二條、第八十四條至第九十八條、第一百條至第一百零三條，於新型專利準用之。

解說

本條爲新型專利準用發明專利條文之規定，說明如下：新型專利準用第22條專利要件、第23條擬制喪失新穎性、第26條說明書、申請專利範圍、摘要及圖式之揭露形式、第28條國際優先權、第29條聲明主張國際優先權及視爲未主張之情形、第30條國內優先權、第31條先申請原則、第33條單一性、第34條第3、4項申請案之分割、第35條眞正專利申請權人提起舉發撤銷專利、第43條第2、3項修正不得超出原申請案所揭露之範圍、修正期間之限制、第44條第3項誤譯之訂正不得超出外文本所揭露之範圍、第46條第2項爲不予專利之處分前應通知申請人限期申復、第47條第2項經公告之專利案閱覽及抄錄等、第51條涉及國家安全之專利及保密程序、第52條第1、2項及第4項繳納證書費、第一年年費公告、第58條第1、2、4及5項新型專利權範圍之解釋、第59條專利權效力所不及之事項、第62條專利權異動登記對抗效力、第63條再授權、第64條專利權共有之處分、第65條共有專利權應有部分之處分、第67條發明專利更正、第68條第2、3項核准更正後之應爲事項及效力、第69條專利權拋棄、更正之限制、第70條專利權當然消滅之事由、第72條專利權當然消滅後之舉發、第73條舉發申請書應記載事項、得部分提起、舉發聲明不得變更或追加及補提理由及證據等、第74條舉發審查程序、第75條依職權探知、第76條舉發案之面詢及勘驗、第77條舉發期間更正案之合併審查、第78條同一專利權有多件舉發案得合併審查、第79條舉發案審查人員之指定、第80條舉發撤回、第81條一事不再理、第82條舉發之審定、專利權撤銷確定及效力、第84條專利權異動時公報之刊載、第85專利權簿之記載及公開閱覽、第86條依本法應公開、公告之事項得以電子方式爲之、第87至91條強制授權、第92條繳納規費、第93條專利年費之繳納期限、第94條專利年費之加繳、第95條專利年費之減免、第96條侵害專利權之請求權、第97條損害賠償之計算、第97條之1至第97條之4專利邊境保護、第98條專利證書標示、第100條判決書應送專利專責機關、第101條舉發涉訟案件優先審查、第102條未經任許之外國法人或團體、第103條專業法庭及專利侵害鑑定。

108年配合修正條文第34條，修正新型專利準用該條之項次；另新型專利更正案現已改採實體審查，第68條第1項亦應準用，故將準用第68條第2至3項修正爲準用第68條。

第四章
設計專利

第121條（設計專利之定義）

設計，指對物品之全部或部分之形狀、花紋、色彩或其結合，透過視覺訴求之創作。

應用於物品之電腦圖像及圖形化使用者介面，亦得依本法申請設計專利。

解說

本條是對設計定義之規定。100年修正專利法前，新式樣專利所保護之標的僅爲「物品之全部設計」（簡稱「整體設計」），100年修正之專利法則擴大設計專利之保護標的，包括「物品之部分設計」（簡稱「部分設計」）及「應用於物品之電腦圖像及圖形化使用者介面設計」（簡稱「圖像設計」）；此外，廢止了聯合新式樣而新增「衍生設計」（§127），並增設了「成組物品之設計」（簡稱「成組設計」）（§129II）；因此100年專利法修正後之設計專利的申請態樣，大致可分爲「整體設計」、「部分設計」、「圖像設計」、「成組設計」及「衍生設計」五種態樣。本條各項規定說明如下：

一、第1項爲設計之一般定義

依其規定，設計所保護之標的限於物品之形狀、花紋、色彩

或其二者或三者之結合所構成之外觀創作，其必須具有視覺創作之屬性。簡言之，專利法保護之設計必須是：(一)應用於物品；(二)創作內容限於形狀、花紋、色彩（簡稱「外觀」）；及(三)透過視覺訴求；此外，本項同時指出設計專利所保護的標的得為「整體設計」或「部分設計」二種態樣之設計。以下分就本項有關設計之一般定義及此二種態樣之設計說明如下：

(一) 設計必須應用於物品：申請專利之設計必須是應用於物品之外觀的具體創作，該物品必須為具有三度空間實體形狀的有體物，始能實現物品之用途、功能以供產業上利用。脫離所應用之物品之創作，並非設計專利保護之標的，不符合設計之定義。此外，設計專利係保護「物品」外觀之創作，但並不包括「方法」，有關「方法」之創作應屬發明所保護之標的。申請專利之設計有下列情事之一者，應認定不屬於設計保護之標的：

1. 粉狀物、粒狀物等之集合體而無固定凝合之形狀，例如炒飯、聖代等。但不包括有固定凝合之形狀者，例如方糖、包子、蛋糕、食品展示模型等。
2. 物品不具備三度空間特定形態者，例如無具體形狀之氣體、液體，或有形無體之光、電、煙火、雷射動畫等。惟電腦圖像或圖形化使用者介面雖不具備三度空間形態，如其係應用於物品時，仍得符合專利法之規定而屬於設計保護之標的。

(二) 設計所呈現之外觀：設計專利所保護之標的為應用物品之外觀的創作，該外觀是指設計所呈現之形狀、花紋、色彩或其二者或三者之結合。

1. 形狀，指物品所呈現三度空間之輪廓或樣子，其為物品與空間交界之周邊領域。設計專利所保護的形狀通常係指為實現該物品用途、功能所呈現物品本身之形狀；惟若某些物品因其材料特性、機能調整或使用狀態而致該設計之形狀在視覺上產生變化者，因其每一變化狀態均屬設計的一部分，亦得將其視為一個整體之設計以一申請案申請設計專利。

2. 花紋，指物品表面點、線、面或色彩所表現之裝飾構成。設計專利所保護之花紋的形式包括以平面形式表現於物品表面者，如印染、編織、平面圖案、電腦圖像或圖形化使用者介面；或以浮雕形式與立體形狀一體表現者，如輪胎花紋；或運用色塊的對比構成花紋而呈現花紋與色彩之結合者，如彩色卡通圖案或彩色電腦圖像。

3. 色彩，指色光投射在眼睛中所產生的視覺感受；設計專利所保護的色彩係指設計外觀所呈現之色彩計畫或著色效果，亦即色彩之選取及用色空間、位置及各色分量、比例等。

4. 形狀、花紋、色彩之結合，設計專利保護之標的為物品之形狀、花紋、色彩或其中二者或三者之結合所構成的整體設計。由於設計所應用之物品必須是具有三度空間實體形狀的有體物，單獨申請花紋、單獨申請色彩或僅申請花紋及色彩，而未依附於說明書及圖式所揭露之物品者，不符合設計之定義。

(三) 設計必須是透過視覺訴求之創作：申請專利之設計必須是透過視覺訴求之具體創作，亦即必須是視覺能夠辨識、確認而具備視覺效果的設計；設計專利不保護聲音、氣味或觸覺等非外觀之創作。前述「視覺能夠辨識」，並非僅限於「肉眼」能夠確認而全然排除保護「須藉助儀器觀察」之微小物品，若該類物品通常係藉助儀器觀察以供普通消費者進行商品選購商品者，例如鑽石、發光二極體等，亦得視為視覺能夠辨識、確認而具備視覺效果的設計。至於純粹取決於功能需求而非以視覺訴求為目的之設計者，其僅是實現物品功能之構造或裝置，例如電路布局、功能性

構造等，均非設計專利保護之標的；惟若功能性設計亦具視覺效果者，得取得設計與發明或新型專利之雙重保護。

(四) 整體設計及部分設計：本項所稱「設計」，指對物品之「全部」或「部分」……。即是指設計專利所保護之標的態樣得為「整體設計」或「部分設計」。

100年修正前之專利法對於新式樣專利所保護之創作必須是完整之物品（包含配件及零、組件）之形狀、花紋、色彩或其結合之創作，若設計包含數個新穎特徵，而他人只模仿其中一部分特徵時，就不會落入新式樣專利所保護之權利範圍。為強化設計專利權之保護，鼓勵傳統產業對於既有資源之創新設計，以及因應國內產業界在成熟期產品開發設計之需求，100年修正之專利法將部分設計納入設計專利保護之範圍，開放物品之「部分設計」（partial design），不再侷限於消費者得以獨立交易之「整體物品」。

二、第2項規定圖像設計的標的態樣，為本法100年修正所新增

電腦圖像（computer generated icons）及圖形化使用者介面（graphical user interface, GUI）是指一種藉由電子、電腦或其他資訊產品產生，並透過該等產品之顯示裝置（display）顯現而暫時性存在的虛擬圖形介面，其雖無法如包裝紙或布匹上之花紋、色彩能恆常顯現於物品上，惟性質上仍屬具視覺效果之花紋或花紋與色彩之結合的外觀創作，因其係透過顯示裝置等相關物品顯現，故「電腦圖像及圖形化使用者介面」亦為一種應用於物品外觀之創作，符合設計之定義。

鑑於我國利用電子顯示之消費性電子產品、電腦與資訊、通訊產品之能力已趨成熟，且電腦圖像或圖形化使用者介面與前述

產品之使用與操作有密不可分之關係，爲配合國內產業政策及國際設計保護趨勢之需求，強化產業競爭力，100年修正之專利法開放應用於物品之電腦圖像或圖形化使用者介面之設計保護，亦得依本法申請設計專利。

電腦圖像通常係指單一之圖像單元，圖形化使用者介面則可由數個圖像單元及其背景所構成之整體畫面。由於圖像設計是一種透過顯示裝置顯現而暫時存在的「花紋」或「花紋與色彩結合」的外觀創作，其必須應用於物品方可符合設計之定義。又電腦圖像及圖形化使用者介面通常可用於各類電子資訊產品，並藉由該產品之顯示裝置而顯現，故只要是透過螢幕（screen）、顯示器（monitor）、顯示面板（display panel）或其他顯示裝置等有關之物品而顯現，即可符合設計必須應用於物品之規定，而無須就圖像設計所應用之各類電子資訊產品分案申請；但脫離物品而僅單獨申請電腦圖像或圖形化使用者介面之圖形本身者，則不符合設計之定義。

小樺寫了一個記法條用APP，並且用電腦繪圖做了一個超可愛的ICON，準備在上市前申請專利。請問他應該申請什麼專利？

由於100年修正之專利法開放應用於物品之電腦圖像（ICON）或圖形化使用者介面之設計保護，小樺得依本法申請設計專利。

第122條（設計專利要件）

可供產業上利用之設計，無下列情事之一，得依本法申請取得設計專利：

一、申請前有相同或近似之設計，已見於刊物者。

二、申請前有相同或近似之設計，已公開實施者。

三、申請前已為公眾所知悉者。

設計雖無前項各款所列情事，但為其所屬技藝領域中具有通常知識者依申請前之先前技藝易於思及時，仍不得取得設計專利。

申請人出於本意或非出於本意所致公開之事實發生後六個月內申請者，該事實非屬第一項各款或前項不得取得設計專利之情事。

因申請專利而在我國或外國依法於公報上所為之公開係出於申請人本意者，不適用前項規定。

解說

本條明定設計專利之產業利用性、新穎性及創作性等有關專利要件之規定。106年修正後比照發明專利予以修訂，重新釐定其新穎性與進步性優惠期要件。

第1項本文爲產業利用性之規定；第1項各款爲喪失新穎性之規定；第2項爲不具創作性之規定；第3項爲喪失新穎性或創作性之例外情事（優惠期主張），增訂因於刊物發表之情事，並將適用範圍由新穎性擴大至包含新穎性及創作性；第4項爲主張喪失新穎性或創作性之例外，亦不及於在專利公報上的公開。本條規定與發明、新型專利大致相同。相關內容請參考第22條規定。

一、第1項本文爲產業利用性之規定

產業利用性，指申請專利之設計必須可供產業上利用。若申請專利之設計在產業上能被製造或使用，則認定該設計可供產業上利用，具產業利用性；其中，能被製造或使用，指該透過視覺訴求之創作於產業上有被製造或使用之可能性，不限於該設計之創作已實際被製造或使用。例如利用幾何原理上之錯視（illusion）效果所繪製的無限迴旋樓梯，而在現實生活中無法被製造或使用者，即不具產用利用性。

二、第1項各款爲喪失新穎性之規定

新穎性，指申請專利之設計應前所未見，申請專利之設計或與其近似之設計未構成先前技藝的一部分者，始稱該設計具新穎性。

本項明定構成先前技藝的一部分之態樣：(一)申請前有相同或近似之設計，已見於刊物；(二)申請前有相同或近似之設計，已公開實施；或(三)申請前有相同或近似之設計，已爲公眾所知悉。由於設計專利權所保護的範圍及於相同或近似之設計，適於作爲新穎性專利要件審查之先前技藝亦得包括相同或近似之設計，而不僅限於相同設計，有別於第22條發明專利之「申請前已見於刊物、已公開實施或已爲公眾所知悉者」。

判斷新穎性時，應以說明書及圖式所揭露申請專利之設計的整體爲對象，若申請專利之設計所揭露之外觀與引證文件中單一先前技藝相對應之部分相同或近似，且該設計所應用之物品相同或近似者，應認定爲相同或近似之設計。亦即，相同或近似之設計共計四種態樣，屬於下列其中之一者，即不具新穎性：

(一) 相同外觀應用於相同物品，即相同之設計。

(二) 相同外觀應用於近似物品，屬近似之設計。

(三) 近似外觀應用於相同物品，屬近似之設計。
(四) 近似外觀應用於近似物品，屬近似之設計。

物品的相同、近似判斷，應以圖式爲準，得審酌設計名稱及物品用途之記載。物品的相同或近似判斷，是指判斷其用途、功能是否相同或相近，判斷時應模擬普通消費者使用該物品的實際情況，並考量商品產銷及選購之狀況，另外尚得審酌「國際工業設計分類」。

判斷申請專利之設計是否具新穎性時，應模擬普通消費者選購商品之觀點，比對、判斷申請專利之設計與引證文件中所揭露之單一先前技藝中相對應之內容是否相同或近似，若依選購商品時之觀察與認知，申請專利之設計所產生的視覺印象會使普通消費者將其誤認爲該先前技藝，即產生混淆、誤認之視覺印象者，則認定申請專利之設計與該先前技藝相同或近似。

三、第2項爲不具創作性之規定

申請專利之設計對照先前技藝雖不相同且不近似而具新穎性，但該設計所屬技藝領域中具有通常知識者依先前技藝並參酌通常知識，依然能易於思及申請專利之設計者，該申請專利之設計對於先前技藝並無貢獻，則無授予專利之必要。由於設計專利之目的在於保護視覺性之創作，其有別於發明、新型係保護技術性之創作，且設計專利亦無增進功效之謂，故本項有關「先前技藝」（prior art）、「所屬技藝領域中具有通常知識者」（a person skilled in the art）及「創作性」之用語有別於發明、新型專利之「先前技術」、「所屬技術領域中具有通常知識者」及「進步性」，惟其於實質內涵上並無太大差異。此外，審查創作性時之先前技藝並不侷限於相同或近似物品，此與審查新穎性僅得就相同或近似物品爲先前技藝亦具差異。

設計專利係保護透過視覺訴求之創作，判斷創作性時，應以圖式中揭露之點、線、面所構成申請專利之設計的整體外觀爲對象，判斷其是否易於思及，易於思及者即不具創作性。創作性之判斷，得以多份引證文件中之全部或部分技藝內容的組合，或一份引證文件中之部分技藝內容的組合，或引證文件中之技藝內容與其他形式已公開之先前技藝內容的組合，判斷申請專利之設計是否易於思及。

易於思及，指該設計所屬技藝領域中具有通常知識者以先前技藝爲基礎，並參酌申請時的通常知識，而能將該先前技藝以模仿、轉用、置換、組合等簡易之設計手法完成申請專利之設計，且未產生特異之視覺效果者，應認定爲易於思及，稱該設計不具創作性。

四、第3、4項規定喪失新穎性及創作性之例外情事（優惠期主張）

申請專利之設計於申請前，申請人有因於刊物發表、因陳列於政府主辦或認可之展覽會及非出其本意而洩漏等之類似情事，而使相同或近似之設計於申請前已見於刊物、已公開實施或已爲公眾所知悉，以上情狀爲例示而非列舉。而使相關技藝方案已爲公眾得知者，申請人應於事實發生後六個月內提出申請，敘明事實及有關之日期，並於指定期間內檢附證明文件，則與該事實有關之創作內容不作爲判斷使申請專利之設計喪失新穎性或創作性之先前技藝。前述之六個月期間，稱爲優惠期。

106年參照修正第22條第3、4項條文規定，鬆綁公開事由，不再限於法定若干情狀。乃修正本條第3項，惟優惠期期間仍維持六個月。並且增訂第4項，爲保障申請人權益，刪除原第4項。

小明將飛彈的構型使用在雨傘上，請問可以作爲設計專利的標的嗎？

設計專利，指對物品之全部或部分之形狀、花紋、色彩或其結合，透過視覺訴求之創作。小明使用飛彈的構型使用在雨傘的外觀構型上，可以作爲設計專利的標的。但因爲小明將飛彈的構型使用在雨傘上，飛彈與雨傘的構型都近似或相同於習知的物品，因此無法通過新穎性的要求，不能取得設計專利。

第123條（設計擬制喪失新穎性）

申請專利之設計，與申請在先而在其申請後始公告之設計專利申請案所附說明書或圖式之內容相同或近似者，不得取得設計專利。但其申請人與申請在先之設計專利申請案之申請人相同者，不在此限。

解說

本條爲設計之擬制喪失新穎性規定，除下列說明外，相關內容請參閱第23條之說明。

設計並無發明早期公開、請求審查之制度，其一經申請即進行實質審查，且核准公告前並無「公開」之程序，因此關於擬制喪失新穎性之判斷，只要該申請案與申請在先而後「公告」之設計申請案說明書或圖式中所揭露之設計內容，爲相同或近似，即可擬制爲先前技藝；惟擬制爲先前技藝之先申請案必須是設計申請案，不得爲發明或新型申請案。

另由於設計專利權所保護的範圍及於相同或近似之設計，適於作爲擬制喪失新穎性專利要件審查之先前技藝亦得包括相同或近似之設計，而不僅限於相同設計，此亦有別於第23條發明專利之「與申請在先而在其申請後始公開或公告之發明專利申請案所附說明書、申請專利範圍或圖式載明之內容『相同』者」，有關「近似」設計之說明，請參閱第122條第1項之說明。

此外，本條與第128條「先申請原則」之規定，因規範情況不同，致適用順序有異。詳言之，先申請案於後申請案申請後始公告時，一、不同申請人於不同申請日針對相同或近似之設計提出二件以上申請案，優先適用本條之規定；二、不同申請人於相同申請日針對相同或近似之設計提出二件以上申請案，適用第128條之規定；三、同一申請人於同日或不同申請日針對相同或近似之設計提出二件以上申請案，適用第128條之規定。

第124條（法定不予設計專利之項目）

下列各款，不予設計專利：

一、純功能性之物品造形。

二、純藝術創作。

三、積體電路電路布局及電子電路布局。

四、物品妨害公共秩序或善良風俗者。

解說

本條係法定不予設計專利之項目，以下就各款規定內容說明如下：

第1款規定純功能性之物品造形不予設計專利。物品之特徵純粹係因應其本身或另一物品之功能或結構者，即爲純功能性之物品造形。例如螺釘與螺帽之螺牙、鎖孔與鑰匙條之刻槽及齒槽

等，其造形僅取決於功能性考量，或必須連結或裝配於另一物品始能實現各自之功能而達成用途者，因其設計僅取決於兩物品必然匹配（must-fit）部分之基本形狀，這類純功能性之物品造形不得准予設計專利。

第2款規定純藝術創作不予設計專利。設計與著作權之美術著作雖均屬視覺性之創作，惟兩者之保護範疇略有不同。設計爲實用物品之外觀創作，必須可供產業上利用；著作權之美術著作屬精神創作，著重思想、情感之文化層面。純藝術創作無法以生產程序重複再現之物品，不得准予專利。就裝飾用途之擺飾物而言，若其無法以生產程序重覆再現而爲單一作品，得爲著作權保護的美術著作；若其可以生產程序重覆再現，無論是以手工製造或以機械製造，均得准予專利。100年修正刪除「美術工藝品」，係考量現今產業技術發達，若「美術工藝品」可依工業生產程序重覆製造而爲產業上所利用者，其亦得爲設計專利所保護，故刪除本款「美術工藝品」文字，僅保留「純藝術創作」之上位用語。

第3款規定積體電路電路布局及電子電路布局不予設計專利。積體電路或電子電路布局爲功能性而非視覺性之配置，且屬「積體電路電路布局保護法」保護之客體，故不列入設計專利保護。

第4款規定物品妨害公共秩序或善良風俗者不予設計專利。基於維護倫理道德，爲排除社會混亂、失序、犯罪及其他違法行爲，將妨害公共秩序或善良風俗之設計均列入法定不予專利之項目。若於說明書或圖式中所記載之物品的商業利用會妨害公共秩序或善良風俗者，例如信件炸彈、迷幻藥之吸食器等，應認定該設計屬於法定不予專利之標的。違返公序良俗不予專利者，詳細理由請參閱第24條之說明。

第125條（申請日）

申請設計專利，由專利申請權人備具申請書、說明書及圖式，向專利專責機關申請之。

申請設計專利，以申請書、說明書及圖式齊備之日為申請日。

說明書及圖式未於申請時提出中文本，而以外文本提出，且於專利專責機關指定期間內補正中文本者，以外文本提出之日為申請日。

未於前項指定期間內補正中文本者，其申請案不予受理。但在處分前補正者，以補正之日為申請日，外文本視為未提出。

解說

本條是關於申請設計專利應備文件及申請日之相關規定，除下列說明外，相關內容請參閱第25條之說明。

第1項規定，申請設計專利之應備文件。申請設計專利，申請人應備具申請書、說明書及圖式，三者齊備之日爲申請日。設計專利之專利權範圍主要係以圖式所呈現之視覺創作爲準，而與發明、新型以申請專利範圍中所載之技術特徵不同，故設計並無申請專利範圍之規定。有關申請書、說明書及圖式應載明之事項及揭露方式規定於本法施行細則第49至54條。

第2項是關於專利申請日之規定。由於申請設計專利應備文件不包含申請專利範圍，故設計之應備文件僅爲申請書、說明書及圖式。申請案取得申請日之要件齊備者，以齊備之日爲申請日；取得申請日之要件未齊備者，以補正齊備之日爲申請日。相關內容請參閱第25條第2項之說明。

第3、4項規定以外文本取得申請日之要件及逾期提出中文本之法律效果。相關內容請參閱第25條第3、4項之說明。

第126條（設計專利之揭露）

說明書及圖式應明確且充分揭露，使該設計所屬技藝領域中具有通常知識者，能瞭解其內容，並可據以實現。

說明書及圖式之揭露方式，於本法施行細則定之。

解說

本條為有關設計專利說明書及圖式記載應明確且充分揭露，以達到能瞭解其內容並可據以實現之規定，各項規定說明如下：

一、第1項規定說明書及圖式之可據以實現要件

為達成專利法之立法目的，設計說明書及圖式應明確且充分揭露申請人所完成之設計，使該設計所屬技藝領域中具有通常知識者能瞭解其內容，並可據以實現，以作為公眾利用之技藝文獻；且圖式應明確界定專利之技藝範圍，以作為保護專利權之專利文件。

可據以實現，指說明書及圖式應明確且充分揭露申請專利之設計，使該設計所屬技藝領域中具有通常知識者，在說明書及圖式二者整體之基礎上，參酌申請時之通常知識，無須額外臆測，即能瞭解其內容，據以製造申請專利之設計。

設計為應用於物品之形狀、花紋、色彩或其結合之視覺創作，申請專利之設計的實質內容係以圖式所揭露物品之外觀為準，並得參酌說明書中所記載有關物品及外觀之說明，以界定申請專利之設計的範圍。製作設計專利之說明書及圖式，除應於圖式明確且充分揭露設計之「外觀」，並應於說明書之設計名稱中明確指定所施予之「物品」，例如申請專利之設計為「汽車」設計，該設計名稱應載明為「汽車」，而非記載為不明確之「載具」，圖式則應以足夠之視圖（該視圖得為立體圖、前視圖、後

視圖、左側視圖、右側視圖、俯視圖、仰視圖等）來呈現該設計的各個視面，以充分揭露所主張設計之外觀。若圖式或設計名稱無法明確且充分揭露申請專利之設計的內容時，應於說明書之物品用途欄及設計說明欄記載有關該設計所應用之物品及外觀特徵之說明，使該設計所屬技藝領域中具有通常知識者能瞭解其內容，並可據以實現。

依第136條第2項規定設計專利權範圍，以圖式爲準，此與「發明專利權範圍，以申請專利範圍爲準」不同。申請設計專利，申請文件無須記載申請專利範圍，相對於本法第26條，本條自無申請專利範圍之記載規定。

二、第2項規定說明書及圖式之揭露方式

有關專利說明書及圖式等記載之細部規定甚多，故授權於施行細則定之，俾便遵循。因此設計專利說明書應記載之事項及方式，規定於專利法施行細則第50至52條；圖式應備具之視圖及繪製方式規定於施行細則第53條。此外，施行細則第54條並規定圖式應標示各圖名稱，並指定代表圖，若未依規定指定或指定不適當者，專利專責機關得通知申請人限期補正，或依職權指定後通知申請人。

第127條（衍生設計專利之申請及限制）

同一人有二個以上近似之設計，得申請設計專利及其衍生設計專利。

衍生設計之申請日，不得早於原設計之申請日。

申請衍生設計專利，於原設計專利公告後，不得為之。

同一人不得就與原設計不近似，僅與衍生設計近似之設計申請為衍生設計專利。

解說

本條衍生設計為100年修正時導入，以取代聯合新式樣制度。在產業界開發外觀產品實務上，通常在同一設計概念下，發展出多個近似之設計，或就同一產品先後進行改良而產生近似設計，基於同一設計概念下之近似設計或改良之近似設計均具有與原設計同等之保護價值，故同一申請人就二個以上近似之設計申請設計專利及其衍生設計專利，均應給予同等之保護，故導入衍生設計制度，取代100年修正前的聯合新式樣制度。

100年修正前之聯合新式樣制度是採近似範圍之「確認說」；申請人得申請聯合新式樣，以確認所取得之原新式樣專利權所及之近似範圍，使設計之近似範圍為明確。取得聯合新式樣專利權後，該專利權係依附於其原新式樣，專利權人不得單獨主張聯合新式樣專利權，且其不及於近似之設計。100年修正所定之衍生設計制度是採近似範圍之「結果擴張說」；申請人得申請衍生設計，聲明該設計與其原設計近似，以排除兩者之間有「先申請原則」之適用（有關先申請原則之說明內容，請參閱第128條之說明）；取得衍生設計專利權後，專利權人得單獨主張衍生設計專利權，且其保護範圍及於相同及近似之設計。以下分就本條各項說明：

第1項是衍生設計之定義的規定。申請衍生設計專利，申請人必須與原設計為同一人，且申請專利之設計必須近似於原設計，不得為相同設計。設計之近似包括三種態樣：一、近似之外觀應用於相同之物品；二、相同之外觀應用於近似之物品；及三、近似之外觀應用於近似之物品。申請人並非同一人，或申請專利之設計與原設計相同或不近似，均不符合衍生設計之定義。

第2、3項是有關衍生設計申請時點之規定。專利制度涉及公益，雖然衍生設計制度係因應產業界之需求，惟尚不得因而損及公眾利益，故專利法規定衍生設計之申請日必須介於原設計之申請日及公告日之間。第2項規定衍生設計之申請日不得早於原設計之申請日，其係基於申請案主從關係之考量；第3項規定申請衍生設計專利，於原設計專利公告後，不得爲之，其係基於專利案一經公告，即屬先前技藝，故縱爲同一人所申請，亦不得再以近似之設計申請衍生設計專利。基於前述主從關係之考量，衍生設計所主張之優先權日亦不得早於原設計之申請日（主張優先權者，不得早於其優先權日）。

第4項是規定申請人不得就衍生設計再申請其衍生設計專利。依前述衍生設計之定義，衍生設計與其原設計應爲近似，若某一衍生設計僅與其他衍生設計近似而與原設計不近似者，即使是同一人，仍不得申請衍生設計，以避免原設計與衍生設計之間的近似關係複雜化。

寧寧於某日就美髮椅X之外觀向經濟部智慧財產局申請設計專利，並於三週後再就與美髮椅X之改良型X1與X2申請衍生設計專利。經審查，美髮椅X、X1與X2均獲核准審定並公告。然而，因寧寧之疏失，未於第三年的年費補繳期限屆滿前繳納年費，致美髮椅X的設計專利消滅，且寧寧亦未申請回復專利權。一日，寧寧與華華就美髮椅X1的設計專利，依協議的授權範圍，訂立專屬授權契約，由乙產銷美髮椅X1。該專屬授權經查未向經濟部智慧財產局爲授權之登記。且原本授權磋商時，寧寧有意將美髮椅X2設計專利同時納入授權，但爲華華所拒絕。後因融資的需要，寧寧讓與美髮椅X1與X2相關設計專利予老王，並業已依專利法完成專利讓與之登記。若美髮椅X之設計專利因年費未繳而消滅，美髮椅 X1與X2的設計專利效力爲何？

由於衍生設計專利權有其獨立之權利範圍，縱原設計專利權X有未繳交專利年費或因 棄致當然消滅者，或經撤銷確定者，衍生設計專利X1與X2仍得繼續存續，不因原設計專利權經撤銷或消滅而受影響。

聯合新式樣與衍生設計專利之比較

	聯合新式樣	衍生設計
申請要件	與原新式樣近似	與原設計近似
申請期限	原新式樣專利已提出申請（包括申請當日），至原新式樣專利撤銷或消滅前	原設計專利已提出申請（包括申請當日），至原設計專利公告前
專利要件之審查	以原新式樣之申請日爲審查基準日，且無須審查聯合新式樣之創作性	以衍生設計之申請日爲審查基準日，且與一般設計大致相同，必須審查新穎性、創作性等專利要件
權利期間	與原新式樣專利權期限同時屆滿	與原設計專利期限同時屆滿
可否獨立存在	原新式樣專利權撤銷或消滅時，一併撤銷或消滅	原設計專利權撤銷或消滅時，仍得單獨存續
不可分性	不得單獨讓與、信託、授權或設定質權	不得單獨讓與、信託、繼承、授權或設定質權
權利範圍	從屬原專利權，不得單獨主張，且不及於近似範圍	得單獨主張，且及於近似範圍

第128條（先申請原則）

相同或近似之設計有二以上之專利申請案時，僅得就其最先申請者，准予設計專利。但後申請者所主張之優先權日早於先申請者之申請日者，不在此限。

前項申請日、優先權日為同日者，應通知申請人協議定之；協議不成時，均不予設計專利。其申請人為同一人時，應通知申請人限期擇一申請；屆期未擇一申請者，均不予設計專利。
各申請人為協議時，專利專責機關應指定相當期間通知申請人申報協議結果；屆期未申報者，視為協議不成。
前三項規定，於下列各款不適用之：
一、原設計專利申請案與衍生設計專利申請案間。
二、同一設計專利申請案有二以上衍生設計專利申請案者，該二以上衍生設計專利申請案間。

解說

第1至3項爲設計專利先申請原則之規定，除後述之說明外，相關內容請參考第31條之說明。由於設計專利權所保護的範圍及於相同或近似之設計，適於作爲先申請原則審查之先前技藝亦得包括相同或近似之設計，而不僅限於相同設計，此有別於第31條發明專利所稱之「同一」發明，另有關「近似」設計之說明請參閱第122條第1項之說明。設計專利之先申請原則之審查，其先前技藝不得爲發明、新型專利。

第4項明定衍生設計與其原設計間、或同一原設計下之各衍生設計間，得不受先申請原則之限制，各得享有平行且獨立的權利。由於衍生設計制度設制之目的，即是爲同一人得就近似設計申請專利之特殊申請制度，因此本項第1、2款分別明定原設計專利申請案與衍生設計專利申案間，或原設計專利申請案有二以上衍生設計專利申請時，該數衍生設計專利申請案間，皆不適用前三項先申請原則之規定。

第129條（單一性及成組設計）
申請設計專利，應就每一設計提出申請。
二個以上之物品，屬於同一類別，且習慣上以成組物品販賣或使用者，得以一設計提出申請。
申請設計專利，應指定所施予之物品。

本條爲設計專利單一性及應指定所施予物品之規定。

一、第1項是有關「一設計一申請」之規定

一設計一申請是指二個以上的設計，應以兩個以上的申請案個別申請，不能併爲一案申請，其是基於行政管理、便於分類、檢索及審查之考量。每一設計專利申請案中說明書及圖式所揭露之一物品一外觀（單一外觀應用於單一物品），即所謂一設計一申請。亦即，一設計申請案揭露二個以上之外觀（例如申請專利之設計爲「汽車」，但圖式揭露有二款不同形狀之汽車），或一設計指定二個以上之物品（例如設計名稱記載爲「汽車及玩具汽車」），原則上不得合併在一申請案中申請。若違反一設計一申請者，申請人必須依規定提出修正或分割，未依規定修正或分割者將不予專利。

(一) 一物品：指一個獨立的設計創作對象，爲達特定用途而具備特定功能者。惟若物品之構成單元具有合併使用於該特定用途之必要性，得將該構成單元之組合視爲一物品。例如錶帶與錶體、成雙之鞋、成副之象棋等具有整組設計關係之物品，均由複數個構成單元所組成，而構成一特定用途，由於各構成單元之間具有合併使用於該特定用途之必要性，故將所有單元所構成之整體視爲一物品，符合一設計一申請之規定。

(二) 一外觀：指一特定形狀、花紋、色彩或其結合之創作。通常一設計僅具有一特定外觀，惟若因其本身之特性而爲具變化外觀之設計者，例如由於物品之材料特性、機能調整或使用狀態的改變，使該設計之外觀在視覺上產生變化，以致其外觀並非唯一時，由於此種外觀變化係屬設計的一部分，且該設計所屬技藝領域中具有通常知識者能瞭解其設計內容，在認知上應視爲一外觀。例如折疊椅、剪刀、變形機器人玩具等物品，雖然於使用時在外觀上可能產生複數個變化但此種外觀變化係屬設計的一部分，在認知上應視爲一外觀，符合一設計一申請之規定。

二、第2項是有關「成組設計」之規定

設計專利通常以單一物品爲客體，惟若設計創意在於物品之組合形態而非單一物品之外觀者，產業界往往會針對習慣上同時販賣或同時使用之物品組合，運用設計手法使物品組合後之整體外觀產生特異之視覺效果。因此，100年修正之專利法新增成組設計之標的，將二個以上物品之合併申請視爲一設計，而爲一設計一申請之例外申請態樣。成組設計須符合之要件爲「同一類別」及「成組販賣」，或「同一類別」及「成組使用」。

(一) 同一類別：指國際工業設計分類表之同一大類（classes）之物品。即申請成組設計之所有構成物品應屬該分類表同一大類中所列之物品，例如以「一組餐桌椅」申請成組設計，該構成物品之桌子及椅子應屬於國際工業設計分類表之第06類。

(二) 習慣上以成組物品販賣：指二個以上之物品各具不同用途，雖然單一物品可供交易，但因該等物品之用途相關，在消費市場上通常亦有將該等物品成組合併交易者。「習慣」的認定，應以申請專利之設計所屬技藝領域中商品實施的情況下一般公知或業界所認知者爲準，而非依申請人主觀之認定，有爭執時，申請人應負舉證責任。「以成組物品販賣」涉及消費市場之習慣，例如茶具組、家具組。但爲促銷目的而搭配之複數個物品，例如書包及鉛筆盒，非屬習慣上以成組物品販賣，不符合成組設計之定義。

(三) 習慣上以成組物品使用：指二個以上之物品各具不同用途，雖然單一物品可供使用，但因該等物品之用途相關，在消費市場上通常亦有將該等物品成組合併使用者，例如咖啡杯、咖啡壺、糖罐及牛奶壺。「以成組物品使用」涉及消費者之使用習慣，且物品之用途相關或功能具有搭配性，例如桌椅組、修容組、成套服裝。

(四) 成組設計之特性：成組設計之創意在於物品之組合形態，先前技藝僅揭露其中單個或多個物品之設計，仍不足以認定二者相同或近似。同理，以成組設計取得專利權者，只能就物品之組合爲一整體行使權利，不得就其中單個或多個物品分割行使權利。其與部分國家或組織所施行之「多設計併案申請」（multi-application）的概念不同，該「多設計併案申請制度」是指一申請案中之各個設計得各別行使權利。

三、第3項規定申請設計專利應指定所施予之物品

申請專利之設計不能脫離其所應用之物品，單獨以形狀、花紋、色彩或其結合爲專利標的；因此，申請設計專利，應指定所施予之物品，即係於設計名稱指定所施予之物品，原則上應依「國際工業設計分類」（International Classification for Industrial Designs）第三階所列之物品名稱擇一指定，或以一般公知或業界慣用之名稱指定之。

第130條（申請案之分割）
申請專利之設計，實質上為二個以上之設計時，經專利專責機關通知，或據申請人申請，得為分割之申請。
分割申請，應於原申請案再審查審定前為之。
分割後之申請案，應就原申請案已完成之程序續行審查。

解說

本條是關於實質上爲二個以上設計，申請分割爲二個以上設計專利之規定。本條所適用者爲未經核准仍於審查階段之申請案。各項規定說明如下：

第1項規定分割之要件。依專利法第129條第1項規定，申請人原則上應遵守一設計一申請之原則，就每一設計各別申請，但依同條第2項規定，符合「成組設計」之規定者，亦得將二個以上之物品視爲一設計提出申請。爲使不符合一設計一申請之二個以上設計，或雖已符合一設計一申請但申請人欲將申請時在說明書或圖式有揭露之設計但爲未主張之內容（例如：圖式之「參考圖」或「虛線」內容中所明確揭露之另一設計）分割提出申請，於本條第1項規定實質上爲二個以上之設計時，得申請分割。

第2項規定申請分割之期限。申請分割應於原申請案再審查審定前爲之。此時，原申請案必須仍繫屬在專利專責機關審查中，若原申請案已撤回或不受理，即脫離審查之繫屬，無從進行分割，因此，初審審定不予專利後，如欲分割，必須原申請案於法定期限內提出再審查申請進入審查繫屬狀態，才可申請分割。分割後之原申請案若經撤回或不受理，分割後之所有分割案皆不受影響。

第3項規定仍繫屬審查時提出分割申請之原申請案與分割案

的審查程序。原申請案如有修正時應以修正案之程序續辦，各分割案應逐案審查，另爲避免就分割後之申請案反覆進行審查程序，明定各分割案應就原申請案已完成之程序續行審查，例如原申請案繫屬於再審查階段，分割後之各分割案，均係自再審查階段續行審查。

此外在其他程序行爲上，依本法第142條第1項，設計專利有關分割之其他規定準用第34條第3、4項之規定。

一、第34條第3項規定分割案申請日之認定及優先權之主張

分割案仍以原申請案之申請日爲申請日，原申請案如有主張優先權者，分割後之其他分割案亦得享有該優先權日。

二、第34條第4項規定分割後之申請案不得加入新事項

由於分割案仍以原申請案之申請日爲申請日，分割後之內容若導入新事項，將影響他人之權益，故分割申請之說明書及圖式不得超出原申請案申請時說明書或圖式所揭露之範圍，亦即不得導入新事項。設計專利有關是否導入新事項之判斷，是指若分割後之設計所產生的視覺效果，係該設計所屬技藝領域中具有通常知識者自原申請案申請時說明書或圖式所揭露之內容不能直接得知者，即可認定導入新事項，超出說明書或圖式所揭露之範圍。

第131條（原設計與衍生設計之改請）

申請設計專利後改請衍生設計專利者，或申請衍生設計專利後改請設計專利者，以原申請案之申請日為改請案之申請日。

改請之申請，有下列情事之一者，不得為之：

一、原申請案准予專利之審定書送達後。

二、原申請案不予專利之審定書送達後逾二個月。

改請後之設計或衍生設計，不得超出原申請案申請時說明書或圖式所揭露之範圍。

解說

同一技術（藝）方案形成後應該申請專利之種類，係由申請人自行決定。若申請人提出專利申請並取得申請日後，發現先前所申請之專利種類的考量不完備，不符合需要或不符合專利法所規定之定義者，得直接將已取得申請日之原申請案改爲同種專利（設計與衍生設計之間）或他種專利（發明、新型與設計三者之間）申請案。

第1項明定設計專利得改請爲衍生設計專利或衍生設計專利得改請爲設計專利，且改請後將援用原申請案之申請日。當衍生設計申請案不符合本法第127條衍生設計之規定時，申請人得改請爲一般的設計申請案；一般的設計申請案近似於同一申請人所申請之另一設計案，申請人得改請爲衍生設計申請案。

第2項分款明定改請之法定期間，超過法定期間後才提出申請即不得改請。設計申請案之改請，限於該申請案尚繫屬於專利專責機關之期間始得爲之，原申請案准予專利之審定書送達後或原申請案不予專利之審定書送達後逾二個月，均不得申請改請。前述二個月之限制係配合專利法第48條所定，申請再審查，應於審定書送達後二個月內爲之。

第3項爲改請申請案不得超出之申請時所揭露之範圍的規定。由於改請案得援用原申請案之申請日，改請後之內容若經變動而導入新事項，將影響他人之權益，故明定改請申請之說明書及圖式不得超出原申請案申請時說明書或圖式所揭露之範圍，亦即不得導入新事項。設計專利有關是否導入新事項之判斷，請參考第130條之說明。

第132條（發明或新型改請設計）

申請發明或新型專利後改請設計專利者，以原申請案之申請日為改請案之申請日。

改請之申請，有下列情事之一者，不得為之：

一、原申請案准予專利之審定書、處分書送達後。

二、原申請案為發明，於不予專利之審定書送達後逾二個月。

三、原申請案為新型，於不予專利之處分書送達後逾三十日。

改請後之申請案，不得超出原申請案申請時說明書、申請專利範圍或圖式所揭露之範圍。

解說

本條爲發明或新型專利改請設計專利之規定；設計專利改請新型專利，規定於第108條；但設計專利不得改請發明專利。除後述之文字外，相關內容請參考第108、131條之說明。

第1項明定改請案得援用原申請案之申請日。

第2項分款明定得改請之法定期間，超過法定期間後才提出申請即不得改請。發明或新型專利改請設計專利，限於原申請案尚繫屬於專利專責機關之期間始得爲之，原申請案准予專利之審定書送達後、原發明申請案不予專利之審定書送達後逾二個月或原新型申請案不予專利之處分書送達後逾三十日，均不得申請改請。前述二個月之限制係配合專利法第48條所定，申請再審查，應於審定書送達後二個月內爲之。前述三十日之限制係配合訴願法第14條第1項，訴願之提起，應自行政處分達到或公告期滿之次日起三十日內為之。

第3項為改請申請案不得超出之申請時所揭露之範圍的規定。由於改請案得援用原申請案之申請日，改請後之內容若經變動而導入新事項，將影響他人之權益，故明定改請申請之說明書及圖式不得超出原申請案申請時說明書或圖式所揭露之範圍，亦即不得導入新事項。設計專利有關是否導入新事項之判斷，請參考第130條之說明。

第133條（外文本）
說明書及圖式，依第一百二十五條第三項規定，以外文本提出者，其外文本不得修正。
第一百二十五條第三項規定補正之中文本，不得超出申請時外文本所揭露之範圍。

解說

本條為設計專利申請案所送交外文本之相關規定，其規定與本法第44條第1、2項之內容大致相同；此外，依本法第142條第1項，設計專利有關誤譯之訂正之規定準用第44條第3項之規定。本條相關內容請參考第44條之說明。

第134條（不予設計專利之事由）
設計專利申請案違反第一百二十一條至第一百二十四條、第一百二十六條、第一百二十七條、第一百二十八條第一項至第

三項、第一百二十九條第一項、第二項、第一百三十一條第三項、第一百三十二條第三項、第一百三十三條第二項、第一百四十二條第一項準用第三十四條第四項、第一百四十二條第一項準用第四十三條第二項、第一百四十二條第一項準用第四十四條第三項規定者，應為不予專利之審定。

解說

為明確規定不予專利之情事，以利申請人取得專利。將設計專利中所有可據以核駁申請案之條文，合併於本條規定，以方便專利審查人員及申請人有所遵循。依本條之規定，違反以下情事（如下表所示），將不予專利：

條文	事由
121	設計定義
122	專利要件
123	擬制喪失新穎性
124	法定不予專利事項
126	說明書及圖式之揭露要件
127	衍生設計定義及規定
128 Ⅰ、Ⅱ、Ⅲ	先申請原則：擇一或協商
129 Ⅰ、Ⅱ	一設計一申請、成組設計
131Ⅲ	改請（獨立與衍生設計互改）超出
132Ⅲ	改請（不同種類專利互改）超出
133Ⅱ	中文譯本超出外文本
142 Ⅰ 準用34Ⅳ	分割超出
142 Ⅰ 準用43Ⅱ	修正超出
142 Ⅰ 準用44Ⅲ	誤譯超出

第135條（設計專利權期限）
設計專利權期限，自申請日起算十五年屆滿；衍生設計專利權期限與原設計專利權期限同時屆滿。

解說

108年重大修正本條，考量國際上多數國家設計專利權期限爲十五年，將設計專利保護期限由十二年延長爲十五年。除衍生設計專利權與原設計專利權期限同時屆滿之外，設計專利權之期限爲自申請日起算十五年屆滿，其與發明專利權爲二十年、新型專利權爲十年不同。

由於衍生設計得單獨行使權利，且衍生設計與原設計近似，二專利權範圍有部分重疊。爲避免不當延長重疊部分之專利權期限，從而損及社會大眾之利益，本條明定衍生設計專利權期限與原設計專利權期限同時屆滿，之後均成爲社會大眾可使用之公共財。惟衍生設計仍有其獨立之權利範圍，原設計專利權經撤銷或因年費未繳交致當然消滅者，衍生設計專利仍得繼續存續，不因原設計專利權經撤銷或消滅而受影響。

第136條（設計專利權之效力）
設計專利權人，除本法另有規定外，專有排除他人未經其同意而實施該設計或近似該設計之權。
設計專利權範圍，以圖式為準，並得審酌說明書。

解說

本條爲設計專利權效力之規定，同時明定設計專利權範圍之

解釋方式。

第1項規定專利權人專有排除他人實施該設計或近似該設計之權利。依本法第121條設計專利之定義，設計是指對「物品」之外觀所爲之視覺性創作，且依第142條第1項設計僅準用第58條第2項「物」之發明之實施，而並未準用第58條第3項「方法」發明之實施，因此，設計專利權僅及於物品之實施行爲，相關內容請參考第58條之說明。此外，設計專利權範圍包含「相同」及「近似」之設計，而與發明、新型專利不同。

第2項規定解讀設計專利權之範圍，以圖式爲準，並得審酌說明書。由於設計專利係保護物品外觀之視覺性創作，故其專利權範圍係以圖式所揭露之內容爲準，而與發明、新型專利以申請專利範圍中文字所記載之內容有別。此外，考量申請人得利用說明書之文字來輔助說明該圖式所揭露之內容，故解釋設計專利權範圍時得參酌其說明書，以瞭解其圖式所欲請求保護之範圍。綜言之，設計專利權範圍係以圖式所揭露物品之外觀爲基礎，並得審酌說明書中所記載有關物品及外觀之說明，尤其是設計名稱所指定設計所施予之物品，整體構成設計專利權範圍。

第137條（衍生設計專利權之主張）
衍生設計專利權得單獨主張，且及於近似之範圍。

解說

本條是規定衍生設計專利權之主張及其範圍。衍生設計係於100年修正時導入，以取代聯合新式樣制度，有關衍生設計與聯合新式樣之異同，請參考第127條之說明。

基於衍生設計與聯合新式樣立法目的及法理之差異，衍生設計與其原設計應具有同等之保護，事實上是一個獨立的權利保護來源。因此爲了權利保護上的周密，取得衍生設計專利權後，專利權人得單獨主張衍生設計專利權，且其保護範圍亦及於同一設計與之相同及近似之設計，而與其原設計並無不同。

第138條（衍生設計專利權之處分）

衍生設計專利權，應與其原設計專利權一併讓與、信託、繼承、授權或設定質權。

原設計專利權依第一百四十二條第一項準用第七十條第一項第三款或第四款規定已當然消滅或撤銷確定，其衍生設計專利權有二以上仍存續者，不得單獨讓與、信託、繼承、授權或設定質權。

解說

本條明定有關衍生設計專利權之處分，爲100年修正時新增之規定。

第1項爲衍生設計專利權之處分的一般原則。依第137條，衍生設計專利權得單獨主張，且及於近似之範圍，賦予衍生設計獨立的專利權利。然而，衍生設計與其原設計專利權人係屬同一人，且兩專利權範圍爲近似設計而有重疊關係，基於禁止專利權重複之原則，其權利異動不得分別爲之，故衍生設計專利權應與其原設計專利權一併讓與、信託、繼承、授權或設定質權。

第2項爲原設計當然消滅或撤銷確定後，衍生設計專利權之處分原則。由於衍生設計專利權具有獨立的專利權利，原設計專

利權經撤銷或因未繳專利年費、專利權人主動拋棄而當然消滅者，衍生設計專利權仍得存續，而單獨主張其權利。存續之衍生設計專利權有二以上者，其間仍屬近似設計而有重疊關係，基於禁止專利權重複之原則，數衍生設計專利權之讓與、信託、繼承、授權或設定質權應一併爲之。

案例

同第127條案例，若此時老王得知華華產銷美髮椅X1之事實，遂欲以華華侵害其美髮椅X1之設計專利爲由，起訴請求停止華華關於美髮椅X1之產銷，是否有理由？

老王主張美髮椅X1設計專利侵權而請求停止美髮椅X1的產銷，應有理由：

一、按「發明專利權人以其發明專利權讓與、信託、授權他人實施或設定質權，非經向專利專責機關登記，不得對抗第三人。」「……第六十二條至第六十五條……於設計專利準用之」分別爲本法第62條、第142條著有明文。本件寧寧先將X1設計專利專屬授權予華華但未辦理登記後，再將X1、X2設計專利讓與老王並辦理變更登記，其效力如何，應先視本法對於讓與、授權之登記採「對抗效力」之解釋，應採登記決定歸屬說，也就是應以登記判斷權利歸屬之標準，故如重複讓與、授權之情形，先取得登記之受讓人或被授權人，即可對抗未登記之受讓人或被授權人。

二、再按「原設計專利權依第一百四十二條第一項準用第七十條第一項第三款或第四款規定已當然消滅或撤銷確定，其衍生設計專利權有二以上仍存續者，不得單獨讓與、信託、繼承、授權或設定質權。」爲本法第138條第2項著有明文。

本件寧寧之X專利因逾期繳費而消滅，惟X1、X2衍生設計專利仍獨立存在，不受影響。然因數衍生設計專利必為近似，其間仍屬近似設計而有重疊關係，基於禁止專利權重複之原則，數衍生設計專利權之讓與、信託、繼承、授權或設定質權應一併為之，應屬強制規定。故寧寧單獨將X1專利授權予華華，此授權行為違反本法第138條規定而無效，華華不得主張基於授權而享有X1設計專利之排他權利。

三、按「設計專利權人，除本法另有規定外，專有排除他人未經其同意而實施該設計或近似該設計之權。」為本法第136條定有明文。本件老王同時受寧寧讓與X1、X2之設計專利權，為X1專利權人，自得向華華主張排除其實施該X1專利。

第139條（設計專利之更正）

設計專利權人申請更正專利說明書或圖式，僅得就下列事項為之：

一、誤記或誤譯之訂正。

二、不明瞭記載之釋明。

更正，除誤譯之訂正外，不得超出申請時說明書或圖式所揭露之範圍。

依第一百二十五條第三項規定，說明書及圖式以外文本提出者，其誤譯之訂正，不得超出申請時外文本所揭露之範圍。

更正，不得實質擴大或變更公告時之圖式。

解說

本條係專利權人申請更正專利說明書或圖式之相關規定。經核准公告取得專利權之說明書或圖式有缺失、疏漏者，或申請專利之設計牴觸先前技藝者，專利權人得更正說明書或圖式，主要目的在於減縮專利權範圍，或使專利權範圍更清楚、明確，以避免專利權被撤銷。除下列說明外，相關內容請參考第67條之說明。因設計專利並無請求項可言，故更正涉及請求項的部分，設計專利均不適用。

第1項規定設計專利得更正之事項。設計說明書或圖式之更正僅以誤記、誤譯之訂正、或不明瞭記載之釋明的事項爲限；相對於發明專利之更正，設計專利並無申請專利範圍，故得更正之事項不包括「請求項之刪除」及「申請專利範圍之減縮」。

第2、3項規定更正不得超出申請時說明書或圖式所揭露之範圍，若爲誤譯之訂正者，不得超出申請時外文本所揭露之範圍。因「誤記」或「不明瞭記載之釋明」而更正說明書或圖式者，不得超出取得申請日之中文本說明書或圖式所揭露之範圍。因「誤譯之訂正」而更正說明書或圖式者，不得超出取得申請日外文本說明書或圖式所揭露之範圍。有關「超出申請時……所揭露之範圍」之說明，請參考第130條之說明。

第4項規定更正不得實質擴大或變更公告時之圖式。設計之專利權範圍係以圖式爲準，圖式業經公告，對外已發生公示作用，更正後之內容自不得實質擴大或變更圖式所建構之專利權範圍。本項規定並非指更正申請只能更正圖式，而是指說明書或圖式之更正內容只能在公告之圖式所涵蓋的專利權範圍內變動，不得擴大或變更，以免損及社會大眾之利益。由於經誤譯訂正之內容亦可能實質擴大或變更專利權範圍，故本項適用的範圍涵蓋前述得更正之事項全部，包括誤譯訂正。

第140條（設計專利拋棄之限制）

設計專利權人非經被授權人或質權人之同意，不得拋棄專利權。

解說

專利權人拋棄專利權，自書面表示之日消滅。專利權為財產權，專利權人得自由處分其財產，當專利權人以書面表示拋棄專利權者，自其向專利專責機關以書面表示拋棄專利權之日消滅，不待專利專責機關之准駁。

但專利權經授權及設定質權，被授權人或質權人為利害關係人，未得其同意，專利權人不得拋棄其專利權。與發明專利權的概念同，本條規定意旨與第69條第1項大致相當，請參閱該條之說明。

第141條（設計專利舉發事由）

設計專利權有下列情事之一，任何人得向專利專責機關提起舉發：

一、違反第一百二十一條至第一百二十四條、第一百二十六條、第一百二十七條、第一百二十八條第一項至第三項、第一百三十一條第三項、第一百三十二條第三項、第一百三十三條第二項、第一百三十九條第二項至第四項、第一百四十二條第一項準用第三十四條第四項、第一百四十二條第一項準用第四十三條第二項、第一百四十二條第一項準用第四十四條第三項規定者。

二、專利權人所屬國家對中華民國國民申請專利不予受理者。
三、違反第十二條第一項規定或設計專利權人為非設計專利申請權人者。
以前項第三款情事提起舉發者，限於利害關係人始得為之。
設計專利權得提起舉發之情事，依其核准審定時之規定。但以違反第一百三十一條第三項、第一百三十二條第三項、第一百三十九條第二項、第四項、第一百四十二條第一項準用第三十四條第四項或第一百四十二條第一項準用第四十三條第二項規定之情事，提起舉發者，依舉發時之規定。

解說

本條係規定得提起舉發設計專利權之事由、舉發人之資格限制及涉及本質事項之舉發事由的特別規定。有關舉發程序之詳細說明請參考第71條之說明。

與發明專利的單一性概念同，第129條一設計一申請及成組設計並非舉發之事由，他人不得以違反該規定提起舉發。得提起舉發設計專利權之條文及事由如下表所示。

條文	事由
121	設計定義
122	專利要件
123	擬制喪失新穎性
124	法定不予專利事項
126	說明書及圖式之揭露要件
127	申請衍生設計要件
128 I、II、III	先申請原則：擇一、協商

131Ⅲ	改請（獨立與衍生互改）超出
132Ⅲ	改請（不同種類互改）超出
133Ⅱ	中文譯本超出外文本
139Ⅱ、Ⅲ、Ⅳ	更正超出、更正時誤譯之訂正超出、更正實質擴大或變更公告時之圖式
142Ⅰ準用34Ⅳ	分割超出
142Ⅰ準用43Ⅱ	修正超出
142Ⅰ準用44Ⅲ	誤譯之訂正超出
141Ⅰ	專利權人所屬國家對中華民國國民申請專利不予受理者
141Ⅰ	12Ⅰ（共有人全體申請）；設計專利權人爲非設計專利申請權人者

第142條（設計專利準用條文）

第二十八條、第二十九條、第三十四條第三項、第四項、第三十五條、第三十六條、第四十二條、第四十三條第一項至第三項、第四十四條第三項、第四十五條、第四十六條第二項、第四十七條、第四十八條、第五十條、第五十二條第一項、第二項、第四項、第五十八條第二項、第五十九條、第六十二條至第六十五條、第六十八條、第七十條、第七十二條、第七十三條第一項、第三項、第四項、第七十四條至第七十八條、第七十九條第一項、第八十條至第八十二條、第八十四條至第八十六條、第九十二條至第九十八條、第一百條至第一百零三條規定，於設計專利準用之。

第二十八條第一項所定期間，於設計專利申請案為六個月。

第二十九條第二項及第四項所定期間，於設計專利申請案為十個月。
第五十九條第一項第三款但書所定期間，於設計專利申請案為六個月。

解說

本條係規定設計專利準用發明專利條文、優先權期間、優先權證明文件補正期間及申請回復優先權之法定期間。

一、第1項規定設計專利準用發明專利條文，設計專利準用發明專利條文之規定，如下表所示：

條文	事由
28	國際優先權
29	優先權聲明及文件
34Ⅲ、Ⅳ	分割案援用原申請日、不得超出
35	回復眞正申請權人
36	指定委員
42	面詢、勘驗
43Ⅰ、Ⅱ、Ⅲ	修正依據、修正不得超出、修正期間限制
44Ⅲ	誤譯不得超出
45	作成審定書、送達、具名
46Ⅱ	核駁審定前通知申復
47	應予專利及公告、公告後得閱卷
48	再審查
50	再審查指定委員、作成審定書
52Ⅰ、Ⅱ、Ⅳ	繳費後公告發證書、非因故意補繳

58 II	設計之實施
59	專利權效力不及
62	登記對抗、專屬授權排除實施
63	專屬及非專屬之再授權
64	共有人全體同意之權利異動
65	共有人應有部分之讓與信託設質
68	更正指定委員、核准更正作成、公告及生效
70	當然消滅
72	有可回復利益之舉發
73 I、III、IV	舉發聲明、不得追加或變更、補提理由
74	交付答辯
75	依職權探知
76	面詢、勘驗
77	併於舉發之更正
78	合併審查
79 I	指定委員
80	撤回舉發
81	一事不再理
82	撤銷確定
84	公告刊載公報
85	專利權簿
86	電子方式公告
92	規費
93	專利年費之繳納期限
94	專利年費之加繳
95	專利年費減免
96	侵害專利權之請求權
97	損害賠償之計算

97-1至97-4	專利邊境保護
98	專利標示
100	訴訟判決書正本送專利專責機關
101	涉及侵權訴訟之舉發案優先審查
102	外國法人或團體訴訟能力
103	專業法庭

二、第2項規定設計專利之優先權期間

設計申請案得主張國際優先權之期間爲六個月，與發明及新型十二個月期間不同。

由於設計申請案本質上無技術前後研發改進，因此僅能主張國際優先權，並不適用發明、新型之國內優先權制度。

三、第3項規定設計專利之優先權證明文件補正期間及申請回復優先權之法定期間

(一) 配合100年修正將第29條第2項發明專利優先權證明文件補正期間修正爲十六個月（即優先權期間十二個月加上四個月），設計專利優先權證明文件之補正期間，由申請日起四個月內修正爲自最早之優先權日後十個月（即優先權期間六個月加上四個月）；本項規定較歐洲共同體設計施行細則第8條第1項及日本意匠法第15條第1項規定之「自申請日起三個月」爲長。

(二) 配合100年增訂第29條第4項發明專利申請回復優先權主張之期間爲最早之優先權日後十六個月，設計專利申請回復優先權主張之期間爲最早之優先權日後十個月。

106年本法修正施行條文之第22條第3項將優惠期期間修改爲十二個月，第59條第1項第3款但書之六個月期間亦配套修正

爲十二個月。惟就設計專利申請案，第122條第3項所定期間並未修正，故依本條準用修正條文第59條時，就該條第1項第3款但書之期間，仍應與第122條第3項所定六個月之期間相同，以免矛盾，106年遂增訂第4項規定以爲配套。

第五章
附　則

第143條（專利檔案之保存）

專利檔案中之申請書件、說明書、申請專利範圍、摘要、圖式及圖說，經專利專責機關認定具保存價值者，應永久保存。

前項以外之專利檔案應依下列規定定期保存：

一、發明專利案除經審定准予專利者保存三十年外，應保存二十年。

二、新型專利案除經處分准予專利者保存十五年外，應保存十年。

三、設計專利案除經審定准予專利者保存二十年外，應保存十五年。

前項專利檔案保存年限，自審定、處分、撤回或視為撤回之日所屬年度之次年首日開始計算。

本法中華民國一百零八年四月十六日修正之條文施行前之專利檔案，其保存年限適用修正施行後之規定。

解說

本條108年修正主管機關之專利檔案保存年限：

本條修正前原第1項規定，專利檔案中之申請書件、說明書、申請專利範圍、摘要、圖式及圖說，應永久保存；其他文件

之檔案，最長保存三十年，其保存年限為檔案法之特別法，至於檔案之利用、管理及銷毀均依檔案法相關規定辦理。

然自受理專利申請以來，主管機關庫存專利檔案已達211餘萬件，隨著科技快速更迭，參考之價值降低；而檔案庫藏數字還在不斷攀升，專利專責機關每年平均受理之新專利申請案大約為7萬餘件，檔案保存空間亦面臨嚴重不足之問題，故為解決專利檔案儲存空間不足之問題，參考PCT施行細則第93條及日本檔卷與審判紀錄保存期間相關規定，將現原本利檔案之申請書件、說明書、申請專利範圍、摘要、圖式及圖說應永久保存之規定，修正為經專利專責機關認定具保存價值者始永久保存。其餘為定期保存，並依類型明定其保存年限，以使機關倉庫空間活化。

針對非屬永久保存之專利檔案，依其類型，並增訂本條第2項規定，明定其保存年限。有關發明專利案、新型專利案及設計專利案之檔案範圍，包含申請書件、說明書、申請專利範圍、摘要、必要之圖式等申請文件；後續對其提出舉發、更正案、強制授權案，以及讓與、授權、設定質權等相關文件：

本條第2項第1款明定經審定准予專利之發明專利案、不予專利審定或未經審定之發明專利申請案之保存年限。未經審定者包括公開後撤回、視為撤回、處分不受理或未公開之發明專利申請案。

本條第2項第2款明定經處分准予專利之新型專利案、不予專利處分或未經處分之新型專利申請案之保存年限。

第3款明定經審定准予專利之設計專利案、不予專利審定或未經審定之設計專利申請案之保存年限。

本條108年修法增訂第3項，針對定期保存之專利檔案，明定其保存年限自次年首日（1月1日）起算。

並考量現存之專利檔案多數已年代久遠，其保存年限宜予明定，為徹底解決專利專責機關檔案保存空間不足及保存成本過高之問題，增訂第4項規定，明定本法修正施行前專利檔案之保存年限適用修正施行後之規定。

108年修法前原第2項規定，專利專責機關得以微縮底片、磁碟、磁帶、光碟等方式儲存，並經確認後將紙本檔案銷毀，此等規定於實務運作有所困難，故未依第3項授權訂定儲存替代物之確認、管理及使用規則，而依第1項規定永久保存，致使檔案保存成本過高。故不必限定專利專責機關儲存相關檔案方式，108年修法配合第1項修正，刪除原第2、3項規定。

第144條（獎助辦法之訂定）

主管機關為獎勵發明、新型或設計之創作，得訂定獎助辦法。

解說

本條係訂定「發明創作獎助辦法」之授權規定。83年修正時，基於獎勵發明、創作之考量，認為主管機關應有具體措施，明文授權經濟部應訂定獎助辦法，以貫徹專利法之立法目的。92年修正時，配合第3條第1項「本法主管機關為經濟部。」將「經濟部為獎勵發明、創作，得訂定獎助辦法」修正為「主管機關為獎勵發明、創作，得訂定獎助辦法」。100年修正時，將「發明、創作」修正為「發明、新型或設計之創作」，理由同第1條。

依據該獎助辦法，專利專責機關設有國家發明創作獎，對於發明、新型及設計之創作，辦理評選，得獎者，予以獎助。另外，對於在我國取得專利權後四年內，參加著名國際發明展獲得金、銀、銅牌之獎項者，亦有相關經費之補助。但這些獎助對研發創新者其實都是杯水車薪，提升我國專利品質才是正道。

第145條（外文本實施辦法之訂定）
依第二十五條第三項、第一百零六條第三項及第一百二十五條第三項規定提出之外文本，其外文種類之限定及其他應載明事項之辦法，由主管機關定之。

解說

本條明定申請人以外文本取得申請日者，該外文本之種類及限定條件，授權主管機關另以辦法規定。

一、授權主管機關限定外文種類及訂定其他應載明事項之辦法

爲考量申請人申請專利時得以儘早取得申請日，本法第25條第3項、第106條第3項及第125條第3項規定，雖允許申請人在尚未完成外文技術內容翻譯之情形下，其說明書、申請專利範圍及圖式得先以外文本提出，然該外文本既爲申請人向我國專利專責機關揭露其發明及所屬技術領域資訊，據以取得申請日之主要文件，自應載明一定事項。原來舊法對於外文本應載明事項並無明文規範，專利專責機關僅於程序審查基準補充規定，外文本至少應載明專利名稱、發明說明及申請專利範圍三項，如有一項完全欠缺，即非完整外文本，將影響申請日之取得。因程序審查實務對此爭議不斷，因此授權主管機關明定外文本之應載明事項。又外文本之語文種類原無任何限制，惟外文種類過多，專利專責機

關於審查誤譯之訂正不得超出外文本所揭露之範圍時，將造成困擾，因此授權主管機關得限定外文種類。

二、在我國申請專利所提交外文本之性質不等於申請人向外國提交之申請文件或優先權證明文件

因專利保護具屬地性，申請人若要在不同國家取得專利保護，原則上須分別提出專利申請，從而必須準備符合各國規定之專利申請文件。以外文本提出之申請案件，並不以其有相應之外國申請案存在或為國際優先權之主張為前提，且在當事人主張複數優先權之情形下，所提交之外文本亦必須同時包含相對應複數優先權案中之技術內容，故外文本之性質與申請人向外國提交之申請文件並不相同。此外，優先權文件之主要功用，在於證明國外之第一次申請案與我國之申請案具有相同之發明技術內容，而得以優先權日作為審查專利要件之基準日，故優先權證明文件與向我國申請專利依法所提出之外文本兩者間具有比對關係，而無相互取代或轉用之可能。綜上，申請人尚難以其前向外國申請專利時所提交之外文說明書或必要圖式，或主張國際優先權時其證明文件中所附之外文說明書或必要圖式，逕為取代、轉用而主張其為向我國申請專利之外文本。

至於「專利以外文本申請實施辦法」，經濟部已於101年7月3日以經智字第10104604480號令訂定發布，自102年1月1日施行。其要點如下：

(一) 專利以外文本提出時之外文種類以阿拉伯文、英文、法文、德文、日文、韓文、葡萄牙文、俄文或西班牙文為限。

(二) 先後提出二以上外文本者，以最先提出者為準。

(三) 規範外文本應載明之內容：發明專利以外文本申請者，應備具說明書、至少一項之請求項及必要圖式。新型專利以外文本申請者，應備具說明書、至少一項之請求項及圖

式。設計專利以外文本申請者，應備具圖式，並載明其設計名稱。

(四) 明定申請人不得直接以外文專利公報或優先權證明文件，替代外文本。

第146條（專利規費收費辦法之訂定）

第九十二條、第一百二十條準用第九十二條、第一百四十二條第一項準用第九十二條規定之申請費、證書費及專利年費，其收費辦法由主管機關定之。

第九十五條、第一百二十條準用第九十五條、第一百四十二條第一項準用第九十五條規定之專利年費減免，其減免條件、年限、金額及其他應遵行事項之辦法，由主管機關定之。

解說

本條係規定專利各項程序之申請等，應繳納規費；符合特定條件得申請減免專利年費，並授權專利主管機關訂定規費收費及年費減免辦法，說明如下：

一、第1項明定主管機關訂定申請費、證書費及專利年費收費辦法之法源

依本法所為之各項申請，依其性質原則上可為申請費、證書費及專利年費三種，此於發明、新型及設計專利皆同，惟應收取多少規費，得以合理反映行政審查所使用之人力及物力資源成本及平衡政府收支，落實規費法規定之「使用者、受益者付費」之公平原則，必須授權主管機關核算訂定收費金額及其他配套規定。為辦理專利規費收費事宜，主管機關定有「專利規費收費辦

法」。

二、第2項明定主管機關訂定發明、新型及設計專利年費減免辦法之法源

專利年費減免的對象原僅限於無資力之專利權人或其繼承人（無資力之自然人），92年修正時將適用的對象擴及自然人、學校或中小企業，且不限於無資力，以達到本法鼓勵、保護創新發明之立法意旨。為辦理專利年費減免事宜，主管機關定有「專利年費減免辦法」。

第147條（過渡條款：延長專利期間）

中華民國八十三年一月二十三日前所提出之申請案，不得依第五十三條規定，申請延長專利權期間。

解說

本條是83年修正所增訂，明定83年1月23日前之申請案，不得申請專利權期間延長。其明定「中華民國八十三年一月二十三日」，是為免與本法日後修正施行之日期混淆。

第148條（過渡條款：專利權期限）

本法中華民國八十三年一月二十一日修正施行前，已審定公告之專利案，其專利權期限，適用修正前之規定。但發明專利案，於世界貿易組織協定在中華民國管轄區域內生效之日，專利權仍存續者，其專利權期限，適用修正施行後之規定。

本法中華民國九十二年一月三日修正之條文施行前，已審定公告之新型專利申請案，其專利權期限，適用修正前之規定。
新式樣專利案，於世界貿易組織協定在中華民國管轄區域內生效之日，專利權仍存續者，其專利權期限，適用本法中華民國八十六年五月七日修正之條文施行後之規定。

解說

本條係專利權期限之計算規定，由於發明專利權之期限於本法83年修正時，將十五年改二十年，設計專利權期限於86年修正時，將十年修改爲十二年，再者92年修正時新型專利採形式審查制，將新型專利權期限由十二年改爲十年，三種專利之專利權期限於新、舊法之適用應明確規定，是以合併於本條規定。各項規定說明如下：

一、第1項規定83年修正前已審定公告之專利權期間計算之規定

本項主要係配合TRIPS規定，使我國加入WTO時仍有效存在之發明專利權期限均能享有自申請日起算二十年屆滿之利益。依據TRIPS第33條規定：「專利權期間自申請日起，至少二十年。」及第70條第2項規定：「本協定對於會員適用本協定之日已存在且已受會員保護或日後符合保護要件之標的，亦適用之。」關於專利權期間之計算，因83年修正施行前之專利法第6條第2項規定：「專利權之期間爲十五年，自公告之日起算。但自申請日起不得逾十八年。」其保護期間較TRIPS第33條規定爲短，因此，83年修正時乃於第50條第3項將發明專利權之期限，明定爲自申請日起算二十年屆滿，以符合TRIPS之規定；惟依修正前本條第2項規定，於83年1月23日前審定之發明專利案，仍

適用舊法，其專利權期間爲「自公告之日起十五年。但自申請之日起不得逾十八年」，將造成於我國加入WTO時仍有效存在之專利權保護未達TRIPS標準。爲符合TRIPS前揭規定，對於我國加入WTO時，仍有效存續之發明專利案，應給予其專利權期限自申請日起算二十年屆滿之保護，增訂但書，明定於WTO協定在中華民國管轄區域內生效之日（即91年1月1日我國成爲WTO會員之日），適用83年修正施行前之專利法所審定之發明專利案，專利權仍存續者，其專利權期限，適用現行法之規定。

二、第2項爲新型專利權期限之保護規定

明定92年修正施行前，已審定公告之新型專利申請案，即93年6月30日以前核准審定之新型專利申請案，其專利權期限，適用修正施行前之規定，爲十二年，亦即採實體審查之新型專利申請案，如經核准審定，其專利權期限均爲十二年；至於未審定之新型專利申請案，依第135條規定已適用92年修正施行後之規定採形式審查，即93年7月1日以後採形式審查之新型專利申請案件，其專利權期限依新法爲十年。

三、第3項爲設計專利權之期間保護之規定

按83年修正施行前之專利法第114條規定「新式樣專利權之期間爲五年，自公告之日起算。但自申請日起不得逾六年」，83年修正爲「自申請日起算十年屆滿」。又86年修正第109條將設計專利權期間，由「自申請日起算十年屆滿」再修正爲「自申請日起算十二年屆滿」。由於依第2項規定，於83年1月23日前審定之設計專利案，仍適用舊法，其專利權期間爲自公告之日起五年，但自申請日起不得逾六年；故該等專利案迄今已因期間屆滿而消滅。現仍存續之設計專利案，均係依83年修正後之新法規定，專利權期間自申請日起算十年屆滿，因設計專利權於86

年修正由「自申請日起算十年屆滿」再修正爲「自申請日起算十二年屆滿」，亦有新舊法適用之問題。參照TRIPS第70條第2項之規定，就WTO協定在中華民國管轄區域內生效之日，即91年1月1日仍存續之設計專利權，亦應適用自申請日起算十二年屆滿之規定。

須特別注意者，係本條第2項條文中所定之「100年11月29日」係立法院的三讀日，其實際施行日期行政院核定爲102年1月1日，所以適用該項時應以施行日102年1月1日爲基準日，至於100年11月29日於專利權期限中並無特殊意義。

第149條（過渡條款：尚未審定案件）

本法中華民國一百年十一月二十九日修正之條文施行前，尚未審定之專利申請案，除本法另有規定外，適用修正施行後之規定。

本法中華民國一百年十一月二十九日修正之條文施行前，尚未審定之更正案及舉發案，適用修正施行後之規定。

解說

本條係規定本法100年11月29日經立法院三讀通過之條文，於102年1月1日施行時，尚未審定之專利申請案、更正案及舉發案之過渡適用原則。分項說明如下：

一、第1項明定100年修正施行（102年1月1日）前尚未審定之專利申請案，適用100年修正規定審結爲原則

(一) 100年修正增訂多項規定，例如優惠期之事由擴及進步性、增訂同一人、同日就相同創作申請發明及新型之規定、有

關修正之規定或新型之修正不得明顯超出等事項，對於審查期間跨越本法修正施行前後之專利申請案，其新舊法過渡適用應有明定，故於第1項爲原則性規定。

(二) 所稱「本法另有規定」，指本法第151條所列刊物發表之優惠期主張、部分設計、圖像設計、衍生設計、成組設計之規定，只適用於本法修正施行後申請之案件。

二、第2項規定100年修正施行前尚未審定之更正案及舉發案，適用100年修正規定審結爲原則

(一) 100年修正對於更正案及舉發案增修部分程序規定，例如合併審查、合併審定、同一舉發案有二以上更正案，在先申請之更正案視爲撤回、職權審查、撤回舉發等，採程序從新原則，因此明定該次修正前已提出之更正案及舉發案，於修正施行後尚未審定者，均得適用。

(二) 但有關舉發事由之規定，仍應依本法第71條第3項、第119條第3項、第141條第3項規定辦理，例如核准專利權之要件，其有無得提起舉發之情事，自應依審定時之規定辦理，始爲一致。又因分割、改請或更正超出申請時所揭露之範圍，或更正實質擴大或變更公告時之專利權範圍者，或修正超出申請時所揭露之範圍者等事由屬於本質事項，於修正施行前核准審定之專利案亦應適用，所以依舉發時之規定辦理。

三、條文中所定之「100年11月29日」係立法院的三讀日，其實際施行日期行政院核定爲102年1月1日，因此適用時應特別注意100年11月29日並非施行日，以免被誤導。至於已審定者，適用修正施行前之規定。

四、本條所謂「尚未審定」是指未完成初審審定、再審查審

定、更正審定或舉發審定之案件；如訴願時智慧財產局自行撤銷原處分尚未重爲審查，以及經訴願決定、智慧財產及商業法院或最高行政法院判決撤銷原處分，發回智慧財產局尚未重爲審查者，亦屬於「尚未審定」之情形。舉發案，尚應注意本法第71條第3項、第119條第3項及第141條第3項，有關舉發事由，於專利法變更時之適用準據規定。

第150條（過渡條款：國內優先權；分割）

本法中華民國一百年十一月二十九日修正之條文施行前提出，且依修正前第二十九條規定主張優先權之發明或新型專利申請案，其先申請案尚未公告或不予專利之審定或處分尚未確定者，適用第三十條第一項規定。

本法中華民國一百年十一月二十九日修正之條文施行前已審定之發明專利申請案，未逾第三十四條第二項第二款規定之期間者，適用第三十四條第二項第二款及第六項規定。

解說

本條係100年修正條文施行後仍在審查中之專利申請案，從優適用100年修正之規定，即放寬後申請案得主張國內優先權之期限；並規定已初審核准審定之發明專利申請案，於初審核准審定書送達後三十日內得申請分割。分項說明如下：

一、第1項明定於100年修正施行前主張國內優先權案件之法律適用

按100年修正前第29條第1項第4款規定「先申請案已經審

定或處分者」，不得主張國內優先權，惟修正後第30條第1項第4、5款放寬主張國內優先權之期限，於先申請案爲發明案或新型案時，縱已經審定或處分准予專利，但尚未公告，或其不予專利審定或處分之行政救濟尚未確定者，均可主張國內優先權。

二、第2項明定100年修正施行前已初審核准審定之案件得依100年修正規定申請分割

配合第34條第2項第2款增訂發明專利初審核准審定書送達後三十日內得提出分割申請，因此於本條第2項明定，100年修正施行前，已初審核准審定之發明專利案，尚在第34條第2項第2款規定之期間者，仍得適用第34條第2項第2、6項規定。

第151條（過渡條款：優惠期；設計專利）

第二十二條第三項第二款、第一百二十條準用第二十二條第三項第二款、第一百二十一條第一項有關物品之部分設計、第一百二十一條第二項、第一百二十二條第三項第一款、第一百二十七條、第一百二十九條第二項規定，於本法中華民國一百年十一月二十九日修正之條文施行後，提出之專利申請案，始適用之。

解說

本條係100年新增，明定新法施行後提出之專利申請案始有適用之條文如下：

一、於刊物發表者享有優惠期（§22Ⅲ②、§120準用§22Ⅲ②、§122Ⅲ①）。

二、部分設計（§121Ⅰ）。

三、圖像設計（§121II）。
四、衍生設計（§127）。
五、成組設計（§129II）。

本法施行細則配合100年修正，新增第89條明定依本法第121條第2項、第129條第2項規定提出之圖像設計及成組設計專利申請案，其主張之優先權日早於100年修正施行日者，以該修正施行日為其優先權日，以符合本條規定之意旨，避免適用時產生疑義。

106年修法後第22條第3項第2款於刊物發表者享有優惠期的具體狀態例示已刪除，此部分現已無適用。

第152條（過渡條款：生物材料寄存）
本法中華民國一百年十一月二十九日修正之條文施行前，違反修正前第三十條第二項規定，視為未寄存之發明專利申請案，於修正施行後尚未審定者，適用第二十七條第二項之規定；其有主張優先權，自最早之優先權日起仍在十六個月內者，適用第二十七條第三項之規定。

解說

本條規定100年修正之條文施行前，視為未寄存之發明專利申請案，得適用100年修正規定之期間檢送寄存證明文件之情形。

本法第27條於100年修正放寬寄存證明文件補正期間，對於在100年修正施行前，因未於申請日起三個月內檢送寄存證明文件，致其申請案發生視為未寄存之效力之發明專利申請案，且尚未審定者，如於修正施行後，其申請案自申請日起算仍在四個月內，或已依本法第28條規定主張優先權，自最早之優先權日起算仍在十六個月內者，明定其仍得適用第27條第2項或第3項之規定，補正寄存證明文件。

又本法第27條規定所稱「生物材料寄存證明文件」，係指寄存證明與存活證明合一之證明文件。若申請人於100年修正施行前已完成生物材料寄存，而於修正施行後提出發明專利申請案，因其寄存行為係在修正施行前，故僅能取得未包括存活證明之舊式寄存證明書，因此特別於「有關專利申請之生物材料寄存辦法」第24條增訂，專利專責機關應指定期間通知申請人補送存活證明，以確認寄存效力。

至於100年修正施行前提出之發明申請案，適用修正前之規定，於申請實體審查時，再檢送存活證明即可，併予敘明。

第153條（過渡條款：國際優先權）

本法中華民國一百年十一月二十九日修正之條文施行前，依修正前第二十八條第三項、第一百零八條準用第二十八條第三項、第一百二十九條第一項準用第二十八條第三項規定，以違反修正前第二十八條第一項、第一百零八條準用第二十八條第一項、第一百二十九條第一項準用第二十八條第一項規定喪失優先權之專利申請案，於修正施行後尚未審定或處分，且自最早之優先權日起，發明、新型專利申請案仍在十六個月內，設計專利申請案仍在十個月內者，適用第二十九條第四項、第一百二十條準用第二十九條第四項、第一百四十二條第一項準用第二十九條第四項之規定。

本法中華民國一百年十一月二十九日修正之條文施行前，依修正前第二十八條第三項、第一百零八條準用第二十八條第三項、第一百二十九條第一項準用第二十八條第三項規定，以違反修正前第二十八條第二項、第一百零八條準用第二十八條第二項、第一百二十九條第一項準用第二十八條第二項規定喪失優先權之專利申請案，於修正施行後尚未審定或處分，且自最早之優先權日起，發明、新型專利申請案仍在十六個月內，設計專利申請案仍在十個月內者，適用第二十九條第二項、第一百二十條準用第二十九條第二項、第一百四十二條第一項準用第二十九條第二項之規定。

解說

本條係申請人得依100年修正之專利法申請回復優先權或補送優先權證明文件之規定，分項說明如下：

一、第1項明定得依100年修正規定申請回復優先權之情形

依修正前第28條第3項、第108條準用第28條第3項、第129條第1項準用第28條第3項規定，申請人未依第1項規定於申請專利同時主張優先權者，即生喪失優先權之效果。實務上對於申請後補行主張優先權之案件，係作成不受理該優先權主張之處分，申請人就該處分並得獨立提起訴願及行政訴訟。如該不受理優先權主張之處分於100年修正條文施行前已作成，因其處理程序已告終結，自無100年修正規定之適用。惟鑑於100年修正已增訂優先權之復權規定，宜賦予申請人得依該規定申請回復優先權之機會，因此明定修正施行後尚未審定之發明、設計專利申請案或尚未處分之新型專利申請案，申請人非因故意，未於申請專利同時主張優先權或載明優先權必要事項，而於修正施行後，其遲誤

之期間，於發明、新型專利申請案尚在最早之優先權日起十六個月內，於設計專利申請案為十個月內者，得依修正施行後之規定申請回復優先權。

二、第2項明定得依100年修正規定補送優先權證明文件之情形

依修正前第28條第3項、第108條準用第28條第3項、第129條第1項準用第28條第3項規定，於申請日起四個月內未檢送優先權證明文件者，即生喪失優先權之效力。參照前述說明，為使申請人仍有主張優先權之機會，因此明定修正施行前尚未審定或處分之專利申請案（發明、新型專利申請案尚在最早之優先權日起十六個月內，設計專利申請案為十個月內者），得依修正後之規定，補正優先權證明文件。

第154條（過渡條款：申請延長專利期間）

本法中華民國一百年十一月二十九日修正之條文施行前，已提出之延長發明專利權期間申請案，於修正施行後尚未審定，且其發明專利權仍存續者，適用修正施行後之規定。

解說

本條於100年修正增訂，修正條文施行前已提出而於修正條文施行後尚未審定之發明專利權期間延長申請案，且其專利權期間仍存續者，適用100年修正之規定。

依修正前第52條第1項規定，醫藥品、農藥品或其製造方法發明專利權之實施，應取得許可證，而為取得許可證無法實施發明之期間，於專利案公告後需時二年以上者，始得申請延長專利

權期間。由於100年修正時，第53條已刪除前述二年以上限制之規定，因此於修正條文施行前已提出之延長申請，於修正施行後尚未審定者，亦得依新法申請延長；惟其發明專利權期間必須尚未屆滿，否則，縱符合第53條規定，其發明專利權所揭露之技術已成為公眾得自由運用之技術者，亦不應准予延長。

第155條（過渡條款：已消滅專利權不適用復權規定）

本法中華民國一百年十一月二十九日修正之條文施行前，有下列情事之一，不適用第五十二條第四項、第七十條第二項、第一百二十條準用第五十二條第四項、第一百二十條準用第七十條第二項、第一百四十二條第一項準用第五十二條第四項、第一百四十二條第一項準用第七十條第二項之規定：

一、依修正前第五十一條第一項、第一百零一條第一項或第一百十三條第一項規定已逾繳費期限，專利權自始不存在者。

二、依修正前第六十六條第三款、第一百零八條準用第六十六條第三款或第一百二十九條第一項準用第六十六條第三款規定，於本法修正施行前，專利權已當然消滅者。

解說

本條係100年修正時新增之條文，明定有下列情形之專利申請案不適用100年增訂之申請復權規定：

一、施行前已發生專利權自始不存在效果者

100年修正施行前，如有非因故意之事由，而未於核准審定書或處分書送達之次日三個月內繳交證書費及第一年專利年費者，因已生專利權自始不存在之效果，縱其於100年修正施行後，尚在繳費期限屆滿後六個月內，仍不適用100年修正得補繳證書費及二倍第一年專利年費後公告給予專利權之規定，以維護第三人權益及法律安定性。

二、施行前已發生專利權當然消滅效果者

100年修正施行前，第二年以後之專利年費已逾加倍補繳期限，而專利權已當然消滅者，縱其於100年修正施行後，尚在補繳期限屆滿後一年內，參照前述說明，亦不適用補繳三倍之專利年費後回復專利權之規定。

第156條（過渡條款：未審定新式樣專利申請案）

本法中華民國一百年十一月二十九日修正之條文施行前，尚未審定之新式樣專利申請案，申請人得於修正施行後三個月內，申請改為物品之部分設計專利申請案。

解說

本條係100年新增，明定100年修正施行前提出但尚未審定之新式樣申請案得申請改爲部分設計申請案。

本法第121條於100年修正時，增訂對物品之部分設計得提出設計專利申請案之規定，惟依第151條規定，其僅適用於修正施行後提出之設計專利申請案。爲利於修正施行前已提出之新式樣專利申請案，其創作本質爲物品之部分設計者，於修正施行後三個月內，享有轉換爲部分設計申請案之機會，以適用100年增訂部分設計之規定。另因本條規定已例外容許100年修正施行前已揭露該設計之申請案，於100年修正施行後三個月內申請改爲部分設計，故部分設計申請案所主張之優先權日得早於100年修正施行日，併予敘明。

第157條（過渡條款：未審定聯合新式樣專利申請案）

本法中華民國一百年十一月二十九日修正之條文施行前，尚未審定之聯合新式樣專利申請案，適用修正前有關聯合新式樣專利之規定。

本法中華民國一百年十一月二十九日修正之條文施行前，尚未審定之聯合新式樣專利申請案，且於原新式樣專利公告前申請者，申請人得於修正施行後三個月內申請改為衍生設計專利申請案。

解說

本條係100年增訂，規範在舊法時期提出申請，但是到新法實施時尚未審定之聯合新式樣專利申請案過渡適用方式，分項說明如下：

第1項規定，原則上100年修正施行前提出但尚未審定之聯合新式樣專利申請案仍適用修正前之規定予以審結。因聯合新式樣倘准予專利者，其權利仍係附隨於原專利權，並非新授與之獨立專利權，雖然100年修正廢除聯合新式樣專利制度，對於修正施行後尚未審定的聯合新式樣專利申請案，如申請人不在三個月內改為衍生設計案，或不能改為衍生設計案者（例如在原申請案公告後才提出的聯合新式樣專利申請案），仍應適用修正前之規定續行審查之。

第2項規定，100年修正施行前提出但尚未審定之聯合新式樣專利申請案，於原新式樣專利公告前申請者，得於100年修正施行後三個月內，申請改為衍生設計申請案。其理由為應給予申請人將聯合新式樣改為衍生設計之機會，惟衍生設計之申請，於原申請案公告後不得為之，因此欲改為衍生設計之聯合新式樣專利申請案，亦必須爲原新式樣專利公告前申請者，方得爲之。

另因本項規定已例外容許100年修正施行前已揭露該設計之申請案，於100年修正施行後三個月內申請改爲衍生設計，故衍生設計申請案所主張之優先權日得早於100年修正施行日，併予敘明。

第157條之1（過渡施行條款）

中華民國一百零五年十二月三十日修正之第二十二條、第五十九條、第一百二十二條及第一百四十二條，於施行後提出之專利申請案，始適用之。

解說

106年本法修正有關優惠期之規定，涉及有相關情況者得否取得發明專利之認定，爲期明確，以利適用。故明定於相關條文施行後，提出之專利申請案始有適用。

第157條之2（過渡施行條款）

本法中華民國一百零八年四月十六日修正之條文施行前，尚未審定之專利申請案，除本法另有規定外，適用修正施行後之規定。

本法中華民國一百零八年四月十六日修正之條文施行前，尚未審定之更正案及舉發案，適用修正施行後之規定。

解說

本條於108年修法新增，第1項明定本法本次修正施行前，尚未審定之專利申請案，其後續之審查程序以適用新法爲原則，故明定適用修正施行後之規定。

爲落實新法促進審查效能之目的，本法108年修正施行前尚未審定之更正案及舉發案，其審查程序以適用新法爲當，於第2項明定適用修正施行後之規定。另依修正條文第73條第4項規定，本次修正施行前提起之舉發案，自舉發後尚未逾三個月者，舉發人依修正後之規定，仍可補提理由或證據。

本法108年修正施行前，舉發人已補提之理由或證據，在舉發審定前仍應審酌之，故於修正施行前補提之理由或證據，並不受修正條文第73條第4項三個月期間之限制，專利專責機關仍應予以審酌。

第157條之3（過渡施行條款）

本法中華民國一百零八年四月十六日修正之條文施行前，已審定或處分之專利申請案，尚未逾第三十四條第二項第二款、第一百零七條第二項第二款規定之期間者，適用修正施行後之規定。

解說

配合本次修正放寬專利申請案得於核准審定或處分後申請分割相關規定，已審定或處分之專利申請案，如未逾第34條第2項第2款、第107條第2項第2款規定，於核准審定或處分後得申請分割之期間者，應使申請人有提出分割申請之機會，108年修正明定應適用修正施行後之規定。

第157條之4（過渡施行條款）

本法中華民國一百零八年四月十六日修正之條文施行之日，設計專利權仍存續者，其專利權期限，適用修正施行後之規定。

本法中華民國一百零八年四月十六日修正之條文施行前，設計專利權因第一百四十二條第一項準用第七十條第一項第三款規定之事由當然消滅，而於修正施行後準用同條第二項規定申請回復專利權者，其專利權期限，適用修正施行後之規定。

解說

因應修正條文第135條放寬設計專利權期限自申請日起算十五年屆滿，108年修正於第1項明定設計專利權於本次修正施行之日仍存續者，其專利權期限適用修正施行後之規定。

又設計專利權於108年修正施行前，因依第142條準用第70條第1項第3款規定之事由當然消滅，而於修正施行後，準用同條第2項規定申請回復專利權，其回復之法律效果，係該設計專利權期間於修正施行之日仍屬存續狀態，依第1項規定應適用修正施行後之規定，其設計專利權期限為十五年，為明確其適用，108年修正於第2項明定。

第158條（施行細則之訂定）

本法施行細則，由主管機關定之。

解說

本條係明文授權主管機關訂定本法施行細則之規定。

按憲法第172條規定：「命令與憲法或法律抵觸者無效。」而中央法規標準法第3條規定：「各機關發布之命令，得依其性質，稱規程、規則、細則、辦法、綱要、標準或準則。」本法施行細則屬法規命令，依行政院101年9月14日院台綜字第1010141916號函檢送修正之「行政院與所屬機關權責劃分表（共同事項）」及該函說明：「……除法律規定應由院訂定或應報院核定方能發布之施行細則，或其規定事項涉及重要政策，或涉及二以上機關且各機關對內容有爭議者仍須報院外，其餘施行細則毋庸再報院核定，惟於發布後仍應送本院備查。……」

主管機關根據專利法條文所制定的細則或辦法，其性質是一種委任命令。此種命令的發布，由於母法上的授權，故又稱爲委任立法。此即中央法規標準法第7條規定：「各機關基於法律授權訂定之命令」。

在「施行細則」中所制定規範的事項，爲法律之執行、施行，於「未逾越母法規範」之範圍內的「細節性、技術性事項」，如專利法第26條第4項規定說明書、申請專利範圍、摘要及圖式之揭露方式，於本法施行細則定之。現行專利法的施行細則之規範，經母法之授權，由主管機關訂定、制頒公布之。法律僅概括授權行政機關訂定施行細則者，該管行政機關於符合立法意旨且未逾越母法規定之限度內，自亦得就執行法律有關之細節性、技術性之事項以施行細則定之，惟其內容不能牴觸母法或對人民之自由權利增加法律所無之限制（釋376）。

原則上本法施行細則由專利專責機關報請經濟部核定後發布即可。因其位階在專利法之下，專利法是母法，施行細則爲子法，施行細則所規定之事項，不得違反專利法之規定。又依中央行政機關法制作業應注意事項之規定，細則屬於規定法律施行之細節性、技術性、程序性事項或就法律另作補充解釋者。由此可知，專利法施行細則訂定之目的在補充專利法之不足及其程序性事項之規定。

專利法施行細則第1條規定：「本細則依專利法第一百五十八條規定訂定之。」其開宗明義即在表示本法施行細則訂定之法源依據。目前專利法之主管機關依本法第3條第1項規定爲經濟部，本條規定：「本法施行細則，由主管機關定之。」使經濟部訂定專利法施行細則，有法律之授權依據。

第159條（施行日）
本法之施行日期，由行政院定之。
本法中華民國一百零二年五月三十一日修正之條文，自公布日施行。

解說

本條係本法施行日期之規定。

一、第1項規定100年修正條文之施行日期，由行政院定之

(一) 因100年修正有關專利要件、分割、專利說明書修正、更正、舉發、專利侵權及設計專利等多項制度，均屬專利制度之重大變革，實務作業上，須有足夠時間準備及因應，更有必要使各界有充分時間適應及瞭解修正後之制度運作，明定修正條文之施行日期，由行政院定之。

(二) 行政院於101年8月22日以院台經字第1010139937號令核定自102年1月1日施行。

二、第2項規定102年5月31日修正之條文，自公布日施行

102年5月31日修正之專利法第32、41、97、116及159條，經總統以102年6月11日華總一義字第10200112901號令修正公布，依中央法規標準法第13條規定，自公布日起算至第三日起發生效力，即自102年6月13日生效。

國家圖書館出版品預行編目資料

專利法／王宗偉著. --二版--. --臺北市：書泉出版社，2023.09
面；　公分
ISBN 978-986-451-334-5（平裝）

1.CST：專利法規

440.61　　112011516

3TF8　新白話六法系列 022

專利法

編 著 者 — 王宗偉（14.6）
發 行 人 — 楊榮川
總 經 理 — 楊士清
總 編 輯 — 楊秀麗
副總編輯 — 劉靜芬
責任編輯 — 黃郁婷、許鈺梅、邱敏芳
封面設計 — 陳亭瑋
出 版 者 — 書泉出版社
地　　址：106台北市大安區和平東路二段339號4樓
電　　話：(02)2705-5066　傳　　真：(02)2706-6100
網　　址：https://www.wunan.com.tw
電子郵件：shuchuan@shuchuan.com.tw
劃撥帳號：01303853
戶　　名：書泉出版社

總 經 銷：貿騰發賣股份有限公司
電　　話：(02)8227-5988　傳　　真：(02)8227-5989
網　　址：www.namode.com

法律顧問　林勝安律師

出版日期　2015年11月初版一刷
　　　　　2023年 9 月二版一刷
定　　價　新臺幣420元

經典永恆・名著常在

五十週年的獻禮——經典名著文庫

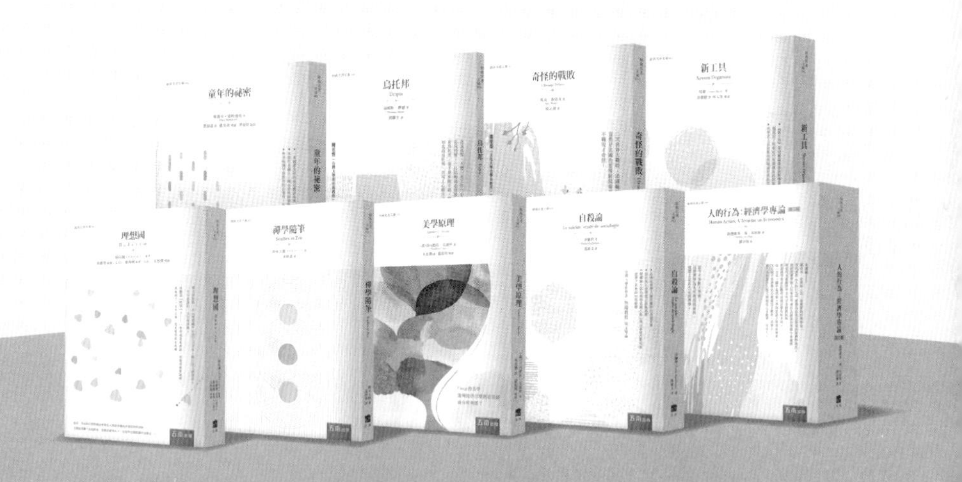

五南，五十年了，半個世紀，人生旅程的一大半，走過來了。
思索著，邁向百年的未來歷程，能為知識界、文化學術界作些什麼？
在速食文化的生態下，有什麼值得讓人雋永品味的？

歷代經典・當今名著，經過時間的洗禮，千錘百鍊，流傳至今，光芒耀人；
不僅使我們能領悟前人的智慧，同時也增深加廣我們思考的深度與視野。
我們決心投入巨資，有計畫的系統梳選，成立「經典名著文庫」，
希望收入古今中外思想性的、充滿睿智與獨見的經典、名著。
這是一項理想性的、永續性的巨大出版工程。
不在意讀者的眾寡，只考慮它的學術價值，力求完整展現先哲思想的軌跡；
為知識界開啟一片智慧之窗，營造一座百花綻放的世界文明公園，
任君遨遊、取菁吸蜜、嘉惠學子！